LA THÉOLOGIE

DES

PLANTES

OU

HISTOIRE INTIME DU MONDE VÉGÉTAL

PAR

M. L'ABBÉ CHAUDÉ

CURÉ DE VAUJOURS, MEMBRE DE LA SOCIÉTÉ DES SCIENCES MORALES, DES
LETTRES ET DES ARTS DE SEINE-ET-OISE
ET DE LA SOCIÉTÉ DES LETTRES, SCIENCES ET ARTS DE BAR-LE-DUC

Parvuli petierunt panem et non erat qui frangeret eis.

« Les petits enfants ont demandé de la nourriture et il ne s'est trouvé personne pour leur en donner. »
(JÉRÉMIE, ch. IV, ỳ. 4.)

PARIS

SOCIÉTÉ GÉNÉRALE DE LIBRAIRIE CATHOLIQUE

VICTOR PALMÉ, DIRECTEUR GÉNÉRAL

76, *rue des Saints-Pères,* 76

BRUXELLES	GENÈVE
J. ALBANEL, Dr de la Succursale	H. TREMBLEY, Dr de la Succursale
RUE DES PAROISSIENS, 12	RUE CORRATERIE, 4

1882

THÉOLOGIE

DES PLANTES

LA THÉOLOGIE

DES

PLANTES

OU

HISTOIRE INTIME DU MONDE VÉGÉTAL

PAR

M. L'ABBÉ CHAUDÉ

CURÉ DE VAUJOURS, MEMBRE DE LA SOCIÉTÉ DES SCIENCES MORALES, DES
LETTRES ET DES ARTS DE SEINE-ET-OISE
ET DE LA SOCIÉTÉ DES LETTRES, SCIENCES ET ARTS DE BAR-LE-DUC

Parvuli petierunt panem et non erat qui frangeret eis.

« Les petits enfants ont demandé de la nourriture et il ne s'est trouvé personne pour leur en donner. »

(JÉRÉMIE, ch. IV, ŷ. 4.)

PARIS

SOCIÉTÉ GÉNÉRALE DE LIBRAIRIE CATHOLIQUE

VICTOR PALMÉ, DIRECTEUR GÉNÉRAL

76, *rue des Saints-Pères,* 76

BRUXELLES	GENÈVE
J. ALBANEL, Dʳ de la Succursale	H. TREMBLEY, Directeur
RUE DES PAROISSIENS, 12	RUE CORRATERIE, 4

1882

A

Monsieur l'abbé Porthault

L'hommage de ce livre, en souvenir
de l'intelligente direction qu'il a donnée
à mes premières études.

Son très reconnaissant élève & ami,

L'abbé Chaudé

Curé de Vaujours.

Vaujours, le 8 juin 1882.

PRÉFACE

Conception de cet ouvrage. — Rollin. — Parvuli petierunt panem. — Famine scientifique sur la jeunesse. — Contes de fées. — Ne soyons pas étonnés de notre appauvrissement intellectuel et moral. — La bibliographie contemporaine. — Ignorance quasi générale de la manière de naître, de vivre et de mourir des plantes. — Au séminaire et au lycée même ignorance de la botanique. — Science redoutée. — La botanique est une *intelligente contemplation des œuvres de Dieu*. — Seule après la théologie sacrée elle met l'esprit de l'homme en possession de la certitude. — Elle marque sa démonstration du sceau de la vérité éternelle. — Théologie des plantes. — La botanique est l'échelle visible par où l'homme monte vers l'invisible créateur de l'univers. — La curiosité, grand moyen. — Pourquoi ces balivernes à propos d'une fleur? — Avantages de la botanique; il faut la vulgariser. — Les savants l'ont rendue inabordable, redoutable par les hiéroglyphes d'une langue incompréhensible. — Terminologie. — Nomenclature. — Dédicaces. — Noms patronimyques effrayants. — Mnémonique des végétaux chez les anciens. — Rome. — Athènes. — Pline. — Les modernes. — Linné : sa philosophie botanique. — Brevets d'immortalité. — Une avalanche désastreuse. — Dans vingt ans. — Faut-il supprimer la nomenclature? — Nomina si nescis perit et cognitio rerum. — Nomenclature personnelle. — Platon : la science est l'amie de tous. — Épuration. — Le jeune collégien. — Reminiscences virgiliennes. — Le séminariste; souvenirs de philosophie et de théologie sacrée. — Théologie auxiliatrice de la raison dans l'examen des sources de la foi. — Soumission à l'Église. — Panthéisme. — Matérialisme. — Flores obscènes. — Châteaubriand. — Devant la contrariété. — Système de la nature par Linné. — Le disciple n'est pas plus que le maître. — Auteurs consultés pour la composition de cet ouvrage.

Le livre que nous avons l'honneur de présenter

au public aujourd'hui, est né, dans notre esprit,

de la lecture d'un passage du célèbre Rollin, le voici : « Il est étonnant, dit le savant auteur du *Traité des Études*, que l'homme, placé au milieu de la nature, qui lui offre le plus grand spectacle qu'il soit possible d'imaginer, et environné, de tous côtés, d'une infinité de merveilles qui sont faites pour lui, ne songe presque jamais à considérer ces merveilles, si dignes de son attention et de sa curiosité, ni à se considérer soi-même. Il vit au milieu du monde, dont il est le roi, comme un étranger, pour qui tout ce qui s'y passe, serait indifférent, et qui n'y prendrait aucun intérêt. L'univers, dans toutes ses parties, annonce et montre son auteur; mais pour le grand nombre, c'est à des sourds et à des aveugles, qui ont des oreilles, sans entendre, et des yeux, sans voir. »

Ces plaintes mélancoliques et ces amers regrets de Rollin ne sont-ils pas en harmonie, comme l'écho et la voix qui le produit, avec l'épigraphe placée en tête de ce livre? *Parvuli petierunt panem... Les petits enfants ont demandé du pain, et il ne s'est trouvé personne pour leur en donner.*

Non, personne!... Chacun s'est mis à l'œuvre pour
inventer des histoires de revenants, pour rédiger
des contes de fées, des scènes de mythologie, des
aventures fantastiques, dans le but de nourrir et
d'apaiser les premiers appétits de l'intelligence,
d'orner l'esprit, la mémoire et l'imagination de
l'enfance... Est-ce là une alimentation salutaire?
Dans ces derniers temps, on a édité des romans,
que l'on a complaisamment appelés : *Romans
moraux religieux*. C'est tout ce que l'on a fait
pour les pauvres enfants de notre XIXᵉ siècle. Ne
faisons donc plus les surpris, ni les étonnés, en
nous apercevant que nous sommes radicalement
étiolés, au moral, comme au physique.

Oui, des fables et des contes, tels ont été les
flambeaux placés devant l'enfant, pour illuminer
les premières évolutions de son intelligence, et
cette méthode a trouvé d'innombrables partisans,
jusque dans les rangs les plus honorables de la
société française! La bibliographie contemporaine
en serait une preuve palpable et sans réplique,
pour quiconque voudrait attaquer notre remarque,

et la taxer d'exagération. Aussi, il en est arrivé
que les enfants, dans la forêt, la prairie, le long
des chemins, au pied des rochers, ou sur le bord
des lacs, ont demandé le nom d'une plante, son
origine, son utilité, sa composition, sa manière
de s'habiller, de se parer, de croître, de boire,
de manger; en un mot, sa manière de naître, de
vivre et de mourir, sans que personne, hélas! sut
leur répondre!... *Et non erat qui frangeret eis.*
Non, personne! En pareil cas, à quel subterfuge
recourt-on, pour se tirer d'affaire? On détourne
l'enfant de son admiration contemplative de la
nature, en lui parlant du *Petit-Poucet,* du *Cha-*
peron-Rouge, ou de *Cendrillon.* Hélas! pauvre
enfant !

Plus tard, au séminaire, comme au lycée,
même silence, même ignorance, sauf de raris-
simes exceptions, la botanique est à l'écart; c'est
une science oubliée, négligée, incomprise, *re-*
doutée.

Avant de vous dire en quoi elle peut paraître
redoutable, je tiens à vous faire observer que la

botanique peut se définir : *Une intelligente con-templation des œuvres de Dieu.* A ce titre, elle est la plus sûre, la plus auguste part faite à l'esprit de l'homme; que dis-je? Seule, elle le met en pleine possession de la certitude. La philosophie, l'histoire, la politique sont soumises aux révolutions intellectuelles de l'humanité flottante; mais les faits de la création sont invariables comme Dieu, et l'analyse qui s'empare d'une plante, ou d'un insecte parasite du végétal, marque sa démonstration du sceau de la vérité éternelle; de là, le nom de *Théologie des Plantes,* que nous avons donné à notre œuvre.

Ce titre de *Théologie des Plantes,* nous a encore été imposé par les nombreuses images et les grandes figures; j'ajouterais *presque,* par les analogies frappantes que nous avons rencontrées à chaque pas, dans la vie intime des plantes, avec quelques-unes des plus grandes vérités enseignées par la théologie dogmatique. Vous verrez, en effet, en parcourant cet ouvrage, que l'existence de Dieu, ses attributs, l'immortalité de l'âme, la ré-

surrection des corps, etc., etc., y brillent de tout
l'éclat de la plus saisissante vérité.

La connaissance des merveilles que Dieu étale
sous nos yeux, produit un effet incontestable chez
l'enfant, chez l'adolescent, et ne craignons pas
d'ajouter, chez l'homme formé par la réflexion et
l'étude; c'est de mettre de la religion dans l'âme,
et du positif dans l'esprit. La botanique est
comme l'échelle visible par où l'homme monte
vers l'invisible créateur de l'univers.

La curiosité! N'est-ce pas là le moyen le plus
sûr, dont les résultats soient les plus certains, les
plus féconds, pour développer l'intelligence des
enfants? Le désir de savoir, est inhérent à notre
nature, n'est-ce pas? Mais qui ignore qu'il a toute
son activité dans la jeunesse, où l'esprit, privé
de connaissances, saisit, avec avidité, tout ce
qu'on lui expose, aime le nouveau, interroge avec
ardeur, écoute avec patience, donne l'attention
nécessaire pour apprendre et contracte, sans effort,
l'habitude de refléchir et de s'occuper.

Et dans ces esprits affamés et ouverts, vous

n'avez d'autres germes à semer, que ceux du romantisme, ou des *Contes de Perrault!*... Quelle famine! mon Dieu.

Mais vos enfants, vos disciples, ou vos élèves, vous indiquent eux-mêmes l'enseignement qu'ils attendent de vous. Ils le trouvent dans cette belle nature, qui parle si éloquemment de Dieu, dans toutes les langues du monde connu, mais à laquelle vos oreilles sont fermées. Est-ce que, à chaque instant, ils ne vous poursuivent pas de leurs interrogations insatiables, sur les merveilles qui les environnent? Pourquoi donnez-vous une réponse évasive à votre élève? Craignez-vous d'ouvrir des routes trompeuses à son imagination, en lui donnant de bonne heure des notions exactes et solides sur le monde végétal? Tenez, soyons francs : les balivernes que vous racontez à votre élève, à propos d'une fleur qui fait son admiration, et sur laquelle il vous demande des détails, par une série de *pourquoi* et de *comment*, signifient que vous ne connaissez pas même l'alphabet du grand livre de la nature, ouvert sous vos yeux, depuis votre naissance.

Généralement, on se tient à distance de la botanique, sans l'attaquer. Cette indifférence est plus dangereuse qu'une guerre ouverte, franche et loyale. Nous allons en donner un exemple ; mais d'abord, nous proclamons très haut que loin d'obscurcir les facultés intellectuelles des jeunes gens, l'enseignement de la botanique contribue beaucoup au développement de leur esprit et de leur raison, qu'elle rend plus facile et plus brillants les autres travaux auxquels ils sont livrés, et sert de base aux connaissances plus approfondies qu'ils acquèrent dans un autre âge. Concluons qu'il est de la plus haute importance de vulgariser cette science, en la mettant à la portée de tous.

Pour cela, il faut lui rendre sa beauté native, lui restituer tout ce qu'elle a de caressant et d'attrayant pour la jeunesse. Cette restauration serait un bienfait immense. Dans l'état où certains savants l'ont mise, nous en convenons, elle n'est vraiment plus abordable. Est-ce là, cette science sereine, sainte, gracieuse, souriante de la verdure et des fleurs ? Non ! A la place, on a dressé, je ne sais quelle allégorie informe, sous la figure du plus grimaçant et du plus odieux des spectres. Incontestablement, ils l'ont défigurée, des pieds à la tête, par leur terminologie barbare, leurs mots ridicules, et leurs formules excentriques. C'est ainsi qu'ils en ont fait une science *redoutée* par tous ceux qu'effrayent, à juste titre, les hiéroglyphes d'une langue que les académiciens rendent systématiquement incompréhensible.

Ces vieilles manies, ces coupables usages de caste enseignante sont tout simplement désastreux. La chose est infiniment plus grave qu'elle ne le paraît au premier abord : A moins d'être forcé par un besoin impérieux, à se jeter, tête baissée, dans les broussailles de ces arides études, qui donc osera aborder les innombrables difficultés d'une *nomenclature* hérissée de noms grecs, gaulois ou tudesques terminés en *our* ou en *ard*, ou en *ier*, ou en *ach*, ou en *mann*, ou en *berd*, ou en *ski*, ou en *dorf*, auxquels la désinence latine *ia* vient s'ajouter pour faire un nom *générique ?*

Nomenclature et terminologie font donc autant

de contorsion et de laideur pour épouvanter les
plus curieux et les plus résolus.

Mais si à ces premières et candides épreuves,
nous ajoutons la calamité des dédicaces, que de
réciproques congratulations entre savants multiplient sans mesure, nous nous trouvons en face
d'un labyrinthe inextricable. L'âme la plus audacieuse recule épouvantée Comment essayer de
pénétrer dans une enceinte gardée par des dragons
tels que MM. Wachendorf Messerschmidt, Kras-
cheninikoff, etc., qui nous présentent comme premier exercice de mémoire le tableau suivant :
K'ostetetvkia, Schweiggeria, Bischoia, Trautvet-
teria, Wachendorfia, Wrightia, Putterlichia,
Ternestroenia, Zauschneria, Escholtzia, Kalbfus-
sia, Benninghausenia, Schranchia, Gabowskia,
Schbcehtendatia, Krignitskia, Ohiggiusa, Brough-
tonia, Messerschmidtia, Kroscheninikovia, etc.
En vérité, ne dirait-on pas un guet-apens?
Avouons-le, pour ne pas jeter aux orties l'herbier
contenant les plantes vertes et les plantes sèches,
il faut avoir le feu sacré des anciens pères de la

botanique. Le plus habile des magiciens aurait beau s'évertuer, jamais il ne parviendrait à faire sortir les harmonies euphoniques des noms antiques du milieu de cette horde de Tartares Kalmoucks, qui viennent opposer leurs faces anguleuses aux lignes pures et suaves de la nomenclature grecque, romaine et même mythologique. Il y a là un constraste choquant. Toutes les plantes étaient désignées jadis par des noms doux à l'oreille, tels que *Carduus, Solanum, Juniperus, Avena, Corylus, Viola, Cytissus, Patanus, Ulex,* etc.

A Rome et à Athènes, pour faciliter la Mnémonique des végétaux, on employait des noms significatifs. Pline nous a transmis le *Geranium*, dont le pistil s'allonge en *bec de grue* ; le *Myosotis*, dont les feuilles ressemblent à *des oreilles de souris* ; l'*Hippuris*, qui figure une *queue de cheval* ; le *Tussilago* qui *chasse la toux* ; le *Chelidonium*, dont la floraison dure autant que le séjour des *hirondelles* ; le *Dipsacus*, qui *guérit la soif*, au moyen de ses feuilles, opposées et réunies de manière à former une écuelle, où se conservent les eaux pluviales, etc., etc.

Sans être aussi heureux que les anciens, les modernes avaient eu, à leur tour, quelques succès dans la création d'un grand nombre de noms composés, tels que l'*Ornithopus* dont les fruits ressemblent à *un pied d'oiseau* ; le *Théobroma*, qui donne le chocolat, *nourriture des dieux* ; l'*Aquilegia*, dont les pétales figurent des urnes pour *recueillir de l'eau* ; le *Tropeolum*, dont les feuilles en bouclier, offrent l'aspect d'un *petit trophée* ; le *Passiflora,* ou fleur *de la Passion*, qui, par les filaments pointus de sa corolle, des stigmates, des anthères et les vrilles de sa tige, représente la couronne d'épines, les clous, les marteaux et les cordes, instruments de supplice de Notre Seigneur Jésus-Christ... Toutes ces appellations sont gracieuses ; mais quand on aperçoit à côté ou près d'elles, les noms patronymiques cités plus haut, on reste découragé et comme anéanti.

C'est Linné lui-même, le grand législateur de

la botanique, qui a ouvert les portes de la place
aux barbares, en disant dans sa *philosophie botanique* : « Les noms génériques établis pour con-
« server la mémoire des hommes qui ont bien
« mérité de la science doivent être religieusement
« respectés : c'est l'unique et suprème récompense
« de leurs travaux : aussi faut-il la décerner avec
« circonspection, pour l'encouragement de la
« gloire des botanistes. »

En provoquant cette sorte de canonisation,
Linné en désignait les limites. Il la réservait exclusivement aux chefs de la science, à ses promo-
teurs, à ses *martyrs !* l'abbé *Bignon,* zélé pro-
moteur de la Botanique (*Bignonia*) : le prince
Gaston de Bourbon, qui fonda le plus ancien jardin
botanique de France (Borbonia) : *Guy Fagon,*
le médecin-poète, qui fut le second créateur du
Jardin des Plantes de Paris (Fagonia) ; ces noms
ne peuvent déplaire à personne. Ceux des intrépides voyageurs qui moururent loin de leur patrie,
victimes de leur dévouement à la science, sont
accueillis avec sympathie : *Commerson* qui flairait

les espèces nouvelles (Commersonia) ; *Bertero,*
qui sacrifiait sa fortune pour fréter le navire
destiné au transport de sa cargaison botanique
(Berteroa) ; Biedli, qui se sentit mourir, et dont
les dernières paroles furent une prière à ses com-
pagnons pour la conservation du figuier à longues
feuilles (Biedleia). Quant à Linné, Tournefort et
Jussieu, ce brevet d'immortalité ne pouvait leur
manquer. S'il n'eût existé, il aurait fallu l'insti-
tuer en leur honneur.

Mais ce n'est pas sans frémir d'indignation
qu'on a vu, dans la suite des temps, une tourbe
de noms obscurs venir audacieusement se placer
au niveau de ceux que je viens de signaler au
respect du monde entier. Comment accepter cette
invasion des médiocrités, qui forment une foule
compacte, dans laquelle sont perdus les hommes
de génie ? — Le Temple de la science a été violé,
son sanctuaire a été profané ; maintenant il faut
avaler comme autant de crapauds et de couleu-
vres, certains noms d'hommes donnés aux Genres,
quelque rocailleux, quelque triviaux, quelque ri-

dicules qu'ils puissent être ! Ces noms grotesques n'ont pas été épargnés : souvent c'est sous deux ou trois noms, quelquefois cinq ou six, que chaque végétal figure dans les ouvrages ; un seul, on pourrait espérer l'apprendre et s'en souvenir ; mais six ! ! ... Est-il étonnant qu'en face d'une synonymie aussi insensée, le débutant désorienté, hésite, se lasse et finisse par jeter au feu herbier, manuels et nomenclature ? Dans vingt ans, si par une réforme audacieuse et radicale, on ne donne pas à la nomenclature un vocabulaire facile à lire, et à retenir, par conséquent euphonique avant tout, l'étude de la Botanique défiera les mémoires les plus robustes et deviendra absolument inabordable pour tout homme dont l'unique métier n'est pas de s'encombrer la cervelle d'interminables catalogues.

Faut-il supprimer la nomenclature ? Non, c'est impossible ; elle est d'une importance fondamentale : si l'on ignore les noms, on ne peut retenir la connaissance des choses : « *Nomina si nescis, perit et cognitio rerum.* » Je parle de la nomen-

clature des anciens, qui consistait en noms radi-
caux insignifiants, en noms propres, mytologiques
ou historiques, et en noms composés significatifs,
Quant à la nomenclature *personnelle* qui est re-
connue *barbare, anti-mnémonique* et *inefficace*, il
faut la désavouer sans hésitation, l'usage établi
ne saurait avoir force de loi au détriment de la
raison.

Alors, le principal obstacle qui empêche la
botanique de devenir populaire sera supprimé.
Alors encore, les flores, ces livres délicieux, ne
seront plus si rares; elles ne seront plus l'apanage exclusif de quelques amateurs passionnés et
des botanistes de profession, on les verra dans
toutes mains, et on pourra dire avec Platon :
« Que la science est l'amie de tous. »

Notre but, en écrivant ce modeste ouvrage, a
été de commencer cette urgente restauration.
Assurément, réduit à nos humbles moyens, il
nous a été impossible d'atteindre les hauteurs de
ces majestueuses ruines. Mais, élagueur infatigable, nous avons retranché, ou expliqué, ou

arrondi toutes les expressions biscornues, crochues, malsonnantes, que nous avons rencontrées
sur notre chemin. Par cette œuvre d'épuration,
la science enseignée ici est redevenue l'amie de
tous; l'enfant, dès son plus jeune âge, pourra ouvrir ce livre, et loin d'en être effrayé, il s'y attachera sans danger, et l'étudiera avec plaisir et
sans fatigue. Bien vite, il le préfèrera aux fables
du bon La Fontaine, et autres contes fantastiques
semblables.

Pour le jeune collégien, ce volume sera comme
la porte qui l'introduira dans le royaume des
végétaux. Il y contemplera mille merveilles qui
le captiveront, en lui donnant des jouissances
jusque-là inconnues. Rhétoricien tout plein de
son Virgile, quelles ne seront pas ses émotions,
en commençant ses promenades botaniques?
Chaque plante lui rappellera mille riantes images,
mille souvenirs pleins de fraîcheur. C'est « le
peuplier qui se plaît au bord des fleuves, le
sapin qui couronne le sommet des montagnes : »

Populus in fluviis, Abies in montibus altis.

Le murmure des zéphirs, dans les pins agités,
le conduit sur « le mont de Ménale, qui a con-
servé sa forêt sonore et ses pins harmonieux : »

> *Mœnalus argutumque nemus, pinosque loquentes*
> *Semper habet.*

Les abeilles butinant sur les fleurs du « daphné
toujours vert, du serpolet qui embaume l'air au
loin, de la sarriette à l'odeur forte, et des vio-
lettes bordant le ruisseau, » lui rappellent le
précepte des Géorgiques, qui recommande de
planter ces végétaux dans le voisinage des
ruches :

> *Hæc circum cæssæ virides, et dentia late*
> *Serpilla, et graviter spirantes apia Thymbræ*
> *Floreat irriguumque bibant Violaria fontem.*

L'Aster-Amellus, la plus belle des radiées de
notre Flore, lui rappelle ces vers où Virgile a
décrit cette plante avec l'exactitude du botaniste :

> *Est etiam flos in pratis, cui nomen amello*
> *Facere agricolæ, facilis quærentibus herba;*
> *Numque uno ingentem tollit de cespite silvam,*
> *Aureus ipse, sed in foliis quæ plurima circum*
> *Funduntur, violæ sublucet purpura nigræ.*

L'*amelle* orne les près, facile à découvrir,
Au regard qui la cherche elle semble s'offrir;
Sur sa tige, étallée en touffe gazonnante,
Se presse des rameaux, la forêt verdoyante,
Et le disque des fleurs, qui brille d'un or pur,
Adoucit son éclat par des rayons d'azur.

C'est ainsi que, grâce à ses études latines, la moindre notion scientifique est assaisonnée, par le jeune lycéen, d'une jouissance littéraire.

Le titre de ce livre dit suffisamment aux élèves du sanctuaire et aux familles chrétiennes qu'il est plein de religion. Ils y trouveront à chaque page, l'idée de Dieu créateur, gouverneur et conservateur de l'univers. Son existence, ses attributs et les figures de l'immortalité de l'âme. de la résurrection du corps et de la vie éternelle, les ramèneront agréablement aux souvenirs de de leurs études de philosophie et de théologie sacrée.

Nonobstant son titre, nous ne prétendons nullement offrir cet ouvrage à nos lecteurs comme un guide suffisant sur la religion. Le Créateur, il est vrai, s'est manifesté par ses œuvres, au

point, dit saint Paul, que les Gentils sont *inexcu-*
sables, parce que, ayant connu Dieu, ils ne
l'ont point glorifié comme Dieu. Mais la connaissance que l'ont peut acquérir de sa divinité et
de ses desseins, en dehors de toute révélation
proprement dite, est si faible, si bornée, si imparfaite que l'on ne peut guère lui donner le
nom théologie. Aussi, ne s'agit-il point ici de
cette grande science *raisonnée,* exacte, appro-
fondie, qui nous donne la raison de nos devoirs
envers Dieu, envers le prochain et envers nous-
mêmes. Nous trouvons que donner à notre titre
le sens de *Théologie naturelle* serait encore
quelque peu prétentieux. Enfin, nous déclarons
que cette étude de botanique, dans ses rapports
avec la religion, n'a d'autre sens que celui de
Théologie auxiliatrice de la raison dans l'examen
des sources et des preuves de la foi, données par
la grande théologie sacrée.

Si, malgré nos soins pour rester fidèle à la
saine doctrine de notre mère la sainte Église, il
se trouvait dans cet ouvrage, quelques proposi-

tions téméraires, nous les désavouons d'avance, de toutes les forces de notre âme.

Puissions-nous avoir rendu à la botanique, la popularité qu'elle mérite en la ramenant vers Dieu? Le panthéisme et le matérialisme d'un certain nombre de nos auteurs modernes, l'avaient mise en défaveur devant le public honnête. De plus, le cynisme d'une foule d'expressions que l'on trouve dans les Flores, en font des livres obscènes, et effarouche à juste titre, beaucoup de lecteurs. Toujours les cœurs vertueux repousseront avec dégoût les ouvrages frivoles, où la science, sous prétexte de *coloration*, est travestie en allusions galantes et licencieuses, dans les rapprochements ingénieux qu'elle montre entre la plante et l'animal.

Nous serions également heureux et fier si nous avions contribué à justifier une pensée de *l'auteur* du *Génie du Christianisme*; la voici : « C'est en « vain que l'impiété a prétendu que le christia- « nisme favorisait l'ignorance et faisait *rétrograder* » *les jours*, dit Châteaubriand : c'est en vain

« que les physiologistes et les philosophes, dans
« le fol orgueil de leurs découvertes, ont voulu
« repousser la foi, comme une atteinte à leur
« intelligence. La religion chrétienne répond à
« ce blasphème, en dirigeant la raison humaine
« dans ses progrès, vers un but qu'elle n'a point
« encore atteint. La religion chrétienne, après
« avoir sauvé le monde du paganisme, de la
« corruption et de la barbarie, possède encore
« des trésors pour les cœurs soumis à la puissance
« et pour les esprits qu'elle veut éclairer. Lumière
« quand elle se mêle aux facultés intellec-
« tuelles, sentiment quand elle s'associe aux
« mouvements de l'âme, cette raison divine croît
« avec la civilisation et marche avec le temps. »

Ces paroles m'ont donné le courage et la patience de conduire à bonne fin, la tâche que
j'achève aujourd'hui. J'aurai peut-être à subir le
sort de tous ceux qui luttent contre des abus in-
vétérés, avec la seule ambition d'être utile, et avec
les seules armes de la raison. N'importe les sar-
casmes et les injures de beaucoup de gens blessés

dans leur amour-propre ! Devant la contrariété et l'injustice, je m'armerai de résignation en pensant au sublime Linné. Je méditerai l'exorde magnifique de son *Système de la Nature*, trésor de poésie et de philosophie religieuse. « J'ai pénétré, « dit-il, dans les épaisses et ténébreuses Forêts « de la Nature ; le sol était hérissé, çà et là, « d'épines aiguës et crochues : j'ai tâché de les « éviter, mais j'ai bientôt appris qu'à l'homme le « plus circonspect, la prudence fait défaut quel- « quefois ; aussi ai-je eu à supporter les ricane- « ments des satyres, les grognements des cyno- « céphales, et les bonds des cercopithèques, qui « sautaient sur mes épaules : j'ai poursuivi ma « route, et achevé la course que j'avais entre- « prise. »

Dès mon plus jeune âge, j'ai été élevé dans ce principe divin, que « *le disciple n'est pas plus que le maître.* Aussi je serai toujours heureux et fier, dans l'adversité comme dans la prospérité, d'être le disciple d'un tel maître.

Pour ne pas multiplier les citations tout le long

de ce volume, nous allons nommer ici, en tête
de cet ouvrage, les auteurs que nous avons consultés, et dont nous nous sommes plus particulièrement servis; en voici la liste : Linné, Tournefort, Ad. de Jussieux, Richard, Grimard,
Naudin, Le Maout, Thuret, Schaeht, Schleiden,
Caudolse, Duhamel, Hofmeister, Duchartre, A.
Bossu, Mérat, etc., etc.

Vaujours, le 8 juin 1882.

L'ABBÉ CHAUDE.

CURÉ DE VAUJOURS.

THÉOLOGIE
DES PLANTES

Histoire intime du Monde végétal.

INTRODUCTION

Connaissez-vous la violette? — Monsieur le naturaliste. — Rassurez-vous. — Qu'est-ce qu'un naturaliste? — Aristote, Pline, Linné, Buffon. — Comment on devient un naturaliste. — Le grand livre de la création. — Retour de la violette printanière. — D'où viens-tu? — Faits, gestes, généalogie de la violette. — Règne végétal. — Machine compliquée. — Horloge à répétition. — Mettons de l'ordre dans notre manière de procéder. — Analyse, Synthèse. — Sirop de violette. — Racine vomitive. — « Omne tulit punctum qui miscuit utile dulci. »

— Connaissez-vous la violette, cher Léon?

— La belle affaire! me répondez-vous, j'en ai plein mes poches; mes livres, mon pupitre et ma chambre en sont garnis.

— Très bien! Alors, je suis à l'aise pour causer avec vous, Monsieur le Naturaliste. Mais que vois-je?... Pourquoi donc ce visage inquiet? Prendriez-vous le mot, qui vient d'effleurer mes lèvres, pour un reproche ou pour une injure? Rassurez-vous, mon enfant; il n'est ni l'un ni l'autre; loin de là : c'est un compliment anticipé, dont vous vous rendrez digne plus tard; du moins, je l'espère, si vous apportez à l'étude que nous voulons faire ensemble, toute l'attention, l'application et la persévérance qu'elle exige.

Et, du reste, je ne vois aucun inconvénient à vous expliquer dès aujourd'hui le sens de ce mot : *Naturaliste!* On donne ce nom à celui qui se livre à l'étude des plantes, des minéraux, des animaux, en un mot, à tout ce que Dieu a créé et placé sur la terre par sa seule volonté : « *Il a dit, et tout a été fait.* » Un jour, vous connaîtrez Aristote, Pline, Linné et Buffon; vous saurez qu'ils ont été de grands naturalistes. Vous voyez donc que vous êtes encore bien loin de mériter ce titre, qui renferme un grand exemple d'application vertueuse et austère, par le travail, l'énergie, les efforts, les jours et les nuits passés à l'étude qu'il suppose.

— Eh bien! maintenant, dites-moi? Voulez-vous, cher Léon, apprendre de bonne heure à lire dans le grand livre de la création, que le bon Dieu a ouvert sous les yeux de tous : enfants, jeunes gens, adultes, vieillards qui sortent, pour la plupart, de ce monde sans en avoir compris un seul mot, et avant d'avoir su en apprécier les beautés sublimes, les harmonies incomparables et les hymnes de louanges et de gloire envers le Créateur divin de toutes ces merveilles ravissantes?

— J'ai souvent rêvé, longtemps d'avance, du retour de la violette printanière, de la marguerite dorée et du bluet des moissons; j'aime toutes les plantes.

— Bravo! les mystères de la nature vous intéressent déjà; bientôt, vous éprouverez un vif amour pour toutes les richesses que la toute-puissance de Dieu et sa bonté adorable ont semées dans le domaine de l'homme. Un jour, vous avez dû dire au parfum si suave de votre violette : D'où viens-tu? et où vas-tu? Mais vous n'étiez pas encore suffisamment initié au langage expressif de la nature pour comprendre sa réponse. Il en sera autrement à l'avenir.

Votre sourire me fait plaisir, cher Léon, il est de bon augure : mais puisque nous étions revenus à votre plante de prédilection, laissez-moi vous adresser quelques questions : Avez-vous entendu parler de la manière dont votre chère violette fait sa cuisine, et de ce qu'elle mange pour grandir? Connaissez-vous ses prodiges de vitalité? Avez-vous l'adresse de sa couturière? de ses fournisseurs d'étoffes et de parfums pour sa toilette? Avez-vous jamais admiré sérieusement les ornements de la brillante chapelle où Dieu lui-même bénit l'union sainte, qui perpétuera sa postérité sur la terre? Pensez-vous qu'elle répande également ses grâces et sa bonne odeur dans toutes les zones de l'univers : tempérées ou tropicales, boréales ou équatoriales; sur la cime des montagnes ou au fond des vallées; sur le sable brûlant du désert, comme sur la grève salée de l'océan; sous l'haleine caressante des zéphirs de la plaine, comme aux pieds des géants de nos forêts? Quelqu'un vous a-t-il déjà parlé de ses ancêtres et de sa famille? de ses frères et de ses sœurs? de ses cousins et de ses cousines? En un mot, de tous les membres aussi nombreux que les étoiles du firmament, de cette grande monarchie qu'on appelle : *le Règne végétal*, dont Dieu seul est l'auguste et magnifique Souverain?

Vous paraissez tout étonné.

— Oui, vraiment je le suis, et beaucoup; car je ne connais pas un mot de ce que je viens d'entendre. Mademoiselle la Violette paraît avoir une histoire intéressante; mais!... mais!... le caractère alphabétique en est drôle; il faut voir cela de près. Et puis... qui aurait pensé que dans une si modeste fleur se trouvât une machine si compliquée; autant vaudrait, je crois, démonter une horloge à répétition!...

— Vous avez raison, mon cher Léon; une horloge, si à répétition qu'elle soit, sera toujours cent fois moins curieuse et aura mille fois moins de valeur de composition, d'invention et d'organisation qu'une pied de violette. Nous allons, je l'espère, nous convaincre ensemble de cette agréable vérité. En attendant, vous savez déjà que tôt ou tard, vous pourrez, comme tant d'autres, faire des montres et des horloges; mais vous n'ignorez pas, non plus, que tous les hommes de l'univers, en réunissant leur savoir, sont incapables de créer et de faire vivre un grain, un seul grain de violette!... Cette vérité incontestable et incontestée est bonne à noter en passant.

Du moment qu'il est entendu qu'il y a complication dans notre travail d'investigation, d'analyse et de synthèse, mettons de l'ordre dans notre manière de procéder : d'abord, je vous raconterai la généalogie de notre modeste plante, en généralisant le plus possible par de nombreux regards autour d'elle, de manière à vous faire connaître ses ancêtres les plus reculés jusqu'au premier né ; puis, toujours avec la même largeur de vue, nous nous arrêterons devant les éléments primitifs de sa vie ; nous admirerons également les phénomènes prodigieux de sa germination et le travail culinaire de sa *radicule* et de sa *tigelle ;* de là nous passerons dans son cabinet de toilette pour y contempler le bel agencement de ses feuilles autour de sa souche et dans ses alliées sur leurs rameaux ; un peu plus loin, nous la trouverons parée de sa fleur et embaumée de son parfum, et, sans beaucoup attendre, nous assisterons à son mariage devant Dieu et les anges ; enfin, si vous êtes bien sage dans vos jeux, je vous ferai goûter au sirop délicieux de sa fleur ; mais si, à Dieu ne plaise ! vous alliez être sans mesure et sans règle dans vos récréations, et que vous y preniez une angine, vous m'obligeriez à vous faire avaler une pincée de la poussière blanche de sa racine, et, je vous le jure, votre excellent cœur aurait un mauvais quart d'heure à passer ; mais vous ne lui en garderiez pas rancune ; au contraire ; car, en voyant que cette humble fille du continent peut, tout comme le grand océan, donner le mal de mer, vous reconnaîtrez mieux qu'elle joint *l'utile à l'agréable*. Ne serait-ce pas le cas de vous rappeler l'adage d'un célèbre poète latin pour en faire l'épigraphe de votre plante favorite : « *Omne tulit punctum qui miscuit utile dulci.* »

CHAPITRE I

Classification générale des Plantes.

Acotylédons, Menocotylédons, Dicotylédons. — Classes, ordres, familles genres, espèces, variétés, six mots faciles à retenir. — Comparaison, Géographie de la France. — Hypogynes, Pistil, Étamine, trois singuliers personnages. — Présentation. — Application des comparaisons empruntées à la géographie et à la famille. — La clef des grandes généralités de la botanique. — Reflets des perfections de Dieu. — Défiez-vous du beau sur cette terre. — Les variétés dans les plantes. — Sujets hybrides. — Ce qu'il en faut penser. — En voulant changer l'ordre de la création l'homme perd son temps. — La plante libre se replace sous la main de Dieu. — Danger du théâtre des variétés. — Il s'en sauve un sur dix mille.

Le règne végétal comprend l'immense réunion de toutes les plantes qui couvrent le globe terrestre. On les divise en trois grandes *classes* ou embranchements, suivant les caractères de ressemblance qu'elles offrent entre elles : *Acotylédons, Monocotylédons, Dicotylédons.* A leur tour, ces classes sont partagées en seize *ordres* [1].

---

1. Voyez *Botanique descriptive*, par l'abbé Chaudé, p. 70 et suivantes.

Ceux-ci se ramifient en deux cent deux *familles*, qui se divisent en deux mille *genres*, composés de cent mille espèces, lesquelles forment des *variétés* innombrables.

Classes, ordres, familles, genres, espèces et variétés, voilà six mots faciles à retenir, parce qu'ils sont d'un usage fréquent dans notre langue, dans nos études grammaticales et dans nos rapports quotidiens avec nos semblables. Ces six mots importants constituent la chaîne de toutes les plantes de l'univers, depuis le corail et les algues, qui tapissent le fond des mers et la surface des flots, jusqu'à la mousse qui verdit la pierre de nos vieux murs; jusqu'à la moisissure grise de notre pain, et depuis le pâle champignon, qui se cache dans l'obscurité humide de nos cours, jusqu'au chêne, le roi de nos forêts, et le cèdre gigantesque, qui brave le tonnerre et la foudre sur la cîme brulante ou glacée des montagnes. Oui, classes, ordres, familles, genres, espèces, variétés, telle est la généalogie du monde végétal. Pour bien le fixer dans votre mémoire, nous ne saurions trop nous arrêter devant cet arbre merveilleux qui couvre notre sphère de ses ramifications innombrables dans toutes les zones, sous toutes les latitudes, comme un immense livre, où chacun lit les preuves les plus palpables et les plus saisissantes de l'existence, de la puissance, de la sagesse et de la bonté de Dieu.

Entrons dans quelques détails pour bien saisir l'enchaînement de cette classification.

Nous allons essayer d'une comparaison ; prenons-la dans une science qui vous est familière ; la géographie de la France. Ainsi, nous dirons : la France représentera le *règne végétal ;* les provinces donneront une idée des *classes botaniques ;* les départements figureront les *ordres ;* leurs arrondissements seront les *familles ;* les cantons nous rappelleront les *genres ;* les communes reflèteront les *espèces*, et avec les hameaux nous aurons les *variétés*. En d'autres termes, votre famille qui se rattache à la France par la province et le département qu'elle habite, est une réunion d'enfants qui se ressemblent par des traits généraux ; de même dans les plantes, on appelle *famille* la réunion des *genres* qui offrent des caractères similaires : ainsi, la *violette* et la *pensée* sont des genres qui appartiennent à la même famille, celle des *violacées*. Chaque genre a son nom particulier, comme vous et votre frère avez vos noms de baptême, ajoutés à celui de votre famille.

Des *genres*, avons-nous dit, sortent les *espèces ;* aussi, nous allons distinguer les espèces, au moyen d'un qualificatif qui équivaudra à votre nom de baptême, et nous disons : la *violette odorante*, la *violette tricolore*. Cette distinction nous rappelle les frères et les sœurs dans la famille. Est-ce que vous n'avez pas, vous-même, mon cher Léon, des frères et des sœurs ?

Des *espèces* on arrive aux *variétés*. Ainsi, nous avons la *violette des jardins* et celle des *marais*. Par qui pensez-vous qu'elles soient représentées dans la maison de votre bon vieux papa?

— C'est sans doute par la couleur des yeux ou des cheveux.

— Ah! très bien! voilà qui s'appelle viser juste, toucher le but et gagner la partie. Oui, ce sont les blonds, les bruns, les châtains, les roux et les cendrés qui simulent les *variétés*.

Ainsi, la violette est un des genres de la famille des violacées, elle appartient à l'ordre des *hypogynes*, ou plantes dont les *étamines* naissent du réceptacle, au-dessous de la base du *pistil;* puis elle remonte à la classe des *dicotylédonées*, ou plantes venant par une graine qui renferme la matière d'une tige, d'une racine, de *plusieurs feuilles* et d'un bourgeon.

Pistil et *étamines*, voilà de singuliers personnages, n'est-ce pas? Pour que vous n'en soyez pas effrayé, j'aime à vous les présenter sans retard : le pistil, c'est cette faible aiguille surmontée d'une petite boule, qui se dresse et se pavane comme une dame d'importance, au centre de la fleur. Vous voyez ces légers fils coiffés de capuchons, remplis de poussière jaune qui entourent le pistil? ce sont les étamines.

—Haben sie mich Verstanden? comme disent les Allemands, c'est-à-dire : m'avez-vous compris, cher Léon?

— Pas guère! mon cher maître, comme disent les bergers des Alpes.

— Pas guère? Eh bien, démontons cette longue chaîne pour en regarder les anneaux un à un. Voyons : vous êtes brun et votre frère est blond, voilà ce que j'appelle des *variétés* (la violette cultivée, la violette des marais), mais réunis sans égard à la couleur, vous représentez les *espèces botaniques* (la violette odorante, la violette tricolore). Faites approcher vos sœurs, et je vous dirai, en vous regardant tous ensemble : voilà les *genres* (la violette, la pensée), s'il est incontestable que vous avez le même sang et beaucoup de traits de ressemblance, tant au physique qu'au moral, n'êtes-vous pas ainsi l'image de la *famille végétale?* (les violacées). Quand vous aurez grandi, vous exercerez un art, une profession dans un département, puis vous deviendrez, Picard, Normand ou Gascon, tout en restant Français. En sorte que, après avoir figuré les *variétés*, les *espèces*, les *genres* et les *familles*, vous représenterez à l'égard de la violette, avec le département, *l'ordre des hypogynes ;* avec la province, la *classe des dicotylédonées*, et avec la France, devinez quoi...

— C'est le règne végétal.

— Précisément !

— Bien que toute comparaison cloche, et que celle-ci soit passablement boiteuse, elle suffit pour vous donner la clef des champs. Oh ! oh ! vous regardez la porte, cher enfant, doucement ! ici, ne prenons pas les choses trop à la lettre, j'ai simplement voulu dire la clef des

grandes généralités de la botanique, cette science
honorablement récréative, qui sourit à l'homme, du
matin au soir, en reflétant si gracieusement la bonté,
la beauté, la puissance et l'amour de Dieu, créateur de
tout ce qui vit, respire ou occupe une place immense,
ou imperceptible au ciel, sur la terre et dans les mers.

Quelqu'un a dit, que ce qui constitue le beau en tout
et partout, c'est l'*unité dans la variété.* Je le veux bien
et je le crois ; mais défiez-vous du beau, cher Léon,
car il a un grand défaut sur cette terre : il n'est jamais
durable. Dieu l'a gardé pour lui seul, non par égoïsme ;
c'est sa nature, c'est son essence ; il est la beauté
absolue, la beauté durable, éternelle, la beauté immuable, toujours ancienne, toujours nouvelle.

D'ailleurs, les variétés dans les plantes ne valent
guère mieux que les variations dans le caractère d'un
écolier ; elles sont généralement le résultat des soins
et des efforts de l'homme. Devineriez-vous bien ce qu'il
fait pour les obtenir ? C'est facile, comme tout ce qui
est méchant ; il les soumet de force à un climat et à un
sol factices et étrangers, ou bien il les marié avec
violence entre cousins germains. Oh ! quelles funestes
et dangereuses unions ! Aussi ne donnent-elles que des
sujets hybrides, espèces de monstres. Dans la famille,
pour laquelle ils ne peuvent rien, ces mariages amènent
la fin de l'espèce.

Cela nous apprend, que toutes les fois que l'homme

se permet de changer l'ordre de la création, il perd son temps et ne fait rien de durable. En effet, cette fleur *simple* en devenant *double*, est frappée de stérilité. Voilà qu'elle compte à peine dans la famille ; elle en perd les traits, c'est presque une étrangère. Et puis, fille de l'homme, elle ne vivra que l'espace d'un matin. Cette pauvreté d'existence résulte de sa condition d'origine ; car, l'homme peut-il donner à ses œuvres ce dont il est le plus dépourvu pour lui-même ? Je veux dire la permanence et la fixité. Aussi, qu'arrive-t-il souvent ? Eh bien, après l'abandon de l'homme qui lui avait fait des promesses menteuses, cette plante se replace sous la main de Dieu, et elle y reprend ses caractères primitifs. Ce n'est plus une fugitive de la famille, mais une pauvre victime que l'on doit plaindre et féliciter de son retour, car elle l'a échappé belle.

Oui, cher Léon, en toutes choses, au physique comme au moral, dans l'ordre végétal comme dans l'ordre social, le théâtre des variétés ou *hybridation* est horriblement dangereux. Les plus robustes plantes elles-mêmes s'y étiolent, s'y décomposent et y meurent, comme les caractères les mieux trempés, s'y amollissent et y dégénèrent jusqu'à la honte et l'ignominie ; il s'en sauve *un sur dix mille*, ne l'oubliez jamais, cher Léon.

CHAPITRE II

Quelques mystères de la cuisine des Plantes.

Mystère, cuisine, deux mots connus. — C'est simple comme bonjour. — Illusion. — La vérité avant tout. — Confusion de ceux qui se vantent de ne croire que ce qu'ils comprennent. — Le poulet le plus blanc et le charbon le plus noir, même chose. — Carbone, oxigène, hydrogène et azote voilà les quatre sources vitales du monde entier. — Ces noms sont un peu barbares. — Incapacité des savants dans la dénomination des œuvres de Dieu. — Ceux qui crient : A bas les mystères ne savent pas ce qu'ils disent.

Le titre de ce chapitre, cher Léon, ne vous semble-t-il pas un tantinet paradoxal? Mystère, cuisine; ces deux mots vous sont connus et familiers : Le premier vous a été enseigné au catéchisme; c'est une vérité incompréhensible ici-bas. Quant au deuxième, vous avez l'objet qu'il désigne sous les yeux du matin au soir, c'est la chose du monde, en apparence, la plus ordinaire et la plus vulgaire; en effet, de quoi s'agit-il?

— C'est simple comme bonjour, mon cher Maître : du charbon, de l'eau, du feu, un soufflet, des légumes, de la viande et d'autres aliments comestibles; voilà les

agents actifs et passifs de toute cuisine. Je ne vois pas
de mystère possible dans les œuvres de Cati, notre
cordon bleu. Tout ceci est à la portée du premier venu,
comme les grandes tartines et les petits gâteaux.

— Je voudrais pouvoir vous laisser cette illusion;
mais la vérité avant tout. Aussi, au risque de vous
étonner de plus en plus, je me permets de vous affirmer
que nous sommes en présence du plus grand mystère
de l'ordre naturel. Il y a même dans ces quelques éléments de cuisine, que vous venez d'énumérer avec une
élégante facilité, tout ce qu'il faut pour confondre
les esprits superbes, qui rejettent stupidement les
mystères si glorieux de la religion, sous le prétexte
menteur qu'ils ne croient que ce qu'ils comprennent.
Croient-ils à leur vie? Oh! les soins qu'ils en prennent,
les efforts qu'ils font pour la garder le plus longtemps
possible, et le saisissement qu'ils éprouvent à la vue du
moindre péril prouvent qu'ils y croient d'une foi héroïque et invincible; et cependant, comprendront-ils
jamais les combinaisons ingénieuses, innombrables, et,
il faut bien le dire, vraiment divines que le Créateur du
monde a coordonnées aussi bien dans l'intérieur qu'à la
surface de la terre; aussi bien au fond de la mer que
dans l'immensité de l'atmosphère pour la leur conserver?

Mais que diraient tous les aboyeurs qui hurlent si
haut : « Nous ne voulons pas des mystères! » si on leur

apprenait qu'il n'y a pas de différence entre le poulet le plus blanc et le charbon le plus noir; que le cuir de leurs souliers, le bois de leurs sabots, les pierres de leurs maisons, les jambons succulents, les vins délicieux et les fruits parfumés sont et resteront à tout jamais une seule et même chose, sous des formes différentes? Non, ils ne comprennent pas ce mystère, et malgré cela, ils font preuve, à chaque instant, de croire fermement au bon vin, aux fruits délicieux et aux mets délicats. Ils croient sans comprendre, et souvent ils sont martyrs de leur foi, les ivrognes!

Laissons donc ces pantins abrutis, ce menu fretin de l'ignorance la plus aveugle ou de la mauvaise foi la plus nauséabonde, et passons à l'examen des éléments fondamentaux de la vie végétale, et aussi de la nôtre quant à notre corps.

Illico! je vous présente donc, cher Léon, les principaux figurants dans le sublime et mystérieux rôle de la vie; ils s'appellent : *Carbone, Oxigène, Hydrogène* et *Azote.* Oui, telles sont les quatre grandes sources vitales que Dieu a placées aux extrémités, au centre et au sommet de toutes les œuvres sorties de ses mains dans le gigantesque phénomène de la création de l'univers.

— Je vous entends me dire que ces mots vous font peur, tant ils vous paraissent barbares.

— Votre plainte ne manque pas de justesse; mais il faut excuser les savants et comprendre que donner un nom exact aux œuvres, même les plus simples de l'intelligence infinie est toujours chose fort difficile. Sachez aussi, mon cher Léon, que si Dieu daignait initier, en un seul jour, les hommes à tous les secrets seulement de l'ordre naturel et physique, ceux-ci seraient incapables de suffire à les nommer. Vous voyez que les orgueilleux, qui crient : « Arrière les mystères! » ne savent pas ce qu'ils disent.

Reprenons ces quatre mots qui, pour être un peu biscornus, n'en sont que plus faciles à retenir : *carbone, oxigène, hydrogène* et *azote*. Maintenant, voyons l'histoire de chacun de ces grands personnages.

§ I. — LE CARBONE

Le carbone (carbo) sa nature, sa composition. — Il se cache partout. — Charbon noir. — Diamant. — Océan de mystères. — Expérience pour obliger le carbone à sortir de ses cachettes. — Le plus puissant des quatre seigneurs appelés : carbone, oxigène, hydrogéne, azote. — Charbon dans la bougie, comme dans les tartines de pain et de confitures. — Mariage entre le carbone et l'air atmosphérique. — Acide carbonique. — Esprit sauvage. — Esprit des bois. — Gaz Sylvestre. — C'est un gaz meurtrier. — Tableau comparatif de la pesanteur respective des gaz. — Expérience pour constater la présence de l'acide carbonique dans les corps solides. — Nous mangeons et nous buvons ce terrible gaz. — Les mystères dans l'ordre naturel nous enveloppent des pieds à la tête. — La signature du créateur de l'univers est partout. — Vin de Champagne. — L'homme est une puissante fabrique d'acide carbonique. — Conservation de notre vie au milieu de tant de causes de destruction. — Sagesse et bonté de Dieu. — Acide carbonique produit par la respiration humaine pendant un an. — Cent cinquante milliards de mètres cubes. — L'homme vit-il de l'air du temps? — Sur 10.000 parties il y a seulement cinq parties d'acide carbonique. — Les plantes boivent ces torrents d'acide carbonique qui s'échappent de partout. — Mystères de grandeur. — Cycle de la vie organique, magnificence de Dieu. — Soin minutieux que le Père du Ciel prend de son enfant de la terre. — Soyons reconnaissants et fidèles dans la pratique de ses commandements.

Le carbone (du latin *carbo*), vulgairement appelé le

charbon, est un corps simple, sans odeur ni saveur, infusible au feu le plus ardent; il constitue presque en totalité le charbon noir. Obscur comme la nuit, ce corps aime à se travestir de mille manières différentes; il se cache partout : dans la nature brute et inerte, dans le brin d'herbe de la prairie, dans la racine, le tronc, les feuilles, les fleurs et les fruits des arbustes de nos bosquets et des arbres de nos forêts; il se place dans le plumage des oiseaux, dans les os, la chair et la peau des animaux; il est répandu dans toutes les parties du corps de l'homme. A l'état pur, c'est le diamant. En un mot, il est un des éléments constitutifs de toutes les substances végétales et animales. Les minéraux, eux-mêmes, en grand nombre, en sont remplis. Le héros de cette histoire, le grain de violette que vous tenez à la main, mon cher Léon, en est pétri, depuis sa racine jusqu'au parfum de sa fleur. Tel est le plus indispensable ingrédient de sa cuisine. Vous en seriez-vous douté? N'est-il pas vrai que nous voguons à pleines voiles et à toute vapeur sur un océan de mystères?

— Je voudrais bien savoir comment on a pu constater la présence, en si grande quantité, du charbon ou carbone dans la violette et dans les autres corps que vous avez énumérés?

— Rien de plus facile; en un instant, nous allons contraindre le carbone contenu et caché dans votre grain de violette à se montrer : tenez, approchez votre bouquet

du foyer ardent de la cheminée; le voyez-vous noircir?
C'est le carbone qui sort déjà de sa cachette; il s'enflamme et produit de la fumée, qui se condense en suie.
Voilà le carbone, ou bien, je recueille cette vapeur in-
candescente sur un corps froid et poli, sur un verre par
exemple, il devient tout noir; voilà le carbone qui s'était
insinué dans votre violette pour y entretenir la chaleur
vitale.

Pour m'assurer qu'il y a du charbon dans le pain, la
viande, les légumes, les pâtisseries, les fruits que je
mange, et dans le vin que je bois, je les soumets également à l'action du réchaud embrasé, et bientôt ils sont
charbonnés, c'est-à-dire que des quatre éléments combinés qui les composent (le carbone, l'oxygène, l'hydrogène et l'azote), il ne reste, après ce mariage dissout,
que le carbone. C'est le plus puissant de ces quatre
seigneurs, car il y tient autant de place à lui seul que
les trois autres ensemble.

— Je voudrais bien savoir s'il y a du charbon dans la
bougie qui nous éclaire et dans la lampe qui veille près
de mon lit la nuit?

— Oui, assurément, tout comme dans les tartines de
pain et de confitures; mais nous pouvons nous en convaincre par une petite et facile expérience : prenez ce
fragment de verre, descendez-le jusqu'au milieu de la
flamme... Voyez-vous le charbon qui s'y montre de
deux manières? 1° Il noircit le verre. 2° Il répand dans

la chambre une odeur âcre, qui nous prend à la gorge, et qui nous monte à la tête; aucun doute que le carbone est là. Il nous force à enregistrer sa présence; mais le perfide s'est encore déguisé sous le voile de l'anonyme; en effet, pendant qu'il menaçait de nous asphyxier, il se mariait avec l'oxygène de l'air atmosphérique, et se changeait ainsi en *acide carbonique*. C'est précisément sous cette forme gazeuse qu'il aime à se cacher, en faisant du monde entier son domaine.

Les physiciens des anciens temps étaient bien embarrassés avec ce capricieux personnage : voyant qu'on le rencontrait partout, dans les corps solides comme dans la matière organisée, ils lui ont donné des noms variés; c'était tantôt l'*esprit sauvage*, tantôt l'*esprit des bois;* puis l'*air fixe*, le *gaz sylvestre* ou le gaz tout court. Aujourd'hui, c'est uniquement le *gaz acide carbonique*.

Il est le produit de l'oxygène et du carbone combinés ou mariés ensemble. Audacieux et sans gêne, il en prend la place, et il efface leurs noms. C'est un gaz meurtrier, irrespirable, qui infecte et décompose l'air, tue l'homme, les animaux, les oiseaux et les poissons; il ne se laisse pas voir. Je ne puis vous en montrer, mon cher Léon; il est aussi invisible que l'air qui remplit votre chambre à coucher. Associé à d'autres corps, il est sans odeur; rien n'accuse sa présence. Malgré cela, c'est le plus lourd de tous les gaz. Un litre d'acide carbonique pèse près de deux grammes.

Voici, du reste, le tableau comparatif de la pesanteur respective des gaz :

	Un litre pèse :
Acide carbonique. . . .	1,967 mill.
Oxygène.	1,430
Azote	1,256
Air atmosphérique. . . .	1,000
Hydrogène.	0,089

Ce gaz sournois a beau se dérober à vos regards ; si, un jour, vous vouliez constater sa présence dans les corps solides, voici ce que vous feriez : vous mettriez un peu d'acide muriatique dans un vase, et vous y placeriez un morceau de marbre, aussitôt le tout aura l'air de bouillir, et vous assisterez ainsi au décampement précipité de l'acide carbonique ; rien ne vous sera plus facile que d'en recueillir un baquet, si vous en avez le désir.

— Mais à quoi reconnaît-on sa présence dans le baquet, puisque c'est un agent invisible?

— Nous avons dit que ce gaz décompose l'air, tue l'homme, les animaux, etc. Eh bien ! mettez une bougie dans le baquet contenant l'acide carbonique, elle s'y éteindra ; jetez-y une mouche, un oiseau, une souris, ils y périront ; donc, le fluide meurtrier sorti du marbre est là. Versez-le dans de l'eau de chaux, il y deviendra blanc, en se mariant avec la chaux, et formera de la sorte du carbonate de chaux ou pierre à chaux. Quant au marbre employé pour notre expérience, il s'est transformé en muriate de chaux ou chlorure de calcium.

Vous commencez, n'est-ce pas, à comprendre que chaque jour vous mangez et vous buvez ce terrible gaz absolument comme votre gracieuse violette; c'est un aliment commun à tous les êtres organisés, animaux ou végétaux. Il est impossible qu'il en soit autrement, puisqu'il tient la plus grande place dans le menu du banquet général de la vie.

Avais-je tort de dire plus haut que les mystères dans l'ordre naturel nous enveloppent des pieds à la tête? Ah! qu'ils viennent donc, ces pédants frottés d'esprit, qui disent : « Nous ne voulons pas de mystères!... Arrière l'incompréhensible ! » Pauvres bâtards de la saine raison et du sens commun! Comment l'homme, ici-bas, pourrait-il faire un pas à travers les merveilles et les prodiges semés dans l'univers, sans y reconnaître la signature du Créateur, et sans s'écrier : O profondeur de la science et de la toute-puissance de Dieu!...,

— Continuons notre enquête sur les faits et gestes de l'acide carbonique. Voici une bouteille de vin de Champagne. Des cordes de fil de fer sont croisées sur son bouchon; pourquoi ces précautions? Ah! c'est qu'il y a, dans cette bouteille, un prisonnier indiscipliné, qui, sans cette camisole de force, n'y resterait pas une se-

`conde. Coupez les liens, et vous allez le voir s'enfuir, comme un diable, en faisant sauter le bouchon avec une détonation formidable; ne reconnaissez-vous pas ce personnage? Versez, il pétille dans le verre, en faisant une jolie mousse blanche; vous allez en boire, car il en reste dans le vin: c'est lui qui vous piquera agréablement la langue. Aimez-vous la limonade gazeuse, la bière, l'eau de seltz, et toutes les boissons mousseuses possibles? Eh bien! mon cher Léon, vous faites vos délices de l'acide carbonique. Vous le buvez ainsi avec autant de plaisir que vous le mangez dans les gâteaux, les viandes et les fruits. Ce n'est pas tout; vous l'attirez encore à chaque instant dans vos poumons par la respiration; il y a dans votre chambre quelque chose qui en fabrique chaque soir constamment, c'est la bougie allumée sur votre table. Le carbone qu'elle contient est, comme vous le savez, gourmand d'oxygène, l'air lui en fournit; il en absorbe sans relâche, et voilà une fabrique d'acide carbonique, à quelques centimètres de vos poumons. Bientôt, l'air respirable et réparateur de la vie sera remplacé par le gaz, qui donne la mort. Gardez-vous donc de fréquenter les lieux où, sous forme de lampes ou de becs de gaz, l'on entasse des centaines de petites mines d'acide carbonique. Tels sont: les théâtres, les salons en hiver, et toutes les salles de réunions pour les assemblées mondaines. Il y a plus; c'est que vous êtes, vous-même, sans vous en douter, une puissante machine fabriquant de l'acide carbonique que vous exhalez, jour et nuit, par le souffle de votre poitrine, et tous vos semblables en font autant; tous les animaux, *idem;* tous les oiseaux, *idem;* tous les poissons, *idem.*

— Mais il me semble que si j'avais bu, mangé, et respiré cet agent empoisonneur, depuis que je suis au monde, j'aurais été asphyxié mille fois pour une.

— Votre vie, conservée au milieu de tant de causes destructives, est un bienfait de Dieu qui le centuple à chaque instant; il faut l'en remercier; oui, c'est encore là un des actes innombrables de sa sagesse, de son infinie intelligence et de sa bonté providentielle envers vous. Voici ce qu'il a fait pour vous sauver de ce péril de tous les instants : il a arrangé vos poumons et votre cœur de manière à donner à votre sang tout l'oxygène du charbon, dont il a besoin pour entretenir la force et le feu de votre corps; puis le même sang, après avoir fait sa distribution partout, sans oublier un seul cheveux de votre tête, ramène le trop plein d'acide carbonique dans vos poumons qui le rejettent au dehors par la respiration. Vous vous en débarrassez ainsi, à chaque instant, sans travail, sans effort, sans même y songer, ni vous en apercevoir. Voyez le souffle d'un jeune enfant qui dort, c'est de l'acide carbonique expulsé de ses poumons.

— Mais, me direz-vous, quelle peut être la quantité

d'acide carbonique produite par les respirations humaines pendant un an ?

— Le calcul approximatif qu'on en a fait, l'évalue à 150 milliards de mètres cubes, qui représentent la combustion de plus de 80 millions de kilogrammes de charbon. C'est effrayant ! n'est-ce pas ? Néanmoins, ajoutez à cette masse colossale, l'immense volume produit par la respiration des animaux, des oiseaux et des poissons ; ce n'est pas tout ; entassez, où vous pourrez, toutes les pyramides du même gaz asphyxiant qui s'exhalent des cadavres en putréfaction, des plantes en décomposition, des cratères volcaniques, des cavernes souterraines par les fissures des rochers, des puits, des cuves de vin en fermentation, de tous les foyers de nos habitations, de nos systèmes d'éclairage, de la locomotive de nos chemins de fer, des cheminées de nos usines, et dites-moi si la vie de l'homme, plongée dans un tel milieu, n'est pas un profond mystère facile à admettre, surtout lorsque l'on sait qu'il suffit d'un simple réchaud placé dans une chambre close pour faire passer ceux qui s'y trouvent de la vie à trépas, en quelques heures. Surtout quand on se rappelle que quelques émanations de ce gaz ont assez de force asphyxiante pour donner la migraine et faire tomber en syncope, chaque jour, dans des ateliers ouverts et aérés, des quantités de repasseuses.

— Je commence à comprendre le proverbe qui dit :

« L'homme ne vit pas de l'air du temps. » Car, l'air atmosphérique, suivant l'exposé que vous venez de faire, ne peut être que l'acide carbonique lui-même? Pour moi, c'est évident.

— Doucement! mon cher Léon, l'air atmosphérique n'en contient presque pas, et c'est un grand bonheur pour nous ; car, il y aurait en peu de minutes, comme vous le présumez déjà, une hétacombe générale. Voici d'ailleurs, dans quelle proportion il s'y trouve : sur 10,000 parties d'air, il y a cinq parties seulement d'acide carbonique ! cinq ! les 9,995 qui restent sont de l'oxygène, de l'azote et de la vapeur d'eau.

— Que sont donc devenus ces fleuves, ces torrents d'acide carbonique qui jaillissent de partout et qui semblaient former une mer capable de couvrir la terre d'un pôle à l'autre ?

— Ce bienfaisant épurateur de l'air, vous le cherchez bien loin, mon cher Léon, tandis qu'il se tient sous vos yeux ; vous l'avez dans votre main en ce moment. Oui, c'est votre grain de violette, aidé de tous ses parents, de tous ses alliés de près ou de loin; tels sont : les grands arbres de nos forêts et de nos montagnes, les arbustes de nos vergers et de nos parterres, les herbes de nos prairies et de nos plaines. O admirable sagesse de Dieu, qui donc sondera jamais vos profondeurs !... Vous avez donné à la plante une vertu épuratrice de l'air, et ce qu'elle y prendra, sera nécessaire

à son existence, comme sa vie est elle-même indispensable à celle de l'homme et des animaux. Par un
travail incompréhensible, elle se fera de ce gaz mortel,
des tissus, des feuilles, des fleurs et des fruits, et ainsi
transféré, ce gaz qui devait asphyxier l'homme dans son
berceau, va devenir, sous des formes nouvelles, le bois
de son foyer, l'élément principal de son industrie, sa
nourriture la plus agréable, sa boisson la plus rafraî-
chissante et la plus savoureuse ; puis il le rendra à son
tour, à la plante, tous les jours de sa vie, par la respiration, et après sa mort, par la décomposition de son
cadavre. Oui, mon Dieu, nous vous adorons dans les
mystères de grandeur, dont vous avez enveloppé notre
existence terrestre !...

Tel est, mon cher Léon, le cycle de la vie organique
et la magnificence de Dieu dans ses œuvres. Ainsi, nous
buvons et nous mangeons du charbon ; c'est incontestable. Mais la plante lui a fait subir une préparation
qui lui donne un aspect agréable, des saveurs variées et
un parfum délicieux. Ce n'est pas assez pour le cœur
de celui qui aime sa créature d'un amour infini ; non,
le bœuf dans la prairie, l'oiseau perché sur un épi de
blé et la carpe dans un trou de vase, ajouteront encore
à la préparation du végétal et nous fourniront le
charbon qui nous fait vivre, tout transformé, pour ainsi
dire, en vie humaine. Le soin infiniment minutieux
que notre père du ciel prend de l'homme qu'il a créé

intelligent et libre (mais pour son service et sa gloire), n'est-il pas visible et palpable ? Et de plus : cette prévenance active et vigilante n'est-elle pas de tous les instants ? Les bienfaits innombrables de Dieu dans l'ordre de la nature, nous donnent la clef de ceux plus innombrables encore, dont il nous comble dans l'ordre de la grâce et de la rédemption. Nous serions bien ingrats et singulièrement coupables d'oublier tant d'amour, et de violer ses lois et ses commandements.

§ II. — L'OXIGÈNE

Ses titres à notre vénération. — Nous sommes à la cour du Roi de l'air vital. — *Créateur des acides*, père de tous les oxydes. — L'univers est sa demeure. — Il est sans odeur; mais ne vous y fiez pas. — Obstination à garder l'incognito. — Épaisseur de notre atmosphère. — Expérience pour constater la présence de l'oxygène dans l'air atmosphérique. — Profondeur de la mer. — Sur neuf livres d'eau, il y a huit livres d'oxygène. — Utilité de l'eau. — Grand bienfait de Dieu. — La terre est pétrie d'oxygène. — Sur cent parties, ce gaz se trouve pour quarante-huit dans les pierres de nos maisons. — Lenteur irrévérentieuse à s'unir avec les métaux.

L'oxygène : vous connaissez déjà le nom de ce personnage, cher Léon ; nous allons chercher ensemble ses titres à notre vénération. Mais déclarons tout de suite que, si nous avons pu saluer, sans adulation, le charbon comme un des grands seigneurs du domaine de la vie organique, nous devons nous incliner plus profondément encore devant l'oxygène, car il en est le roi. Oui, nous sommes ici, à la cour de l'air vital. A lui tout seul, l'oxygène forme et gouverne la bonne

2*

moitié de tout ce que nous connaissons de notre planète.

Son nom grec, qui nous a déplu l'autre jour, veut dire : *créateur des acides.* Aussi, le trouverons-nous toujours sous cette forme dans le citron, les cerises et les groseilles ; en un mot, dans la plupart des liquides et des solides de saveur piquante. C'est également lui qui est le père de tous les oxydes sans exception. Mais semblable à toutes les majestés, il est rarement visible. Il semble que se cacher, se dissimuler soit l'étiquette de tous les gaz. Vous vous rappelez tous les soins de l'acide carbonique à cet égard ; toutefois, ce dernier se trahit quelquefois par une odeur nauséabonde d'ammoniac ; c'est quand il est parvenu à décomposer l'air ; mais l'oxygène reste, envers et contre tous, sans odeur, ni couleur. N'allez pas croire que ce soit là une raison de s'y fier plus qu'à un autre, car c'est lui qui vous brûlerait les doigts dans l'eau bouillante, et la langue dans les aliments trop chauds. Sa demeure est partout ; son domicile, c'est l'univers. Si Dieu, son auteur, le retirait de ce monde à l'instant même, il n'y aurait plus ni terre, ni mer, ni fleuves, ni rivières, ni atmosphère, ni hommes, ni bêtes ; ne vous l'ai-je pas dit ? C'est le roi de la nature ?

— A-t-il aussi des rapports avec la violette ?

— Assurément. Nous verrons bientôt, cher Léon, qu'il est son cavalier introducteur dans le grand concert de la vie et son bienfaiteur pendant la période de germination, en la délivrant du carbone qui la retiendrait à jamais captive dans la capsule de sa graine. Vous voyez donc que nous pouvons vous parler longuement de ce gaz, sans nous écarter de notre sujet.

— Je trouve que son utilité et sa puissance font regretter son obstination à garder l'incognito.

— Ce n'est pas sa faute : l'éternel ingénieur de l'univers avait sans doute ses raisons pour le rendre invisible, impalpable, sans saveur ni odeur; mais rien ne nous empêche de visiter les zones, les latitudes, les corps et les espaces qu'il occupe. A l'œuvre donc !

D'abord, élevez-vous dans l'air jusqu'à soixante kilomètres de hauteur !... C'est l'épaisseur présumée de notre atmosphère. Au-delà, il n'y a plus d'air ; la terre ne saurait porter plus loin son rayonnement. Une fois arrivé (par l'esprit, bien entendu) à cette prodigieuse hauteur, faites le tour de cet océan aérien et calculez, si vous le pouvez, tous les mètres cubes d'air qui reposent dans ce cercle immense. Votre opération terminée, prenez le cinquième de son total général et vous aurez juste la quantité d'oxygène répandu dans l'atmosphère. En voilà déjà une riche provision, n'est-ce pas ?

— Puisqu'il est invisible, sans saveur, ni odeur, comment a-t-on pu s'assurer de son existence d'une manière si positive.

— C'est facile, mon cher Léon, voici l'expérience
que vous ferez pour cela : rappelez-vous préalablement
que dans l'air, l'oxygène est mêlé à l'azote et à l'acide
carbonique, et qu'il est l'agent par excellence de toute
combustion et de toute vie. Vous introduirez donc une
bougie allumée sous une cloche de verre, placée dans
un bassin contenant de l'eau, afin d'empêcher toute
communication avec l'air extérieur. Y a -t-il réellement
de l'air dans la cloche? C'est positif, puisque l'air
remplit tous les vides; une seconde preuve péremptoire, c'est que votre bougie y brûle; elle y brûle,
dis-je, donc il y a de l'oxygène, puisque sans lui il n'y
a pas de combustion possible, comme vous allez le voir.
Regardez : la lumière de votre bougie s'affaiblit graduellement, pourquoi ce phénomène? C'est l'oxygène
pris par la combustion qui diminue; la voilà éteinte
tout à fait, cela indique qu'il n'y a plus d'oxygène sous
la cloche; la petite quantité qui s'y trouvait s'étant
combinée pendant l'acte de la combustion, celle-ci ne
peut pas être entretenue plus longtemps. Il ne reste
plus sous la cloche que de l'azote et de l'acide carbonique, mais ce dernier s'y trouve en plus grande
quantité qu'avant l'opération, puisque le mariage de
l'oxygène avec le carbone de la bougie lui en a fourni
une nouvelle dose. Aussi, mettez un animal quelconque sous la cloche, il n'y restera pas une minute
sans périr, faute d'oxygène pour alimenter sa respiration.

Ce phénomène d'une bougie qui brûle d'abord et s'éteint ensuite d'elle-même, sans changer de milieu, ne vous prouve-t-il pas qu'il y avait, au commencement de l'opération, un agent de vie qui a disparu? Telle est la preuve palpable de l'existence de l'oxygène dans l'air atmosphérique.

— Je crois maintenant à l'existence de ce gaz invisible, car la démonstration que vous venez d'en faire est aussi amusante que solide. Je le comprends très bien.

— Laissez-moi, cher Léon, vous rappeler un souvenir : un jour je vous ai conduit à Fécamp, au Havre et à Trouville, et je me le rappelle, en voyant cette nappe immense d'eau salée, en entendant le roulement éternel de ses vagues bruyantes, vous étiez dans un vif enthousiasme ; que serait-ce donc, si placé à une hauteur suffisante, vous pouviez juger de l'étendue de cette vaste plaine liquide ; mais ne cherchons pas l'impossible, non, prenez simplement une mappemonde et donnez-vous la peine de regarder... Vous le voyez, la mer couvre environ les deux tiers du globe terrestre; disons maintenant que sa profondeur est de quatre kilomètres, en moyenne ; supposons encore qu'à l'aide d'un instrument vous puissiez peser cette masse prodigieuse, combien de milliards de kilogrammes cela vous donnerait-il ?... N'est-il pas vrai que l'imagination se perd dans ce dédale sans fond et sans limites ? Mais

si nous ajoutions l'eau des lacs, des torrents, des cascades, des fleuves, des rivières et des ruisseaux, puis
les eaux souterraines et celles des nuages, ne semble-t-il
pas que nous nous heurterions à un problème qui
épuiserait toutes les puissances du calcul humain ? Eh
bien, mon cher Léon, toute cette masse incalculable
est remplie d'oxygène. Voici sa proportion exacte : sur
neuf livres d'eau, il y a huit livres d'oxygène. Oui,
huit livres ! c'est-à-dire presque tout. Le reste est de
l'hydrogène.

Les poissons en sont friands, les fleurs lui sourient
dans les grandes chaleurs de l'été. La caravane du
désert fait à Dieu des prières ardentes, pour en trouver
sur son passage. Le cerf altéré fait cent lieues pour en
laper quelques gouttes. Votre chère maman en emploie
beaucoup pour vous tenir propret, pour pétrir votre
pain et préparer votre repas, et vous-même n'en faites-
vous pas usage pour rafraîchir votre tête et blanchir vos
doigts ? C'est donc un grand bienfait de Dieu.

— Ne croyez pas, mon cher Léon, que votre ascension
dans les hauteurs de l'atmosphère, et votre regard dans
les profondeurs de l'Océan, vous ont conduit aux extrémités du domaine de l'oxygène. Non, il vous reste
encore notre globe terrestre tout entier à explorer. La
terre est pétrie d'oxygène. Creusez, creusez jusque dans
les derniers abîmes ; vous l'y trouverez sous mille
formes diverses : ici, il s'associe à des corps pour leur

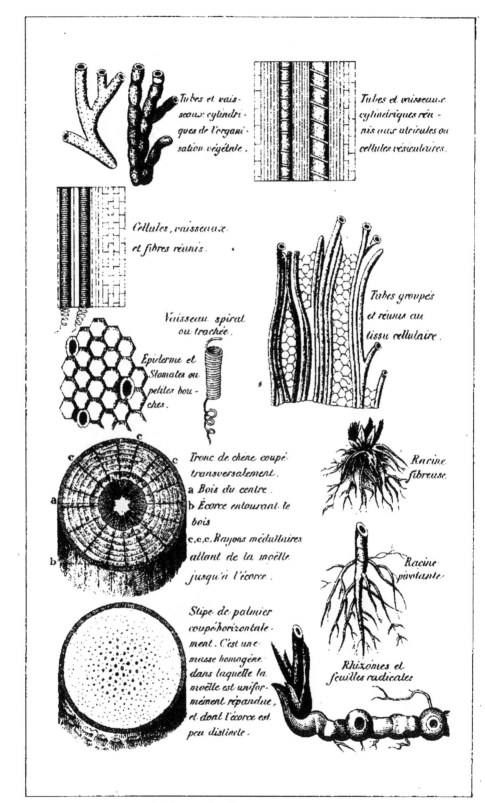

Tubes et vais-
seaux cylindri-
ques de l'organi-
sation végétale.

Tubes et vaisseaux
cylindriques réu-
nis aux utricules ou
cellules vésiculaires.

Cellules, vaisseaux
et fibres réunis.

Vaisseau spiral
ou trachée.

Epiderme et
Stomates ou
petites bou-
ches.

Tubes groupés
et réunis au
tissu cellulaire.

Tronc de chêne coupé
transversalement.
a Bois du centre.
b Écorce entourant le
bois
c,c,c. Rayons médullaires
allant de la moëlle
jusqu'à l'écorce.

Racine
fibreuse.

Stipe de palmier
coupé horizontale-
ment. C'est une
masse homogène
dans laquelle la
moëlle est uni for-
mément répandue,
et dont l'écorce est
peu distincte.

Racine
pivotante.

Rhizômes et
feuilles radicales.

THÉOLOGIE DES PLANTES

RACINES

tuberculeuse

bulbeuse

TIGES

tronc

chaume

stipe

FEUILLES

dentée

cordée

digitée   capillaire

FLEURS

fleur
en épi

fleur
en grappe

fleur
complète

corolle

étamines

pistil

pétales

ovaire

calice

fleur en corymbe

fleur en ombelle

FRUITS

baie

gousse

fruit à pépins   fruit à noyau

GRAINES

graine
dicotylédone

graine
monocotylédone

Dessiné et Gravé chez Alph. Leroy fils, Rennes

CHAPITRE II.

donner l'existence ; là, il s'emprisonne dans des combinaisons variées à l'indéfini ; partout il laisse des marques
de son abondance. Toute l'écorce de la terre : plaines,
montagnes, rochers, villes, déserts, champs cultivés,
landes arides, sables brûlants, marais humides, sont
autant de réservoirs immenses d'oxygène. Voyez les
pierres du château de Versailles : Eh bien, elles sont
faites presque à moitié d'oxygène ; sur cent parties, ce
gaz s'y trouve pour quarante-huit. Il n'est pas nécessaire
d'être un chimiste de premier mérite pour les en faire
sortir. Un peu d'adresse, voilà ce qui suffit.

Inutile de vous dire que je renonce à vous faire la
liste des corps où l'on rencontre l'oxygène. Tout le
dictionnaire y passerait. Si vous trouviez déjà que le
charbon fourre son nez partout, que penseriez-vous
donc de l'oxygène ? Allez où vous voudrez, mettez la
main ou le pied sur ce qui vous plaira dans votre
chambre, dans votre atelier, dans votre laboratoire ou
ailleurs, vous serez toujours en contact avec un corps
bourré d'oxygène. Que dis-je ? Votre corps, lui-même,
se réduirait à rien si on le privait de son oxygène.
Celui-ci y tient une place honorable ; car, il en forme
environ les huit dixièmes.

A l'exception des métaux, véritables rénégats, qui
n'acceptent son union qu'avec une lenteur irrévé-
rencieuse, tous les corps en sont plus ou moins
richement pourvus. Je viens d'écarter les métaux de

cette liste considérable ; mais sachez, toutetois, que ces
taches grises, rouges ou vertes que vous voyez sur le
fer, le cuivre, le plomb et le zinc etc, viennent de l'oxygène combiné avec ces différents corps.

§ III. — L'HYDROGÈNE

En grec, ce mot en broussailles, signifie : *produire de l'eau.* — Gaz
inflammable. — Personnage de haut parage. — Entreprise générale de l'eau
et du feu nécessaires aux œuvres de la création. — Son ménage avec l'oxygène. — Hydrogène et charbon, deux inséparables. — Deux éléments qui
semblent créés, l'un pour la destruction de l'autre, sortant de la même
source. — L'eau et le feu coulent par le même robinet, sans fascination ni
prestidigitation. — Œuvre divine. — Qu'est-ce que le feu ? — Qu'est-ce que
l'eau ? — Si nous pouvions mettre un frein à ce gaz comme on met une bride
à un cheval. — Gay-Lussac. — L'hydrogène quatorze fois et demie plus léger
que l'air atmosphérique. — Expérience pour fabriquer de l'hydrogène. —
La chandelle philosophique. — Précautions à prendre avec les substances
dont se sert la chimie.

L'hydrogène ! encore un mot en broussailles. Les
chimistes n'en font pas d'autres. Expliquons-le tout de
suite : En grec, il signifie *produire de l'eau.* ὕδωρ, eau,
et γεννάω, j'engendre.

— Tiens ! je pensais tout le contraire ; car, un soir
que nous revenions de promenade, j'ai entendu des
messieurs qui l'appelaient : le *gaz inflammable.*

— Ces messieurs ne trompaient personne ; car, ce gaz
est digne de ce titre. C'est le premier nom qu'il a reçu ;
mais pour le grand monde de la science, *hydrogène*
est plus joli. On a exprimé par là une qualité qu'on ne
lui connaissait pas jadis : sa facilité à produire de l'eau,

chaque fois qu'il se marie à l'oxygène, dans les conditions de volume et de température voulues.

— Il me semble que nous entrons, encore une fois, sur le domaine d'un personnage de haut parage.

— Votre remarque, mon cher Léon, est fort juste. On n'est pas, en effet, le premier venu, quand on a, en quelque sorte, l'entreprise générale de l'eau et du feu nécessaires aux œuvres de la création. Telle est la prérogative de ce gaz. Pour nous donner de l'eau, il fait ménage avec l'oxygène, dans la proportion d'un neuvième, comme nous l'avons expliqué plus haut ; mais partout ailleurs, vous le trouverez toujours côte à côte avec le charbon. Ce sont deux inséparables qui encombrent toutes les substances végétales et animales. Le bois, la houille, l'huile, le suif, la cire, l'esprit de vin et tous les corps combustibles renferment de l'hydrogène et du charbon. Ils y demeurent sages, calmes et tranquilles, en attendant que l'oxygène vienne les obliger à se marier avec lui ; mais il est juste d'ajouter qu'ils ne demandent pas mieux. Alors ce sont des illuminations splendides , des feux de joie, des pièces d'artifice, comme on en voit dans les mariages des Rois.

Voyez l'éclairage de nos villes, c'est de l'hydrogène qui brûle purement et simplement dans l'air.

Dieu l'a répandu dans l'univers en proportion des services qu'il est destiné à rendre aux trois règnes de la nature. Qu'y a-t-il de plus indispensable que l'eau et le

feu? Eh bien, l'hydrogène en est le père, et chose
admirable ! ces deux éléments, qui paraissent créés l'un
pour la destruction de l'autre, sortent de la même
source.

On peut arracher le dernier arbre de nos forêts,
épuiser nos carrières de houille, tant qu'il y aura de
l'eau dans nos rivières, le combustible ne manquera pas
à l'industrie, ni aux besoins matériels de notre existence. Il y a dans un baquet d'eau plus d'hydrogène
qu'il n'en faut pour faire rôtir un poulet.

— En vérité, mon cher Léon, on ne sait ce que l'on
doit le plus admirer de la simplicité ou de la puissance
qui jaillissent des œuvres de Dieu. Voyez donc : l'eau et
le feu coulent par le même robinet, et ici, il n'y a ni
fascination ni prestidigitation... tout est vrai, tout est
dans l'ordre des lois physiques établies par l'intelligence
infinie. Qu'est-ce que le feu ? C'est de l'hydrogène qui
brûle sous un courant d'oxygène. Qu'est-ce que l'eau ?
C'est de l'hydrogène noyé dans un torrent d'oxygène à
température basse. Donc, affaire de pression, de température et d'électricité ; mais d'un côté comme de l'autre,
c'est l'hydrogène, gaz à la fois inflammable et pro-
ducteur de l'eau.

Si nous savions, mon cher Léon, mettre un frein à ce
gaz comme on met une bride à un cheval, un gouvernail
à un navire, nous pourrions nous promener dans la
région des nuages, et au delà, mieux que les oiseaux les

plus forts. Déjà Gay-Lussac, un savant célèbre, s'en est servi pour aller faire des études barométriques à 7600 mètres dans les airs. Savez-vous à quoi répond cette hauteur? — à plus de soixante fois celle du plus beau clocher ; celui de la cathédrale de Chartres. Encore quinze cents mètres, et on aurait pu dire : l'hydrogène a porté, à travers les nuages et l'espace, un savant intrépide à la hauteur du pic de l'Himalaya (8,500 mètres d'altitude!) Mais là se dressent infranchissables les limites de la respiration humaine ; ce sera donc toujours, en dépit de sa curiosité ou de son orgueil, le nec plus ultrà des investigations de l'homme.

Jusqu'ici, les ascensions en ballon ont presque toujours été funestes aux hommes courageux qui les ont entreprises avec des instruments imparfaits et avant de connaître l'art de diriger leur nacelle devant le caprice des vents contraires.

L'hydrogène que l'on emploie pour ces courses aériennes, étant quatorze fois et demie plus léger que l'air, monte, monte toujours, et pourrait ainsi transporter des fardeaux considérables ; mais par défaut de gouvernail, il est abandonné à la direction aveugle des vents et des courants supérieurs, en sorte que les avantages qu'il offre, se trouvent ainsi fort limités. Ce n'est pas sa faute. Il n'en reste pas moins un agent puissant et infatigable de locomotion dans les airs.

— Je voudrais bien voir fabriquer de l'hydrogène.

— C'est facile ; je vais vous indiquer une expérience, au moyen de laquelle vous y parviendrez aisément vous-même : Prenez une bouteille remplie d'eau aux trois quarts ; mettez-y quelques morceaux de zinc ; bouchez-la hermétiquement ; passez un tuyau dans le bouchon. Cela fait, versez dans la bouteille de l'acide sulfurique ou muriatique en volume égal à celui du zinc. Laissez agir vos réactifs quelques instants. Maintenant tenez un verre renversé au-dessus de votre tube ; vu la légèreté de l'hydrogène, une fois entré, il y restera quelque temps. Vous pouvez déjà voir. Si vous en avez attrapé un peu, approchez donc une lumière du verre. Il s'enflamme ! C'est la preuve certaine que le verre en est plein. Maintenant, si vous approchez la lumière de l'extrémité du tube, l'hydrogène brûlera sans discontinuer. C'est ce que l'on appelle la Chandelle philosophique.

Malgré mon désir de vous instruire, je ne veux pas, mon cher Léon, vous habituer à jouer avec les substances dont se sert la chimie. Elles sont loin d'être inoffensives. Les acides, la chaleur, les combustibles dont elle fait usage, peuvent devenir dangereux, entre des mains peu soigneuses et mal habiles.

J'aime à me persuader que, désormais, vous connaîtrez suffisamment l'hydrogène pour apprécier son action, dans le développement de votre violette, quand il nous plaira de l'y considérer.

§ IV. — L'AZOTE

On a besoin de ses bons offices à chaque instant. — Ministre de la police du monde physique. — L'azote fait l'air atmosphérique, avec l'oxigène, sans se combiner avec lui. — A lui seul il occupe les quatre cinquièmes de la surface de la terre jusqu'à 60 à 80 kilomètres au-dessus de nos têtes. — Son rôle est de réagir contre l'activité fougueuse de l'oxigène qui brûlerait tout, s'il était seul. — Comparaison : un cheval fougueux. — Découvrons-nous devant la grandeur et la profondeur des mystères de la nature. — Qu'arriverait-il s'il prenait fantaisie à ces deux gaz de se marier dans l'atmosphère. — Un véritable enfer anticipé. — Ses combinaisons diverses. — Destruction. — Tous les quatre réunis ils forment l'*albumine;* quel prodige! — Message foudroyant de la mort ou gardien fidèle de la vie. — Erreurs des savants. — Nous ne sommes pas ici en présence de la divine et infaillible vérité du saint Évangile. — Lavoisier, parrain de l'azote. — *L'azote* mal nommé par Lavoisier, est le grand entrepreneur de la conservation et de la réparation de la vie animale. — Les bords de l'Océan : *Credo in Deum.* — Le dogme de l'existence de Dieu. — La main du chimiste divin. — Carbone, oxigène, hydrogène, azote, quatre grands potentats qui se partagent tous les corps de l'univers. — Le doigt de Dieu est là. — Le soufre, le phosphore, la potasse, la chaux, la magnésie, la soude, le fer, le cuivre, le zinc, le chlore, l'iode, l'alumine, la silicine. — Ironie de Dieu à l'égard des gourmands. — Le charbon, l'air et l'eau constituent le principe immédiat de tous les êtres du règne végétal.

L'azote? n'est-ce pas que ce nom est gracieux? On ne le comprend pas trop, mais son air oriental plaît. Dans tous les cas, c'est un personnage qu'il ne ferait pas bon de dédaigner; nous verrons bientôt que l'on a besoin de ses bons offices à chaque instant.

En attendant que nous rectifiions son nom qu'on lui a donné tout de travers, mais sans méchanceté, nous l'appellerons le Ministre de la police du monde physique; c'est lui qui doit surveiller le bouillant oxigène et tempérer sa dévorante énergie; car, autant l'oxigène est impétueux et fougueux, autant l'azote est calme, froid, inerte et généralement insensible, en fait de mariage, pour tout ce qui l'environne.

L'azote fait l'air atmosphérique de compagnie avec l'oxygène, mais sans se confondre, sans se combiner avec lui; aucune union n'existe entre eux. Néanmoins, ils se tiennent partout et toujours l'un à côté de l'autre, mais comme deux étrangers qui ne se connaissent pas. Ce sont deux voisins inséparables, qui occupent à eux deux tout l'espace qui va depuis la surface de la terre jusqu'à 60 ou 80 kilomètres au-dessus de nos têtes. Quoique inerte et neutre, l'azote y tient la plus grande place : à lui seul il en prend les quatre cinquièmes. Il entre dans nos poumons avec l'oxygène, mais il s'en va comme il était venu, sans y laisser trace de son passage.

— Je me demande quelle peut être la fonction réelle de l'azote.

— Son rôle, cher Léon, n'est pas d'agir, mais de réagir contre l'activité fougueuse de l'oxygène qui brûlerait tout s'il était seul. C'est un mentor chargé de diriger le char de la combustion sans la moindre déviation, à travers tous les corps organiques et inorganiques dont l'univers est composé. Essayons d'une comparaison : Voici un cheval fougueux; donnez-lui la liberté pour atteindre un but déterminé. Où ira-t-il? Que fera-t-il dans son ardeur indomptée? Il renversera, brisera tout sur son passage, et il finira lui-même par expirer, au milieu des ruines et des victimes dont sera jonchée sa course furieuse et vagabonde. Mais, supposons qu'un écuyer agile l'enfourche, s'attache à lui sur des arçons solides et se fasse porter par lui. Qu'arrivera-t-il? D'abord, par son poids et la puissance de ses bras, il deviendra une force d'inertie pour la course, et ensuite, sous cette direction habile, le coursier franchira l'espace, opèrera des merveilles de vitesse et atteindra son but sans dommage pour qui que ce soit. Voilà l'image, si imparfaite qu'elle soit, des rapports de l'azote et de l'oxygène.

Ici encore, mon cher Léon, nous devons nous découvrir devant la grandeur et la profondeur des mystères de la nature. Voyez un peu : l'azote reste le voisin inséparable de l'oxygène dans l'espace incommensurable de l'air ; il ne contracte, quelles que soient les agitations et les variations barométriques des courants supérieurs, aucune alliance avec lui; il se contente d'en modérer l'action dévorante. Savez-vous que cette indifférence constante de l'azote est un grand bonheur pour l'univers entier ; plus grand que vous ne pouvez l'imaginer?

— Mais qu'arriverait-il donc de si terrible, si ces deux gaz prenaient fantaisie de se marier ensemble dans l'atmosphère ?

— Ce qu'il arriverait? Eh bien, le monde serait perdu, fini à tout jamais! Le volume de l'air tout entier deviendrait un océan d'acide nitrique. N'avez-vous jamais entendu parler de l'eau forte qui ronge le cuivre, brûle la peau et dévore indistinctement presque tout ce qui l'approche? Voilà le milieu dans lequel tout ce qui vit et respire aurait à souffrir un véritable enfer anticipé. Aussi, devons-nous remercier Dieu de n'avoir permis le mariage de l'azote que rarement et par faibles parcelles. Un phénomène que vous ne devineriez pas, c'est que, autant il est calme, froid et indifférent dans l'isolement, autant il est bouillant et impétueux quand il se décide à épouser un corps quelconque. Je puis vous citer des faits : Combiné à l'oxigène il forme l'acide nitrique, l'eau forte. S'unit-il à l'hydrogène? voilà l'ammoniaque, un des corps les plus énergiques qui existent; si l'on vous en débouchait un flacon sous le nez, vous verriez ce dont est capable le pacifique azote que vous respirez jour et nuit sans vous en apercevoir. Mariés ensemble, l'azote, le carbone et l'hydrogène donnent naissance à l'acide prussique, le plus meurtrier des poisons, dont une goutte mise sur la langue d'un cheval le renverse foudroyé.

Vous voyez donc que, malgré son air bénin, il ne faut pas trop se fier à l'azote. Néanmoins, il n'est pas toujours aussi terrible, loin de là ; car, chose admirable! ces corps, réunis par petits groupes, détruisent tout, et, mis ensemble tous les quatre, ils forment l'aliment le plus précieux dont nous sommes construits, je veux dire l'*albumine*. Quel mystère! mon cher Léon. Que l'homme est petit devant l'intelligence infinie, créatrice de ces admirables et incompréhensibles merveilles !!... Oui, chef-d'œuvre sublime ! ce même azote donnera la mort ou sera le gardien de la vie, suivant qu'il sera combiné ou non à l'oxygène dans l'atmosphère. Se combine-t-il isolément à l'hydrogène ? c'est l'asphyxie. Au carbone et à l'hydrogène ? c'est la mort foudroyante. Se marie-t-il à ces trois corps réunis ? c'est la vie dans toute sa fraîcheur, et la vie n'est possible que par lui, dans cette admirable union ! De la sorte, il devient l'aliment azoté, c'est-à-dire celui qui jouit de la vertu nutritive au plus haut degré. Son rôle dans la création semble être uniquement affecté à tout ce qui a vie. En effet, à part l'atmosphère, son domaine, où il règne dans un si grandiose repos, vous ne le trouverez que dans les animaux et dans les parties des plantes qui servent de nourriture aux animaux. Vous savez qu'il n'en est pas ainsi de ses trois camarades : ils tourbillonnent et vagabondent, par torrents immenses d'un pôle à l'autre et du centre de la terre aux dernières limites de l'air respirable, se mêlant à tout, tantôt pour construire, tantôt pour détruire ; mais toujours suivant les lois établies par leur éternel auteur.

— Puisque ce gaz est le gardien de la vie et son élément essentiel, pourquoi lui a-t-on donné un nom qui signifie en grec : *contraire à la vie.*

— Ah ! mon enfant, cette erreur semble avoir été

faite pour rappeler les savants à l'humilité et à la modestie. C'est aussi un avertissement au lecteur de ne pas s'en rapporter aveuglément à leurs doctrines et à leurs théories. Après eux, on contredira peut-être à toutes leurs découvertes et à tous leurs systèmes. Nous ne sommes plus ici devant la vérité divine et infaillible du saint Évangile et de l'Église. On peut bien pardonner, d'ailleurs, ces sortes d'erreur à ceux qui les commettent ; il est si difficile aux hommes de donner de prime-abord un nom exact aux œuvres de Dieu. Quand au parrain de l'azote, il a fait tant de précieuses découvertes, que son nom doit être cher à tous les Français ; il s'appelle Lavoisier ; mais il est triste de penser que ce grand bienfaiteur de l'humanité n'a pas trouvé grâce devant les bourreaux de la révolution de 1793. Ils voulurent trancher cette tête pleine de génie. Lavoisier accepta avec résignation leur sentence inique et demanda seulement quelques jours de répit pour mettre ordre à certaines découvertes scientifiques qu'il venait de faire. Eh, bien, mon cher Léon, ce court délai, il ne l'obtint pas ! Le sang et le nom de ce savant Français, crieront éternellement vengeance dans l'histoire contre les orgies sanglantes de cette époque néfaste pour notre patrie.

En faisant des recherches sur la combustion, que l'on connaissait peu avant lui, Lavoisier parvint à séparer l'azote et l'oxygène. Ces deux grands seigneurs devinrent ses prisonniers ; il les tint séparés dans deux flacons

différents. Chose qui ne s'était jusque-là jamais faite.
Il jeta dans la prison de l'azote une souris, puis un
oiseau, qui ne trouvant pas d'oxygène à respirer, moururent subito, comme vous le devinez parfaitement.
Alors, sans chercher davantage, Lavoisier dit : *gaz
contraire à la vie : azote.* Mais appuyés sur cette découverte, ses successeurs ont reconnu à leur tour que ce
gaz est une condition essentielle de la vie, qu'il l'accompagne partout, et que sans lui la construction de la
machine animale serait radicalement impossible. Toutefois, par une déférence louable pour la mémoire de son
infortuné parrain, l'azote ne changea pas de nom.

— Allez-vous croire, cher Léon, que c'est de prime-
abord que l'azote devient le grand entrepreneur de la
conservation et de la réparation de la vie animale ?
Non, n'est-ce pas ? Vous vous imaginez facilement que
pour cela, il doit passer par une foule de manifestations
aussi mystérieuses que fécondes : d'abord, les plantes
l'aspirent par leurs feuilles et par leurs racines ; puis
elles le séparent de l'oxygène et lui font subir des modifications qui échappent à nos sens et à nos instruments
de curiosité scientifique les plus perfectionnés ; de la
plante il passe dans l'estomac du bœuf, du cheval, du
mouton, des oiseaux, etc. Là encore, il est battu,
trituré, broyé, cuit, fondu, et ce gaz nous arrive sous
la forme d'un être vivant, que nous égorgeons pour en
vivre à notre tour.

Un jour, étant assis sur un rocher des bords de l'Océan, je savourais, dans une douce rêverie, les charmes attachés aux éternels échos des vagues écumantes. Alors un homme de grande taille, au regard brillant, et au visage éclairé par un rayon de génie, m'aborde et me dit : Que dites-vous, monsieur l'abbé, de ce tableau ? et sans attendre ma réponse, il ajoute : Oh ! que l'on comprend bien ici la petitesse et l'inanité des œuvres humaines ! puis en retirant son chapeau, il s'écrie : *Credo in Deum !...*

— Ah ! sans doute, mon cher Léon, devant l'immensité majestueuse de la mer, il est facile à l'homme sain de raison, de reconnaître et de saluer le dogme de l'existence de Dieu. Son nom trois fois saint, y est gravé en caractères intelligibles pour tous ; les flots le célèbrent dans leurs ondulations harmonieuses depuis l'origine de la création, et leur dernier soupir sur la grève sera le *De profundis* de l'univers ; tout sera fini.

Mais, pour être plus modeste que l'oxygène et l'hydrogène, qui se roulent avec fracas d'un pôle à l'autre, l'azote ne nous montre pas avec moins de clarté la main du chimiste divin qui en fait dans l'atmosphère : l'air respirable, dans la plante ; un suc alimentaire, dans l'animal ; l'élément vital, la base indispensable et le couronnement de la machine vivante.

A notre tour, inclinons-nous jusqu'à terre, en disant : *Credo in Deum.* Oui, Dieu seul a pu être l'auteur et le conservateur de tant de merveilles, de tant de combinaisons si sublimes.

Carbone, oxygène, hydrogène et azote, voilà les quatre grands potentats qui se partagent tous les corps répandus dans l'univers ; que ces corps s'appellent pierre, marbre, porphyre, cristal de roche, diamant, rubis, topaze, émeraude, pain, vin, sucre, poulet, perdrix, bœuf, mouton, baleine ou brochet, peu importe ! C'est toujours du carbone, de l'oxygène, de l'hydrogène et de l'azote, sous des formes différentes et dans des proportions diverses. Il en est de même de l'eau que nous buvons, et de l'air que nous respirons. Là aussi, se trouve toute la substance du corps humain : liquides, solides, squelette, chair et peau ; tout en est tapissé, bourré, tissé et pétri.

Mais il est incontestable que, si cette grande usine des minéraux, des végétaux et des animaux, paraît simple dans ses rouages embryonnaires, elle n'en demande pas moins une puissance d'action et de combinaison surhumaine. On sent que le *doigt de Dieu est là*.

Nous avons fait un long séjour dans le domaine de la chimie, mon cher Léon, mais vous devez comprendre que nous n'y avons pas perdu notre temps. Non ! pas plus que le constructeur d'un édifice ne perd le sien en faisant la reconnaissance et l'approche des matériaux

qu'il doit employer pour atteindre son but. Nous ne
sommes pas davantage sortis de notre sujet, puisque la
violette est un composé des quatre bases désignées
sous le nom de carbone, d'oxygène, d'hydrogène et
d'azote. Je répète ces mots pour mieux les graver dans
votre mémoire.

Néanmoins, avant de clore cette lettre, je dois vous
signaler le *soufre* que l'on trouve surtout dans le voisinage des volcans ; sa couleur est jaune et il est sans
saveur et sans odeur. Le *phosphore,* corps mou, jaunâtre, transparent et très avide d'oxygène. Celui-ci
s'enflamme à propos de tout et à propos de rien, aussi
se consume-t-il à peu près toujours ; de là vient qu'il
est lumineux dans l'obscurité.

J'ai encore à vous présenter quelques noms subal-
ternes qu'il nous arrivera de rencontrer souvent dans
nos explorations, tels que la *potasse,* la *chaux*, la
magnésie, la *soude*, le *fer*, le *cuivre*, le *zinc*, le *chlore*,
l'*iode,* l'*alumine,* cette dernière est une terre blanche
d'où sortent les argiles. Quand elle se cristallise, elle
constitue suivant la couleur, le rubis rouge, le saphir
bleu ou le topaze jaune. La *silice,* enfin, ce corps est
répandu à profusion dans la nature ; par sa dureté, il
peut être considéré comme l'élément de résistance par
excellence ; on le trouve jusque dans la tige du froment,
les nœuds de ses articulations surtout, en sont garnis.
Ses variétés et ses transformations diverses l'ont fait

désigner sous les noms de caillou, silex, grès, sable, quartz, cristal de roche, calcédoine, cornaline, agate, sardoine, onyx, opale, jaspe et quelques autres encore.

Maintenant, mon cher Léon, vous avez sous les yeux et vous les connaissez par leurs noms, ces quelques éléments simples que Dieu a créés d'abord, et dans lesquels il a enfermé ensuite tous les mystères de la vie organique.

Du charbon, de l'eau et de l'air, voilà ce qui fera à jamais les délices de la phalange affamée des rafinés, des voraces, des gourmands et des délicats; puis, ô suprême ironie! ils appelleront ce charbon saturé d'eau et d'air : herbes aromatiques, légumes savoureux, fruits parfumés, vin délicieux, enfin, viandes succulentes!... Laissons-les banqueter dans la joie et le délire ; ils s'enivrent de charbon noir sans même sans douter, tant les œuvres de la vie sont au-dessus de la plupart de ceux qui papillonnent au milieu de ses brillantes harmonies.

Dans notre prochain entretien, nous verrons cette fille opulente de Dieu, qu'on appelle la vie, engendrer avec ces trois choses : le charbon, l'air et l'eau, non seulement notre timide violette, mais tous les êtres du règne végétal.

CHAPITRE III

Force prodigieuse de vitalité et de reproduction dans les Plantes.

De la corolle 'de la violette est tombée sur le sol, une graine fine comme la pointe d'une aiguille. — Elle est là à l'état de cadavre. — Observons et attendons. — Elle est toujours-là; elle résiste à tout. — Le retour du printemps. — L'œuf végétal. — Oxygène, eau, chaleur, trois éléments indispensables aux phénomènes de la germination. — Utricule, organe constitutif de la plante. — Les mystères du sol. — Elle éclate soudain. — Avec l'oxigène commence la vie au dehors. — Sagacité des plantes pour échapper aux supercheries des savants. — Expérience sur la nécessité absolue de l'oxigène pour la germination des végétaux. — La force germinatrice des graines es' presque miraculeuse. — Graines de seigle après cent quarante ans. — M. Desmoulins, germination de graines d'héliotrope trouvées dans des tombeaux romains. — Mille faits de ce genre. — Cette vie presque indéfinie que Dieu donne à la plante fait penser à l'immortalité promise à l'homme. — Immortalité de l'âme. — Apparition de la première *cellule*. — C'est la parcelle-mère, le fondement de toute naissance minérale, végétale et animale. — Elle devient invisible, introuvable. — Mousses, rochers, forêts, bœufs, moutons, hommes; utricules que tout cela! — On croit rêver. — Quarante-sept milliards en une nuit fabriqués par un seul champignon. — C'est un mystère. — Contradiction des savants. — Reproduction *intra utriculaire*. — Une lueur de révélation divine ne ferait pas mal ici. — Toute vérité est en Dieu et vient de Dieu. — Laissons les hypothèses. — La radicule, la tigelle, les éclosions se font par milliers, en haut, en bas, à droite et à gauche. — La plantule et ses nourrices. — Retournons sur nos pas.

De la corolle odorante de la violette, est tombée sur le sol, au pied d'un rosier, une graine fine comme la

pointe d'une aiguille. Le vent, la pluie, la patte d'un
chat, la griffe d'un sansonnet, ou le rateau d'un jardinier
s'est chargé de l'enterrement de la pauvrette. Elle
repose dans le silence et l'obscurité d'un tas de
feuilles, ou des premières enveloppes de la terre. Elle
est là, à l'état de cadavre, en attendant sa résurrection,
je veux dire son retour à la vie modeste et à l'admiration de tous les gens de bien qui honorent les vertus
dont elle est le symbole. Descendons près d'elle, cher
Léon, pour contempler, à notre aise, les différentes
évolutions qui doivent la ramener à la lumière du jour.
Il fait sombre et humide ici, n'est-ce pas? partout se
dresse devant nous l'image de l'anéantissement ; aucune
des pulsations de la vie ne se fait entendre dans ce
séjour des éternelles ténèbres. Au lieu d'un retour prochain à la vie, tout ne fait-il pas présager pour elle une
destruction complète?

— Oh ! quant à moi, je ne compte plus rien sur
elle.

— Vous prononcez trop tôt son oraison funèbre, cher
Léon. Observons et attendons. Déjà les chaleurs brû-
lantes de l'été, les brouillards humides de l'automne et
les gelées pénétrantes de l'hiver ont tour à tour fait
passer notre graine par le creuset des plus dures
épreuves. Regardez : qu'est-elle devenue?

— Mais elle est toujours là, intacte dans son berceau
cotonneux, sur ses matelas superposés, avec son man-

teau imperméable et sa cuirasse cornée ; elle a résisté à tout.

— Oui, elle est là, malgré les attaques du vent, de la pluie, de la neige et des frimas ; et elle en affronterait bien d'autres, s'il le fallait ! C'est ainsi qu'elle attend sans crainte et sans forfanterie, le moment fixé dans les décrets immuables du Maître de la vie et de la mort, pour s'épanouir de nouveau belle et joyeuse dans les concerts de la vie. Déjà on entend au fond des forêts quelques oiseaux qui chantent le retour prochain du printemps, une pluie fine et tiède dissout le manteau de neige qui couvrait la plaine. Ses eaux bienfaisantes ouvrent les pores de la terre végétale, et en s'insinuant à travers ses diverses particules, arrivent à notre graine qu'elles baignent copieusement. A son tour, une chaleur de quelques degrés se fait sentir à notre héroïne en létargie, et, par un soin tout maternel, l'enveloppe dans une douce température : de l'eau, de la chaleur, un léger regard du soleil, elle n'en demandait pas davantage : la voilà réveillée ! Toutes ses molécules, jusque là inertes et endormies, se mettent en mouvement. Elles ont senti cette vibration profonde que le soleil de mars a imprimé dans les courants supérieurs et inférieurs de l'atmosphère jusque sous la terre. Ainsi, de l'eau et de l'oxygène, voilà qui a suffi pour réveiller les énergies inexplicables de l'*œuf végétal* et le faire *éclore*. Ce dernier mot vous étonne ; rassurez-vous et tenez-le pour juste et vrai.

Notre semence de violette n'aurait pas plus germé
sous l'aile d'un oiseau que l'œuf d'une poule n'éclorait
dans une terre humide. Éclosion pour éclosion, oui,
mais l'œuf animal se contente de l'air et de la chaleur ;
tandis que la violette, tout comme le cèdre du Liban et
le chêne de nos forêts, veut de l'eau d'abord, puis
de l'eau encore avec de l'oxygène et de la chaleur.

Donc oxygène, eau et chaleur, voilà les trois
éléments indispensables; mais aussi les seuls nécessaires
aux phénomènes de la germination des graines. L'influence du terrain n'est rien ici; le sol n'est qu'un
simple support ; il ne tire son importance que de son
état de porosité qui lui permet de retenir plus ou moins
les liquides et les gaz. Nous avons fréquemment l'occasion de vérifier l'exactitude de cette assertion. Tout ce
qui nous entoure nous offre, en effet, des spécimens de
germinations nombreuses obtenues dans des conditions
quasi inexplicables : Voici de la craie, du coton, du
marbre, un cadavre en décomposition, un quartier de
bouteille, un fragment de faïence, un éclat de bombe.
Eh bien, que voyez-vous sur leurs parois arides ?
des graines écloses, offrant des phénomènes de germinations qui étonnent ceux qui ignorent que la vie
végétale à ses débuts est fort peu exigeante. Oui, de
l'air, un peu d'eau, quelques rayons de soleil, voilà au
grand complet ses provisions pour engendrer une
utricule, c'est-à-dire l'élément premier de la plante, son
organe constitutif.

— Je suis tenté de donner un titre particulier à ces phénomènes de simplicité et de sobriété que vous venez de m'expliquer.

— Quel titre leur donnerez-vous, mon cher Léon ?

— Je les appelerais : Les mystères du sol.

— Ne vous découragez pas, mon cher enfant; sans doute, hélas ! nous sommes comme affaissés sous le poids des grandeurs du sujet qni nous occupe ; mais n'est-ce pas une raison de plus pour étudier et pour observer avec persévérance et ténacité ces phénomènes qui frappent nos regards en étonnant notre esprit ? C'est ainsi que des découvertes successives ont été faites, et que les mêmes expériences souvent renouvelées ayant donné de la stabilité à ces découvertes, le domaine de la science a été doté pour s'agrandir davantage.

— Retournons donc à notre poste dans notre obser- vatoire souterrain. Voyez cette graine, inerte depuis six mois, elle prend du volume ; c'est l'action de l'eau qui commence. Vous seriez-vous douté que cette coque, en apparence si coriace et si dure, était poreuse ? Il n'y a plus à en douter ; elle absorbe l'humidité qui amollit tout, elle se gonfle, elle double, elle triple son volume ; mais l'élasticité de son enveloppe ayant des limites, bientôt elle manifestera, sous les effluves de la chaleur, le réveil de la vitalité de son amande, par une déchi- rure. Oui, elle éclate soudain.

— Mais ne pourrait-elle pas se tirer d'affaire avec

l'eau et la chaleur qui l'imprègnent, sans rompre son enveloppe.

— Impossible, mon cher Léon. L'eau, ce puissant et irrésistible dissolvant qui pénètre les corps les plus durs, en dilatant la capillarité de ses pores, a donné passage à un nouvel agent déjà nommé : l'oxygène. Avec lui arrive et commence la respiration au grand jour ; c'est-a-dire la vie au dehors. Autrement, ce serait l'asphyxie, la mort et la pourriture. Tenez, il est facile de le comprendre : privée d'air et plongée dans l'eau, la graine gonfle d'abord ; mais bientôt ce mouvement s'arrête et elle se putréfie. Savez-vous pourquoi ? Parce qu'elle est morte, parce qu'elle s'est noyée ; c'est-à-dire axphyxiée, ni plus ni moins que vous et moi, si le même accident nous arrivait.

Plus d'une fois, on a mis la sagacité de ces pauvres graines à l'épreuve : on leur a donné de l'azote, de l'hydrogène et de l'acide carbonique. « Halte-là ! ont-elles répondu. Trompez-vous, messieurs les savants, entre vous, tant qu'il vous plaira ; mais ici, nous n'admettons ni le mensonge, ni la ruse, ni la supercherie ; vous nous supprimez l'oxygène ; eh bien, vous n'aurez pas de germination et tenez-le pour bien dit. » Devant cette injonction tacite, expérimentale et irrévocable, les savants ont fait une vilaine grimace ; mais, bon gré, mal gré, ils se sont inclinés et n'y sont jamais revenus.

— Pourrait-on démontrer cette nécessité absolue de l'oxygène pour la germination des plantes?

— Je l'ai déjà fait, mon cher Léon; mais nous allons ajouter une expérience à ce que nous avons expliqué plus haut. D'abord, il faut que vous sachiez que l'oxygène enlève une partie du carbone de la graine en le transformant en acide carbonique, et voici l'expérience que vous ferez pour vous assurer que les choses se passent ainsi : placez sur un bain de mercure des graines en contact avec un peu d'eau, sous une cloche; soutenez la température de quinze à vingt degrés, vous reconnaîtrez bientôt qu'une partie de l'oxygène de l'air, après la germination, sera transformé en acide carbonique, et le volume de gaz ne sera pas augmenté; or, l'acide carbonique représentant un volume d'oxygène égal au sien, il est évident que tout l'oxygène employé dans la germination a servi à convertir du carbone en acide carbonique. C'est sur l'albumen que l'action de l'oxygène se porte, et c'est dans cette réaction favorisée par les cotylédons, que cette substance acquiert une saveur sucrée et devient propre à l'alimentation de la plante.

— Toutes les plantes offrent-elles la même résistance aux intempéries des saisons, que celle que vous avez décrite?

— En général, oui; mais il y a de nombreuses exceptions; ainsi le millet et le froment lèvent en un jour;

les haricots, les raves, les navets, les fèves, emploient trois jours à leur germination. La pivoine, l'amandier, le pêcher, etc., n'ouvrent leurs noyaux qu'au bout d'un an ; le rosier, l'aubépine, le cornouiller, etc., mettent deux ans à déchirer leurs enveloppes ligneuses.

Quant à la force germinative des graines, elle est presque miraculeuse : déposées avec soin dans un lieu sec, elles s'y conservent des mois, des années, des siècles, sans rien perdre de leur faculté de reproduction. Des expériences authentiques ont démontré que des graines de tabac ont pu germer après dix ans, des graines de raves, après dix-sept ans, des graines de sensitive, après soixante ans, des graines de haricot et de froment, après cent ans, et des graines de seigle, enfin, après cent quarante ans.

On est allé plus loin encore dans ce genre d'expérience : M. Th. Desmoulins, de Bordeaux, est parvenu à faire germer des graines d'héliotrope, trouvées dans des tombeaux romains. D'autres botanistes ont obtenu le même résultat avec du froment recueilli dans les cercueils de certaines momies égyptiennes. D'ailleurs, ne voit-on pas chaque jour, après la démolition d'un vieux mur, d'une ruine féodale, après un incendie ou une éruption volcanique, ou sur le lit desséché d'un étang, d'une rivière, surgir soudain des myriades de plantes jusque-là inconnues dans ces localités? M. Duchartre raconte qu'à Londres et à Versailles, la démolition de vieux édifices ont fait apparaître une grande quantité de plantes rares dans ces villes. Les tombeaux du moyen-âge, ceux des gallo-romains et de la période celtique, ont aussi fourni des semences végétales qui ont levé par centaines.

Tous ces faits prouvent donc, jusqu'à l'évidence, que certaines graines peuvent conserver leur faculté germinative, c'est-à-dire leur vie végétale, presque indéfiniment.

Cette touchante sollicitude de Dieu pour l'œuvre, en apparence la plus chétive de ses mains et la durée presque indéfinie qu'il lui donne, nous fait penser à l'immortalité promise à l'homme, son chef-d'œuvre, abrégé parfait et synthèse divine de tout l'univers.

L'âme humaine qui pense, qui sent, qui réfléchit, qui raisonne, qui imagine et qui aime, sous son enveloppe matérielle, aurait-elle moins de grandeur et de durée que le germe vital de cette graine microscopique, aussi tenue que la poussière du chemin? Oui, si tout finit pour l'homme à la tombe; oui, si, quand les yeux du corps se sont fermés à la lumière du jour, toute vie est éteinte dans les enfants d'Adam. Mais qui oserait soutenir sérieusement cette monstruosité aussi injurieuse à l'homme qu'à Dieu, créateur et conservateur du flambeau de la vie dans tous les êtres; principe, centre et fin de tout ce qui vit et respire? Ici, devant ce doute interrogatif, on pense malgré soi aux assassins, aux voleurs, aux fripons de toutes sortes, aux ivrognes abrutis, aux impudiques endurcis, aux écrivains impies, enfin à toute cette classe ignoble d'hommes tellement compromis devant la justice de Dieu, par le mépris de toutes ses lois, qu'ils préféreraient, après la mort, le néant à l'immortalité.

— On m'a déjà dit que les voleurs n'aiment pas les gens de loi ni les gendarmes; mais je n'aurais jamais pensé qu'ils poussassent la peur de Dieu jusqu'à renier leur dignité, en se donnant moins de valeur qu'à une semence de senevé.

— Hélas! oui, mon cher Léon, il s'est trouvé des hommes assez tarés, assez souillés et perdus de vices, pour choisir cette infériorité menteuse, humiliante et dégradante. Non, ces hommes n'aiment pas l'immortalité; une si noble destinée leur pèse, les inquiète, les épouvante comme un spectre horrible qui se dresse sans cesse menaçant devant eux. Le croiriez-vous? Ils ont envié le sort de la brute et convoité le néant... Mais c'est un vain désir! Non le vœu du méchant ne sera pas exaucé; si la plante peut vivre des siècles, il y a dans l'homme quelque chose qui franchira le seuil de l'éternité, qui ne mourra jamais; non la vie n'est pas une mer où l'homme vient s'engloutir tout entier comme le navire qui périt corps et biens. Oui, il y a un autre monde, oui, notre âme, au sortir de cette pénible vie, débarrassée de sa prison de terre, s'élancera dans le sein de Dieu. Voilà ce que nous dit la foi et aussi la raison.

Toutes les œuvres innombrables de la création, depuis les plus imperceptibles jusqu'aux plus gigantesques, ne proclament-elles pas à l'envi la gloire, la puissance, la sagesse, la justice et la bonté de leur auteur suprême? Et pourtant, si l'âme de l'homme n'était pas immortelle, il faudrait dire et il faudrait croire que cet immense concert de l'univers entier n'est qu'un vaste mensonge, la démonstration en est facile : faut-il, en effet, un grand effort de réflexion pour reconnaître que si l'âme doit périr au moment où elle secoue les langes du corps, on ne retrouve plus ici, ni la sagesse, ni la justice, ni la bonté de l'habile ordonnateur de toutes les parties de l'univers... j'y vois caprice ou bizarrerie. Si je dois sitôt devenir la proie du néant, pourquoi me créer? pourquoi m'imposer des sacrifices, me demander des vertus, qui resteront sans récompenses, comme les vices sans châtiments? pourquoi répandre dans mon cœur de vives et incessantes aspirations de bonheur qui ne seront jamais satisfaites? des désirs insatiables de connaître, qui ne seront jamais réalisés? A quoi bon me placer sous le joug d'une loi redoutable qui ne saurait avoir de sanction que dans un monde qui n'est pas fait pour moi? Si je ne voyais là de la cruauté, je dirais : c'est une vilaine raillerie! quel plaisir peut-il y avoir pour Dieu à me promener

quelques années sous le soleil pour me replonger si vite
dans les ténèbres du néant?... Pourquoi ce badinage et
ce jeu avec le chef-d'œuvre de ses mains? A quoi bon
édifier pour démolir ensuite? créer pour détruire? mais
c'est là une occupation tout au plus digne d'un enfant!...

Pourquoi anéantir l'âme quand le corps lui-même
n'est pas anéanti, ne sera jamais anéanti? Rien, absolument rien ne périt dans la nature, pas même un atôme.
Voilà ce que démontre la science. Une parcelle de
matière, un atôme, vous pourrez le décomposer, le
transformer, l'amoindrir, mais l'anéantir, jamais. Quoi!
rien ne périt, rien ne périra!... l'âme seule mourrait?...
Quoi! le grain de sable perdu sur les rivages de l'océan,
poussé, heurté mille fois chaque année par le flux et le
reflux, quand des siècles ont passé et repassé sur lui
peut encore dire : Me voilà... et l'âme de ce chef-
d'œuvre de la toute-puissance, de la sagesse et de la
bonté de Dieu, disparaîtrait pour jamais?... Cette vie,
cette essence, qui brille sur les traits du visage de
l'homme, devrait être inférieure en durée à la vie
végétale d'une plante; que dis-je, elle devrait s'éteindre
à jamais!... Dieu qui traite avec tant de respect la
moindre de ses œuvres, mettrait en pièces la plus
sublime de toutes? Non, mon cher Léon, cela n'est pas,
cela ne peut pas être : la sagesse, la justice et la bonté
de Dieu, de concert avec notre raison, veulent que l'âme
ne meure pas quand elle se dépouille de son corps;

elles prouvent la vérité d'un avenir, d'un autre monde
où la vertu sera récompensée et le vice puni.

Pendant que nous avons fait une halte sur les sommets du monde des esprits, pour considérer les richesses
de notre âme, et particulièrement la faculté la plus
consolante pour nous, de cette princesse du ciel, notre
graine a fait des progrès : voyez-vous au fond de la
déchirure cette petite proéminence, semblable à la
pointe d'un diamant? c'est ce que j'ai appelé plus haut
une *utricule*; si ce mot ne vous plaît pas, dites une
cellule, en d'autres termes : une outre, une vésicule, un
sac, allons, un tout petit, petit ballon transparent, plein
de gaz et de différents fluides; mais si petit que la
pointe d'une aiguille serait une montagne à côté de lui
et qu'il en faudrait des millions pour équivaloir au poids
de la graine qui l'abrite.

— Alors ce n'est rien.

— Dites plutôt, mon cher Léon ; ce néant, cet atome
que nos yeux ne peuvent voir qu'à l'aide de verres
grossissants, est un prodige !... Cette utricule est l'élément premier de la plante ; son organe constitutif c'est
la parcelle-mère, le fondement de toute naissance minérale, végétale et animale. La pierre, la plante et l'animal
sortent d'une utricule, depuis que Dieu a fait jaillir,
d'un seul mot, tous les corps primitifs du néant.

Regardez-la bien dans son berceau moelleux ; car,
c'est en vain que vous la chercherez plus tard dans

l'herbe verte de la prairie, dans le chêne séculaire de
nos forêts, dans les feuilles, les fleurs et les fruits de
nos vergers. Cependant elle est là, humble, modeste et
cachée ; à l'œuvre donc ! Allons, inquisiteur de la
fécondité végétale, cherchez avec courage et surtout avec
persévérance ! Cassez, fendez, broyez, disséquez, pul-
vérisez ces herbes, ces arbres, ces feuilles et ces fleurs.
Continuez, allez toujours ! faites des miracles de frac-
tionnement, puis regardez au microscope le plus petit
de vos atomes, que vous montre-t-il de comparable à
cette utricule primitive, qui vous sourit dans la graine
fraîche éclose à vos pieds ? Peine perdue, n'est-ce pas ?
Vous avez sous les yeux, dans votre minime débri, un
monceau d'utricules agglutinées. Non, vous ne retrou-
verez pas l'utricule primitive ; elle s'appelle aujourd'hui
l'invisible, l'introuvable ; vos scapels et vos ciseaux
ne sont pas assez tranchants ; vos aiguilles ne sont pas
assez fines ; les instruments de torture et de supplice
vous manquent ; laissez-la donc. Mais n'oubliez pas que
cette utricule a plus lieu d'être fière de sa fécondité,
que vous du succès de vos recherches autour d'elle.
Voyez un peu : les fucus, les varecs, qui remplissent les
océans ; les lichens, les mousses, qui tapissent les
rochers ; les forêts qui recouvrent la terre, les pierres,
les marbres, les meubles de nos maisons, les livres de
nos bibliothèques; utricules que tout cela ! Que dis-je ?
Utricules que les hommes !.... Mangeurs d'utricules

converties en bœufs et en moutons, comme ceux-ci s'engraissent avec les utricules des prairies et des moissons.

— On croit rêver en voyant les prodiges d'une telle fécondité.

— Toutefois, je dois vous prévenir que la violette en sa qualité de dicotylédonnée, mais plante d'un petit volume, n'est pas au rang des plus capables sous ce rapport. Il en est d'autres qui, dans une heure fabriquent des milliers de cellules. C'est au point que, s'il y avait un concours parmi les végétaux dans les ateliers de la nature, on pourrait parier à coup sûr pour les champignons. On prétend que l'un d'eux attentivement surveillé, en a fabriqué quarante-sept milliards en une nuit, c'est-à-dire soixante-six millions à l'heure. Voilà, je l'avoue, une puissance de production qui n'a d'égal que le merveilleux des histoires de fées, toujours redites et écoutées avec plaisir, dans les veillées villageoises. Quarante-sept milliards! C'est un chiffre énorme, j'allais dire magique, fabuleux ; quoiqu'il en soit de son exactitude, toujours est-il que les champignons vont vite, plus vite que les autres plantes, et que l'utricule primordiale est une rude ouvrière.

Notre cellule mère est donc à l'œuvre. Elle observe la grande loi du travail plus fidèlement que n'importe qui..., car, à peine est-elle née, que déjà, sans transi-

tion, ni délai, elle travaille avec ardeur et se multiplie
rapidement. Vous me demandez comment?... C'est un
mystère. Les physiologistes, après beaucoup de recherches
et d'observations, ne sont parvenus qu'à nous donner
une preuve de plus de l'insuffisance de leur génie aux
prises avec les œuvres de l'intelligence infinie. Ils
se sont contredits sur toute la ligne, et ainsi divisés,
chacun s'est fait pour son usage personnel une théorie
particulière.

— Quel est donc le point précis que les savants
voudraient connaître dans les phénomènes de reproduction de l'utricule?

— On voudrait surtout savoir si la cellule fait son
travail à l'intérieur d'elle-même, ou en dehors par
élongation verticale, ou par juxtaposition horizontale.
Peu nous importe le mode, la reproduction n'en est
ni moins admirable, ni moins abondante.

On pense généralement que les jeunes cellules se
forment dans l'intérieur de la cellule mère, soit à l'état
libre, soit par la division de celle-ci, qui s'allonge et se
partage en deux compartiments par la création d'une
cloison transversale. Ce mode de reproduction *intra
utriculaire* paraît assez rationnel et conforme au système de la reproduction dans le règne animal.

Quoiqu'il en soit des hypothèses de notre pauvre
intelligence humaine, il est certain qu'une lueur de
révélation divine ne ferait pas mal ici ; quand ce ne

serait que pour mettre les botanistes d'accord ! chacun veut être dans le vrai. Qui donc tranchera la question ? Qui donc oserait dire à son frère en Adam : ma *raison* est infaillible ; tu as tort et j'ai raison sur toi, entends-tu ?

Toute vérité est en Dieu et vient de Dieu, mon cher Léon ; lui seul a autorité pour l'imposer ; lui seul a le secret de la rendre agréable et de la faire aimer. De là, devons-nous conclure que quiconque veut apprendre, savoir et comprendre, doit à chaque instant élever son esprit vers Dieu, créateur de toutes choses, et foyer de toute lumière révélatrice.

Laissons les hypothèses pour contempler la partie sensible et palpable de l'œuvre primordiale de notre jeune ouvrière. Voyez donc comme le tissu cellulaire s'est développé rapidement : hier, la déchirure de notre graine n'offrait qu'un point imperceptible à l'œil nu ; aujourd'hui, c'est déjà une radicule blanchâtre, pointue, biscornue, et qui, sans attendre qu'on lui montre son chemin, se dirige vers le sol humide et obscur. Cette petite racine est déjà un véritable tas d'utricules agglutinées. Mais la machine qui les fabrique est puissante ; elle fonctionne jour et nuit. L'explosion de notre graine a été comme le signal des enfantements qu'elle allait produire. Aussi, les éclosions se font par milliers, en haut, en bas, à droite et à gauche, si bien que de cette trame cellulaire sort une tigelle, qui, sans l'avis de personne, prend sa direction vers la lumière et le grand air.

— De ce premier travail de germination, au moyen d'un peu d'eau, d'oxygène, éclairée de quelques rayons de soleil, nous est née une plantule complète ; mais qui va la nourrir ?

— Rassurez-vous, mon enfant. Dieu a pourvu à tout : la plante qui entre dans le monde végétal est moins embarrassée que vous ne l'étiez vous-même pendant la période de votre enfance. Elle aura, sans une minute de retard, une, deux, trois nourrices, suivant sa force, ses besoins et le rôle qu'elle est destinée à remplir, en vue du bonheur des hommes.

Je vous propose de faire une halte ici. Nous avons laissé en chemin de pauvres diables qui ne seront jamais de grands seigneurs dans le monde végétal ; mais qui, par les services qu'ils y rendent, et par leur modestie, méritent notre intérêt et notre bienveillance. Retournons donc sur nos pas jusqu'à la forêt sombre et humide Vous rappelez-vous ces petits bons hommes que nous voyions de l'autre côté du fossé, derrière la haie, au pied des chênes, émergeant sous leur épaisse coiffure blanche du sein de la verdure ?

— Voudriez-vous parler des champignons ?

— Précisément ! leur germination est si originale que je ne puis la passer sous silence. Nous en ferons le sujet de notre prochain entretien.

CHAPITRE IV

La germination chez les Cryptogames.

———————

Cyryptogames! Phanérogames! tout le règne végétal est renfermé dans ces deux substantifs rocailleux et crochus. — Bon caractère des phanérogames, consécration académique. — Nos affaires ne vous regardent pas. — Embarras des savants. — Le champignon des bois vous salue! — Un labyrinthe où s'épuisent en vains efforts tous les classificateurs. — *La spore* et l'anthéridie. — Où se fait remarquer leur concours. — Mode-type de génération chez les cryptogames. — Complication : *bourgeonnement*. — Celui-ci proembryone. Toutes les œuvres de Dieu sont bonnes et parfaites. — L'étude de la genèse des plantes. — Les cryptogames épurateurs de l'univers. — Visite à l'atelier des cryptogames. — Le champignon est dans son rôle. — Pour suffire à sa tâche il agit sans minutie ni symétrie. — Le sceau de la puissance de Dieu est là. — Abnégation héroïque du cryptogame. — Qui a fait la houille? — Voilà nos ancêtres!... — Arrière la prétendue *génération spontanée* des athées. — Un texte de la genèse de Moïse expliqué par M. Albert Dupaigne dans son ouvrage intitulé : *Les Montagnes.* — *Errare humanum est.*

Cryptogames! Voilà un substantif un peu raboteux et crochu. Je n'aurais assurément pas osé vous le jeter à la tête dans notre premier entretien; vous auriez regardé la botanique comme une science occulte, quelque peu compromettante pour la conscience, et vous m'auriez dit : « Si cette science vous amuse, vous pouvez la

cultiver; mais, quant à moi, non, *Salva reverentia.* »
J'avais d'autant plus de ménagements à prendre pour
vous lancer ce pétard, que je me serais trouvé dans
l'impossibilité de vous rassurer en faisant volte-face vers
le mot qui est radicalement opposé à celui-ci; je dis
cryptogames, j'aurais ajouté : *phanérogames !*

N'est-il pas vrai que vous n'auriez pas hésité un seul
instant pour vous plaindre à vos parents, en vous dé-
clarant victime d'un odieux et diabolique guet-apens?
Aujourd'hui vous êtes sans horripilation et sans étonne-
ment, vous commencez, au contraire, à supporter ces
expressions pittoresques qui peignent tout un ordre de
choses, bientôt vous les aimerez.

Tout le règne végétal est renfermé dans ces deux
mots : *cryptogames, phanérogames.* A ceux-là appartiennent les plantes cellulaires et cellulo-vasculaires,
qui se tiennent à la base de l'échelle végétale; à ceux-ci
les végétaux cellulaires-vasculo-fibreux qui parcourent
tout le système organique, depuis l'algue marine
jusqu'au chêne gigantesque ; c'est-à-dire, qui sont
munis, à la fois, de cellules, de vaisseaux et de fibres.

Je dois vous prévenir, mon cher Léon, que cette division anatomique n'a aucun rapport avec leurs dénominations tirées du grec. Pour les classer ainsi, les
botanistes se sont attachés avec ardeur à observer leurs
modes de germination et de fructification, devant cette
entreprise aussi grande et hardie que problématique,

ils se sont armés de courage, ils ont fait des efforts
suprêmes ; en effet, munis de loupes, de microscopes et
armés de scalpels, de ciseaux, d'aiguilles et de mille
autres instruments de torture, les savants se sont em-
busqués sur tous les points du globe, pour surprendre
les mystères de la vie de reproduction des plantes. Les
unes, aimables et bienveillantes, ont fait bon accueil à
ces courageux et intrépides pionniers de la science :
« Tenez, leur ont-elles dit, nous allons naître, vivre et
« mourir au grand jour, devant vous, sous vos yeux,
« messieurs, nous ne voulons rien vous cacher ; voici
« les évolutions de notre germination et voilà celles de
« notre accroissement et de notre fructification. »
Touchés de tant d'obligeance et éblouis par tant de
lumière, ces messieurs saisirent illico la collection complète des dictionnaires universels des langues mortes et
vivantes pour composer un mot expressif et significatif.
Après avoir constaté que leur création grammaticale
était suffisamment tournée en spirale, mais sans être
ni trop grecque ni trop latine, et surtout pas plus
française que turque ou chinoise, ils la présentèrent à
l'Académie qui l'accepta et la consacra en disant :
phanérogames !... C'est-à-dire, *végétaux à reproduction,
visible, évidente.*

Tout allait assez bien jusque-là ; mais faut-il vous le
dire, mon cher Léon ? il en est des plantes comme des
hommes : leurs caractères sont très nuancés. En effet,

nos braves inquisiteurs ne tardèrent pas, malgré un début si heureux, à se trouver en face de sujets grincheux, goîtreux, rabougris, sournois et cachottiers qui leur dirent carrément : « Nos affaires ne vous re-
« gardent pas. Faites-vous des constitutions tous les
« quinze ans, si cela vous amuse ; mais vous ne
« connaîtrez pas la nôtre ; toutefois, on peut bien vous
« dire, pour vous apprendre la sagesse, qu'elle date
« de la création du monde et qu'elle durera sans chan-
« gement jusqu'au dernier d'entre nous ; vous pouvez
« nous épier, nous observer, camper sur notre domaine,
« nous torturer par le fer et par le feu ; mais vous ne
« saurez rien. » De cette campagne laborieuse, les princes du haut-savoir ne rapportèrent donc qu'une preuve de plus à ajouter à la collection déjà si complète des documents de leur faiblesse et de leur ignorance devant les œuvres du divin Architecte et Géomètre de l'univers.

Néanmoins, pour se consoler, ils ont, au moyen de leurs vocabulaires, essayé d'un mot qui devait passer à la postérité, comme un monument éternel de leur défaite, ils ont dit : cryptogames !... C'est-à-dire, *végétaux à reproduction cachée.*

Aujourd'hui encore, l'originalité têtue de ces plantes déconcerte d'autant plus les botanistes, qu'ils ne trouvent en elles aucun des organes reproducteurs visibles chez les phanérogames. Où sont les étamines et le pistil ?

Où est la graine contenant la tigelle, la radicule, la gemmule et les cotylédons? Ils ne le savent pas, et ils ne voient que l'obscurité qui les enveloppe. Malgré cela, à force de patience et d'observation, ils reconnurent que les corps reproducteurs de cette classe de plantes discrètes, étaient si nombreux et si dissemblables que leur germination devait être, tantôt des plus simples et tantôt compliquée d'une façon inextricable.

Après tant de recherches, longtemps infructueuses, et si peu récompensées, ces messieurs ont dû être heureux de ce résultat, si toutefois il est fondé; car, un peu plus ils allaient revenir bredouille de leur chasse aux cryptogames.

— Oui, mon cher Léon, à cet égard, les botanistes ont vu parfaitement juste, et nous leur devons une grande reconnaissance pour la sueur qu'ils ont versée dans les voies difficiles de leur expédition. Grâce à leur courage, nous savons aujourd'hui qu'il y a des plantes qui ne se donnent pas la peine de germer. A quoi bon se gêner? Pourquoi suivre servilement les sentiers battues par la multitude? Tiens! Quand on a l'avantage et l'honneur insigne de siéger à la base de la série végétale, utricule on est, utricule on reste, on se reproduit tout d'une pièce; pas plus difficile que cela! On s'allonge en se superposant à droite, à gauche, en long et en travers, et l'on dit aux arrières-disciples d'Aristote et de Pline : Je suis l'algue marine; le champignon des bois vous salue!

Dans le voisinage de ces premières, vous verrez de
minces filaments composés de simples granulations
vertes ou rouges, s'allonger et se souder bout à bout
dans l'eau exposée au soleil, ou entre les pierres
humides, c'est le protococcus des lagunes de Venise
et des montagnes neigeuses; mais ces divers phénomènes
de reproduction sans germination ni fécondation ne
restent pas longtemps semblables à eux-mêmes chez les
fiers et indépendants cryptogames, bientôt ils varient
avec les familles, se transforment, se déguisent et deviennent un labyrinthe où vont se disputer, se con-
tredire et s'épuiser en vains efforts, tous les classificateurs.

— La guerre ne peut pas toujours durer; après elle,
il y a des vainqueurs et des vaincus; les uns font la loi
et les autres la suivent ou du moins se taisent. Cette
triste nécessité ne nous est que trop familière depuis
l'invasion prussienne. Qu'elle est donc l'opinion qui a
prévalu?

— Oui, mon cher Léon, il a fallu s'arrêter à quelque
chose, aussi, généralement a-t-on réduit à deux,
les organes de reproduction chez les cryptogames : la
spore. appelée aussi *zoospore*, et l'*anthéridie*. Quelquefois,
comme nous l'avons vu plus haut, la spore se reproduit
sans fécondation, par simple multiplication d'utricules;
d'autres fois, ce n'est qu'après sa fécondation par l'anthéridie que commence l'acte de germination. La

spore répond, comme fonction, à la graine chez les phanérogames. C'est une simple utricule remplie de matières organiques amorphes, qu'on peut comparer à un embryon arrêté à la première période de son développement. Les spores sont mobiles ; on en a vu nager dans l'eau des heures et même des jours entiers, puis s'arrêter et germer ; elles possèdent tous les caractères de l'animalité. Mais on ignore comment leur fécondation s'opère chez les végétaux amphigènes, ou simplement cellulaires. Les anthéridies représentent les étamines. Ce sont des corps globuleux, sessiles, contenant un germe filiforme, susceptible de mouvement ; en un mot, un véritable animalcule.

Le concours de la spore et de l'anthéridie se fait remarquer généralement dans la reproduction des cryptogames acrogènes, c'est-à-dire qui s'accroissent par l'extrémité des axes, où l'on voit le tissu vasculaire se joindre, pour la première fois, au tissu cellulaire. Dans cette catégorie se placent particulièrement : les mousses, les hépatites, les équisétacées, les lycopodiacées, les fougères et les marsiléacées [1].

A peine la spore a-t-elle été fécondée, qu'il s'y forme une myriade d'infiniment petits sachets cloisonnés et remplis de matière verte ; sur l'un des points de la cir-

---

1. Voyez *Botanique descriptive*, Chaudé, page 72.

conférence paraît une petite pustule qui s'allonge,
parfois se ramifie et finit par devenir une sorte de petite
radicule blanche ou griffe qui s'accroche au corps sur
lequel doit vivre la jeune plante. Voilà le mode-type de
génération chez ces individus capricieux et bizarres;
mais que de complications, combien de modifications
viennent à la suite!... tenez! en voici un qui présente
tous les caractères botaniques de ses voisins; vous croyez
qu'il a germé comme eux? eh bien, pas du tout! il a
bourgeonné. Cela vous annonce qu'il s'est reproduit sans
fécondation, par des organes de fantaisie qu'il a impro-
visés à son gré, selon son caprice. En voilà un autre qui
lui ressemble beaucoup; vite, vous allez le classer dans
les bourgeonneurs, n'est-ce pas? Arrêtez! arrêtez! ne
vous fiez pas plus aux apparences ici qu'ailleurs; celui-
ci *proembryonne*.

— En vérité, ces plantes infimes ont tout l'air de se
moquer des gens qui s'intéressent à elles; toujours est-
il qu'elles naissent et qu'elles vivent dans un désordre
absolu, et au milieu d'une confusion inextricable!

— Doucement! mon cher Léon, n'oublions pas que
toutes les œuvres de Dieu sont bonnes et parfaites et que
chaque individu est doué de l'organisme le plus propre
à lui faire atteindre le but qui lui est assigné dans la création. Le désordre et et la confusion dont vous vous
plaignez ne viennent que de notre incapacité intellectuelle à saisir le fil mystérieux des harmonies progressives

qui produisent le beau, le sublime, le divin, en fondant
constamment les variétés d'une unité parfaite. L'étude
de la genèse des plantes nous met en présence de cette
gradation végétale qui s'avance, à pas de géant, vers
l'indéfini. Si nous manquons de lumière pour sonder les
profondeurs que nous explorons ici, nous avons du
moins assez de raison pour voir et admirer l'enchaînement qui unit ces végétaux par des rapports ingénieux.
Jetons un regard intelligent sur les premiers degrés de
cette brillante échelle de reproduction qui se dresse
devant nous : voici la spore, simple utricule sans fécondation; voilà la spore fécondée par l'anthéridie; un peu
plus haut éclate le bourgeon improvisateur fantaisiste;
puis paraît incontinent le proembryon. Avec lui, nous
atteignons un état intermédiaire entre la spore et le
végétal nouveau; c'est comme un essai, une préparation
progressive de la nature; ainsi, en vertu de ces dévelop-
pements successifs, les premiers téguments d'une fougère présentent-ils la physionomie d'une hépatite d'âge
mûr. Naître hépatite pour vivre et mourir fougère; voilà
bien une progression ascendante réelle.

— Alors on peut croire que le but de cette reproduction multiforme est le perfectionnement gradué du
végétal.

— Oui, mon cher Léon, cette marche ascendante de
l'organisme du végétal conduit, jusqu'à un certain point,
l'esprit de l'observateur à cette conclusion; mais il y a

mieux que cela ; car, cette idée impliquerait une perfection idéale qui n'aurait son couronnement et sa force
que dans la réunion de tous les végétaux. Il en est
autrement : chaque plante est parfaite en soi et possède
en dehors de ses voisines, la force, la puissance et toutes
les aptitudes que nécessite le rôle qu'elle remplit dans
le plan divin.

La reproduction si variée des cryptogames nous indique qu'une double et immense tâche leur est imposée.
A Dieu seul, il appartient de faire jaillir les effets les
plus gigantesques des causes les plus minimes. Ainsi
donne-t-il aux cryptogames informes et microscopiques
le rôle d'épurateur de l'univers ! purger le monde des
détritus de la mort, aider, d'autre part, au développement de nouvelles vies, et participer à l'harmonie uni-
verselle, voilà sa mission dans la nature ; telle est
également la raison des moyens quasi miraculeux de
reproduction qui sont à leur disposition pour faire
surgir, en un clin d'œil, des milliers, des millions et
des myriades d'ouvriers, tantôt sur un point donné et
souvent partout à la fois. Mais chaque espèce a sa part
de travail, et vous ne sauriez croire combien d'espèces
sont à l'œuvre. En un mot, il y en a de toutes les tailles,
de toutes les couleurs et pour toutes les fonctions.

— En effet, purger le monde ! voilà une entreprise
hardie qui demande à son adjudicataire une prodigieuse
activité, un matériel formidable et des bras innombrables.

— Voulez-vous visiter l'atelier des cryptogames, cher Léon? Suivez-moi : corruption, gangrène du tissu végétal et animal par la maladie, putréfaction de la mort, fermentation des liquides, mucus décomposés, fruits pourris, vieilles écorces, cloaques méphitiques, voilà leur chantier. Toujours avides, toujours infatigables, toujours inassouvis, ils sont perpétuellement à l'œuvre, suçant, desséchant, pulvérisant et réduisant en poussière féconde les restes empoisonnés que la mort laisse après elle ; vous les trouverez au fond des tombeaux comme au faîte des édifices les plus élevés, dans les étangs de nos marais fétides comme sous l'épiderme chancreuse du dernier rameau du Robinier; ils s'installent sur le cadavre du Baobab monumental de l'équateur comme sur l'efflorescence verdâtre qui enveloppe les fruits fermentés de nos jardins; ils s'attaquent à tout : aux hommes, aux mammifères, aux oiseaux, aux insectes, aux poissons, aux crapauds, aux limaces; ils s'insinuent dans les entrailles de l'homme, tapissent ses poumons de leurs ramifications mortelles, lui labourent la peau du crâne, le défigurent, lui remplissent la bouche, le nez et les oreilles; ils s'implantent dans les yeux des guêpes, sous le ventre des coléoptères, dans l'anus des chenilles; ils s'accrochent aux feuilles des arbres, aux tubercules de la pomme de terre, aux fruits de la vigne, au maïs, à l'orge, au seigle, et au froment lui-même, cette nourriture noble et sacrée de l'espèce humaine.

Tel est le banquet immonde et éternel du cryptogame.

— Je ne me serais jamais douté qu'il y eût tant d'âpreté et de férocité dans ces algues, ces champignons, ces lichens et les moisissures, en apparence si doux et si tranquilles.

— Tranquilles? non, mon cher Léon, l'atmosphère est remplie des spores microscopiques du champignon. Le vent leur sert de véhicule, elles tombent partout. Un obstacle se présente-t-il à leur germination immédiate? elles attendent indéfiniment qu'une bonne occasion se manifeste. Elles sont à l'épreuve de la plus haute et de la plus basse température. Mais un tissu quelconque s'enflamme-t-il sous l'action délétère d'une cause morbide? Une plaie apparaît-elle sur un corps animal ou végétal? Crac! elles germent soudain et s'en emparent. C'est vite fait; cependant il n'y a aucune férocité à cela. En agissant ainsi, le champignon est dans son rôle; il remplit sa tâche, et quoi qu'il arrive, il n'y faillira jamais, soyez-en sûr. La mort cherche-t-elle à nous asphyxier par la putréfaction qu'elle répand autour d'elle? Aussitôt les cryptogames épurateurs sont là. Il en arrivera, s'il le faut, par légions, d'en haut, d'en bas, de droite et de gauche.

Après cela, faut-il s'étonner que le cryptogame dédaigne pour se reproduire ces précautions savantes que nous avons admirées chez les nobles phanérogames? S'ils agissaient avec tant de minutie et de symétrie, pourraient-ils suffire à leur tâche? assurément non. Posséder des modes multiples de germination et surtout une incommensurable fructification, avoir un dépôt de spores contenues par millions dans des sachets ou sporanges invisibles à l'œil nu, voilà le moyen, le seul moyen d'atteindre le but final de leur création.

— Incontestablement le sceau de la sagesse et de la puissance de Dieu est là.

Ce n'est pas tout. Les fonctions des cryptogames, comme leurs modes de reproductions, sont multiples. En purgeant la terre de toutes ses putréfactions, ils doivent, du même coup, lui donner des éléments de fertilité et se sacrifier bravement, sans réserve, à cette œuvre; de cette abnégation héroïque dépend la vie des grands végétaux, des animaux et de l'homme lui-même. Aussi qu'arrive-t-il? Aidée par le vent, la pluie, le soleil et les gelées, leur action mordante, corrosive et pulvérisante réduit en terreau végétal tous les sujets morts et tous les membres atteints de maladie. Ils font bien mieux encore : en amoncelant leurs cadavres, ils se dissolvent eux-mêmes en poussière féconde pour les vies de l'avenir. Voyez se succéder ainsi dans la mort et s'entasser pêle-mêle sur le rocher aride qui émerge de l'océan, lichens, champignons, mousses, lépatites, licopodiacées et fougères. Les algues marines et les varecs rentrent en scène sous forme d'un engrais précieux.

J'ai vu dans mes voyages les habitants de Roscoff sur

les bords de la Manche, en Bretagne, obtenir trois récoltes par an, au moyen de cette fumure.

Aux cryptogames encore incombe la charge de fonder
les terrains carbonifères. La géologie leur attribue le
charbon et la tourbe de l'époque dite *houillière*.

Enfin, cent mille espèces de plantes peuvent dire avec
fierté en les montrant : Voilà nos ancêtres !... Notre tissu
et nos fibres sont les fils et les filles de leur trame cellulaire. Vienne l'homme à son tour, l'homme interprète
de tout ce qui respire, pourra-t-il se taire en présence
de l'épurateur de son domaine ? Oh ! non, il n'y a pas
d'orgueil qui tienne, il dira : petit cryptogame, en toi
je trouve un ami, et je salue un bienfaiteur !...

Que ne suis-je plus fort dans le calcul infinitésimal,
peut-être alors, pourrais-je vous dire, à mille ans près,
l'âge des premiers cryptogames ; mais devant un abîme
de siècles à sonder, la tête me tourne, je m'arrête.
Toutefois, je sais qu'ils datent du troisième jour de la
création, je dois vous prévenir que ces jours sont des
époques qui ont duré..... Dieu seul sait cela.

Les naturalistes, ont fait avec ardeur sur ce chapitre,
des hypothèses qui ne seront jamais que..... des hypothèses ; donc, il serait absurde de s'y fier. Malgré cela,
il m'importe beaucoup de savoir que leur origine vraie,
authentique, n'est ni en deçà ni au-delà du troisième
jour de la création, et qu'elle a une époque fixe et déterminée. Arrière donc la prétendue *génération spon-*

tanée des matérialistes et des athées. Arrière leurs théories fallacieuses et leurs expériences mensongères ou incomplètes.

Voici le texte des saintes écritures sur ce grand fait divin : *Et ait : Germinet terra herbam virentem et facientem semen, et lignum pomiferum faciens fructum juxta genus suum, cujus semen in semetipso sit super terram. Et factum est ita.* Dieu dit encore : « Que la terre produise de l'*herbe verte* qui porte de la graine, et des « arbres fruitiers qui portent du fruit, chacun selon « son espèce, et qui renferment leur semence en eux- « mêmes *pour se reproduire* sur la terre. Et cela se fit « ainsi. »

Et protulit terra herbam virentem et facientem semen juxta genus suum, lignumque faciens fructum, et habens unumquodque sementem secundùm speciem suam. Et vidit Deus quod esset bonum. » « La terre produisit donc de « l'*herbe verte* qui portait de la graine selon son espèce, « et des arbres fruitiers qui renfermaient leur semence « en eux-mêmes, chacun selon son espèce. Et Dieu vit « que cela était bon *et conforme à ses desseins.* »

Et factum est vespere et mane, dies tertius. Et du soir et du matin se fit le troisième jour.

M. Albert Dupaigne, dans son magnifique ouvrage intitulé : *Les Montagnes*, interprète ainsi ce texte : « Alors « la volonté de Dieu fut que ce sol se couvrît de verdure « (le mot hébreu traduit par *herbam virentem* ou *germen*

« convient aux végétaux les plus simples, algues, mousses,
« etc. Rappelons-nous les cryptogames de la houille),
« d'herbes à semence et d'arbres à fruits (classification
« utilitaire au point de vue de l'homme : la Bible ne
« s'occupe que de lui), chacun suivant une forme per-
« pétuée que nous nommons espèce. (La notion de
« l'espèce a là un honneur que n'ont pas d'autres points
« de l'histoire naturelle, et qui nous montre son impor-
« tance particulière) et tout cela s'accomplit ponctuelle-
« ment, et Dieu fut parfaitement obéi.

« Encore une confusion ou un soir, auquel succède
« un nouvel ordre établi ou un matin, c'est bien un
« troisième jour dans l'œuvre de Dieu. »

Chacun sent ici que l'orateur divin parle avec une
autorité souveraine et dans des termes, et avec une
clarté et une certitude qui n'appartiennent qu'à lui.
Nous sommes loin des pauvres hypothèses si contradic-
toires, de l'obscurité ignorante de la raison humaine.

Laissons donc la théorie de la *génération spontanée*,
comme une page maculée dans les œuvres de ceux dont
il sera toujours vrai de dire : *Errare humanum est*. Il
est de la nature de l'homme de se tromper.

CHAPITRE V

Les Cotylédons, la Racine, la Tige.

———

I. — LES COTYLÉDONS

Les ombres de Troie, d'Athènes et de Corinthe. — Il faut en prendre votre partie. — En grec *Cotulê*, écuelle. — Qui veillera sur le premier souffle de la jeune plante? — Comme c'est simple! mais que c'est complet! — Allaitement du bébé végétal. — Base de la classification des végétaux. — Rôle et explication de ces trois mots : *acotylédoné, monocotylédoné, dicotylédoné*. — Un magasin de provisions pour tous les goûts, en rapport avec tous les tempéraments, c'est l'*albumen* des graines. — Oh! comme la générosité de Dieu est visible dans la nourriture des plantes! — Cruelle expérience des savants. — Persécutions, tortures, rien ne réussit; la tigelle et le radicule retrouvent leur chemin. — Exemple de fermeté de caractère et de constance donné à l'homme par les végétaux. — Les feuilles cotylédonaires.

Cotylédon! n'est-il pas vrai, cher Léon, que vos soupçons d'autrefois contre les cryptogames, vous reviennent contre ce mot qui émerge des ombres de Troie, d'Athènes et de Corinthe? Que voulez-vous? il faut en prendre votre parti; les savants n'en font pas d'autres.

Et puis, soyez indulgent, peut-être vous-même, un jour serez-vous partisan de cette docte manie.

En grec, *Cotulè*, d'où vient cotylédon, signifie *écuelle*.

— Pourquoi donc mettre une écuelle en scène à propos d'une plantule qui vient de naître?

— Ah! pourquoi! vous ne le devinez pas, cher Léon? Cette pauvrette si intéressante, ne faut-il pas lui servir sa bouillie et son lait, la nourrir et pourvoir à tous ses besoins, jusqu'à ce qu'elle puisse le faire elle-même? Mais, dites-moi, malgré les privilèges de votre race, avez-vous bu et mangé seul à votre entrée dans la vie? Ne vous a-t-il pas fallu des langes, un berceau et surtout un biberon? Rappelez-vous les soins affectueux, empressés et incessants de votre mère ou de votre nourrice. Mais qui veillera sur le premier souffle de la jeune plante? Hélas! son père, sa mère, ses frères, ses sœurs et tous ses ancêtres sont immobiles.

... N'importe! je lui vois à son premier jour un confortable que pourraient lui envier les princes et les rois de la terre. Mais je dois le déclarer, devant ce phénomène providentiel, je suis émerveillé et je tombe dans un accès d'admiration irrésistible qui me fait dire : Que Dieu est bon, qu'il est grand et magnifique dans ses présents!

Les cotylédons! voilà, tout à la fois, les langes, le berceau et le biberon, l'écuelle et les nourrices de notre plantule. Comme c'est simple! Mais que c'est complet! Expliquons-nous : un pois, un haricot, un gland de chêne sont pour vous des choses familières; vous savez

que chacun d'eux se divise en deux moitiés plano-con-
vexes entre lesquelles est couché une sorte de petit
filet : eh bien, ces deux tranches de gland ou de haricot
sont les matelas ou le berceau et les langes du filet, ou
embryon, c'est-à-dire, la plantule proprement dite :
pendant le travail de la germination, elles se métamor-
phosent en nourrices ; de dures qu'elles étaient, elles se
ramollissent dans le sol humide et se remplissent d'une
sorte de bouillie de fécule plus ou moins liquide dont se
délecte le bébé végétal. C'est à cause de cela qu'on les
a appelées écuelles. Mais en réalité ce sont deux feuilles ;
feuilles rudimentaires et surtout nourricières du germe
nouveau-né.

En communication directe avec ces deux succulentes
mamelles, notre gentille plantule n'est nullement à
plaindre ; elle est immergée, pendant toute la période
de son enfance, dans un lac de délices : n'avais-je pas
raison de dire que son sort, à son apparition sur la
scène pittoresque du monde végétal, surpasse la bonne
fortune de ceux d'entre les hommes, qui naissent sur
les marches d'un trône ?

Nous voyons, par le tableau qu'elle nous offre, que
c'est par une sorte d'allaitement que sont nourris, tout
d'abord, la plupart des végétaux ; je dis la plupart, car
il en est autrement des cryptogames. Aussi, a-t-on dé-
mêlé, depuis longtemps, à travers les formes innombrables qui enrichissent le règne végétal, trois types tout

à fait distincts, dont on a fait trois classes ou *embran-
chemeyts*, malgré leurs diversités respectives. Cette
classification, vous le comprenez déjà, est basé sur l'absence, la présence et le nombre des cotylédons. Les uns
s'en passent, comme l'algue et ses alliés; les autres n'en
ont qu'un, tel est le *palmier*, et toute sa descendance;
enfin, il s'en trouve, et c'est le plus grand nombre, qui
en ont deux au moins, c'est le *chêne*, et la multitude
immense qui se rattache à lui, de près ou de loin, depuis
le cèdre du Liban, jusqu'à la violette de nos jardins.

Cette heureuse découverte a enrichi notre langue de
trois vocables parfaitement réussis, dans le genre terrible et ébouriffant, mais d'une signification admirable.
Je pense que vous ne les avez pas oubliés.

— *Acotylédoné*, *monocotylédoné*, *dicotylédoné*, j'ai
cherché à comprendre leur signification, dans mes racines grecques; mais je reste incertain.

— Pourquoi donc? Mais c'est simple comme bonjour,
cher Léon.

Acotylédoné signifie qui n'a pas de cotylédon (algues,
champignons, fougères, etc.).

Monocotylédoné veut dire qui n'a qu'un seul cotylédon
(lis, palmier, froment, tulipe, etc.).

Dicotylédoné, enfin, signifie qui a deux cotylédons
(chêne, amandier, prunier, orme, rosier, pois, haricot, etc.).

Je vous propose donc, pour mettre de l'ordre dans

notre étude, et vous en faciliter la mémoire, d'unir dans un même tableau cette classification des acotylédonés à celle que nous avons basée plus haut, sur la reproduction, cachée ou visible, des végétaux. Ainsi, nous dirons :

CRYPTOGAMES (*reproduction cachée*).

1er Embranchement : *acotylédonés* (végétaux sans cotylédons).

PHANÉROGAMES (*reproduction visible*).

2e Embranchement : *monocotylédonés* (végétaux munis d'un seul cotylédon).

3e Embranchement : *dicotylédonés* (végétaux munis de deux cotylédons, au moins); je dis au moins, car quelques plantes en possèdent six, neuf, jusqu'à quinze; ce sont les *pins;* dans ce cas, ils sont verticillés.

— Ne conviendrait-il pas de dire que toutes les plantules phanérogames ont une nourriture uniforme, et de même nature ?

— De même nature, oui; uniforme, non. Leur magasin de provisions s'appelle : *albumen*. Il ressemble un peu à la bouteille inépuisable du théâtre Guignol, avec la distance, toutefois, qu'il y a entre le mensonge et la vérité. L'albumen des graines possède des substances pour tous les goûts et pour tous les tempéraments : farine, fécule, chair végétale, miel, lait, sirop, huile fine, gélatine,

cornée, etc. Est-ce que l'office de votre salle à manger
offre une plus grande variété de substance culinaire et
alimentaire? Notez, je vous en conjure, que cette assertion n'est ni hasardée, ni exagérée; d'ailleurs, pour
vous en convaincre, soyons un peu indiscrets, ou plutôt
sollicitons la permission d'ouvrir l'escarcelle de quelques
plantes : Voici de la farine et de la fécule dans les tiroirs
du *sarrasin*, du *rumex*, du *froment*, etc.; voilà du lait
et du miel dans la tasse du *liseron*. Que vois-je? La *violette* et la *pensée* qui savourent une chair succulente et
tendre, comme une rosée. Ah! qui s'en serait jamais
douté!... Le *pavot* boit un verre d'huile épurée, comme
un tambour-maître avale un scrupule de trois-six.
Chacun son goût, car le *gallium*, le *caféier* et l'*iris* préfèrent, à tout ce qui précède, un quartier de cartilage,
de corne et de croquet.

Qui pourrait se dispenser ici encore d'admirer les
voies mystérieuses de l'adorable Providence! Oh!
comme la générosité de Dieu est visible dans la nourriture des végétaux!... Oui, amour, gloire et hommage à
Celui qui donne, chaque jour, la pâture au bourgeon
nouveau-né, comme au jeune oiseau du bocage!...

Quelques botanistes ont voulu savoir si la plantule
pourrait se passer de cotylédons et d'albumen; aussi,
lui ont-ils cruellement enlevé l'un et l'autre. Vous voyez
d'ici la scène, n'est-ce pas? De cette mutilation horrible,
il arriva que le pauvre germe naissant, de pâle qu'il

était, devint plus pâle encore; de bouffi, il devint
maigre, grêle, chétif; puis enfin, après une lente agonie,
il devint... mort! N'est-ce pas là l'histoire déchirante de
ces pauvres petits enfants de la Chine, que leurs parents
dénaturés jettent dans la rue, au moment de leur naissance, et dont personne ne se soucie? Sachons bien, et
n'oublions jamais, que Dieu n'a rien fait d'inutile dans
les trois règnes de la nature; supprimer les mamelles
végétales, ce serait trancher la vie au poupon; abattre
les feuilles nourricières, c'est tuer du même coup le
bourgeon; piller le magasin d'albumen, c'est apporter
la famine et la mort dans le berceau de la plantule. La
curiosité la plus docte aura beau faire, elle n'obtiendra
jamais, avec les végétaux, des résultats contre nature.
En voulez-vous un exemple péremptoire? Tenez, cher
Léon, en vertu des lois de la *polarité,* la tigelle doit
monter vers la lumière et le zénith, et la radicule doit
descendre et s'enfouir dans l'obscurité de la nuit éternelle. Eh bien, les naturalistes ont tout tenté pour faire
descendre la tigelle, et monter le radicule; ils n'ont
rien épargné pour amener l'une et l'autre à prendre
une fausse direction; graine renversée, terre suspendue,
tube constricteur, cercles, anneaux déviateurs, tout a
été mis en œuvre; mais il faut ajouter à la gloire de
notre gentille plantule, que tout a échoué: non, pas le
moindre succès! toujours et toujours, malgré les persécutions et les tortures, la tigelle et la radicule, en re-

trouvant leur chemin respectif, sont demeurées tenaces et fidèles aux lois et au gouvernement de leurs ancêtres.

Voyez donc, cher Léon, quelle noblesse de caractère l'on trouve dans les plantes, et quelle fermeté digne d'envie. Il en devrait toujours être ainsi, parmi les hommes, car quand on fait le bien, que l'on est dans l'ordre et dans la vérité, rien ne doit ébranler notre constance, ni faire varier notre stabilité établie sur une conviction acquise et raisonnée.

— Ces honnêtes cotylédons sont vraiment intéressants, j'allais dire édifiants, mais que font-ils après avoir nourri si fidèlement la plantule qui leur était confiée?

— Les uns meurent à leur poste, dans l'obscurité... et dans l'humidité du sol; les autres restent associés au sort de la plante novice, montent avec la tige, protègent le bouton terminal, et une fois arrivés dans les régions du grand jour et de la chaleur solaire, ils se transforment en feuilles vertes. On les nomment alors feuilles cotylédonaires. C'est un nouveau genre de travail et de vie, mais qui ne les gêne guère. Vite elles se confectionnent des utricules vertes et des pores, et ainsi munies, elles respirent et transpirent hardiment, c'est-à-dire elles absorbent du carbone, et elles dégagent de l'oxygène. Par là, comme vous le savez déjà, elles deviennent épuratrices de l'air, pour notre plus grand bien.

§ II. — LA RACINE

Retournons à nos avant-postes, dans le sol humide. — Elle tient en main les destinées du végétal — Racine en l'air, renversement des forces végétales, végétation. — Axe de l'arbre au collet de la racine. — La racine a deux fonctions. — Les exploits poétiques de la racine. — Cancans des botanistes sur son compte. — Allons! Allons! Ouvrières d'en-bas, courage! en avant! — Les laboureurs rencontrent souvent des racines de 100 mètres de longueur. — Son instrument de résistance et de perforation s'appelle : *piléorhize*. — *Spongioles*. — Théorie des *sympathies* et des *antipathies*, *sécrétions radiculaires*, *excrétions*. — Pas un mot de vrai! — Les bâtards de la science. — Répulsions chimériques que le monde végétal ne connaît pas. — Fonctions des spongioles dans l'approvisionnement des garde-manger. — Hommages à celui qui a placé des milliers d'éponges, où le besoin de boire est si impérieux. — Énumération détaillée des sources diverses des éléments gazeux, alcalins et autres que la racine puise dans le sol obscur et humide. — Ravissement de l'esprit devant cet incommensurable laboratoire de chimie. — Physionomie des racines aériennes, *adventices*. — Parasites et mendiantes. — Signalement des racines aquatiques. — Les élèves de l'école d'horticulture. — La racine la mieux formulée avec sa double nature : crampon et suçoir. — Ses dénominations nombreuses.

La racine : pour l'étudier avec soin, connaître sa nature, assister à son travail, voir sa forme, ses instruments, son ardeur et son utilité, nous devons, il n'y a ni rhume, ni rhumatisme qui y fassent, nous blottir, encore une fois, tout près d'elle, dans le sol humide. Déjà, à ces avant-postes, nous avons signé l'acte de naissance de notre jeune conquérante; nous avons aussi constaté sa séparation irrévocable de la tige; nous l'avons vue ferme, résolue, intrépide, se rendre aux sources ténébreuses de la vie, où elle restera à jamais. Là, elle est dépositaire des clefs de la vie et de la mort du végétal, qui se fait admirer au-dessus d'elle. La tige, les branches et les feuilles, sans excepter les fleurs et les fruits de ce

fier personnage, ne vivront et ne brilleront qu'autant
que la racine et ses radicelles le voudront. Toutefois, il
est juste d'ajouter qu'il y a tellement unité de forme et
de vie organique entre la racine et la tige, toutes deux
munies de leurs accessoires, que l'arbre ne peut pros-
pérer, qu'autant que chacune d'elles restera dans le
milieu qu'elle s'est choisi, dès le premier jour. (Je parle
des phanérogames.) Ce qui prouve cette unité de vie et
d'organe, c'est que vous pouvez mettre la tête de l'arbre
en terre, et sa racine au soleil, sans pour cela compromettre son existence. Voici ce qu'il arrivera : A la place
des feuilles, qui pourriront, il se développera des fibrilles
radiculaires, et sur les racines, on verra naître des
feuilles; l'individu aura renversé ses forces végétales,
et la circulation de sa sève. Ce n'est pas plus difficile
que cela, pourvu que vous procédiez lentement, et avec
douceur, avec ce grand improvisateur; mais toujours
est-il, vous le voyez, que l'individu ne consentira à vous
être agréable, qu'autant que l'une de ses extrémités sera
en terre, et l'autre au grand air. Ah ça, c'est une loi
qu'il n'est pas maître de changer, si habile bourgeonneur
qu'il soit.

L'axe de l'arbre (généralisons un peu plus), disons
l'axe du végétal, se remarque au collet de la racine, qui
est comme la borne de démarcation de ses deux moitiés.
En descendant vers le laboratoire de la sève rudimentaire, nous rencontrons le tronc, les rameaux, les

fibrilles ou radicelles et le chevelu de cette moitié inférieure de la plante; sauf la couleur qui est blanchâtre,
c'est exactement la répétition des organes qui vivent au
grand jour : tronc, branches et feuilles, et cela, ordinairement dans les mêmes proportions de longueur.

La racine a deux fonctions : fixer l'arbre au sol et le
nourrir quel temps qu'il fasse : pluie, sécheresse, tem-
pête, ouragan, elle doit pourvoir et subvenir victorieuse-
ment à tout. Aussi a-t-elle des crampons et des suçoirs à
toute épreuve. C'est à l'aide de ces instruments qu'elle
s'en ira aux provisions; car il faut vivre, et pour vivre,
il faut boire; aussi les voyons-nous courir à la recherche
des ruisseaux et des terrains humides avec une intré-
pidité que rien n'arrête. Non, elle ne connaît ni
obstacles ni difficultés : les terrains les plus compactes,
les roches les plus dures, les murailles les plus épaisses,
elle passe à travers. Faut-il s'incliner, se courber,
passer à gauche, cheminer à droite, revenir sur ses pas,
retourner en avant? Toutes ces inflexions laborieuses
sont exécutées avec une persévérance que rien ne
rebute; — elle sait éviter les fossés desséchés, qui lui
seraient funestes; elle excelle dans l'art de tourner les
difficultés, qui seraient invincibles pour une attaque de
front.

En vérité, les exploits de la racine pourraient être
chantés par les poètes, tant le merveilleux y abonde.
Cependant, qui le croirait? Les actes héroïques de cette

austère personne ont trouvé des incrédules et des dé-
tracteurs parmi les botanistes. Ceux-ci, oubliant cet
axiome : « *Ab actu ad posse valet consecutio,* de l'acte
au pouvoir, la conséquence est rigoureuse, » ont dit :
« L'extrémité de la racine est trop chétive, trop fili-
« forme, trop tendre, trop en formation constante pour
« opérer un travail si robuste; pensez donc, couper,
« fendre, dissoudre, perforer les murailles et les ro-
« chers; impossible! » Cependant, Messieurs, ce miracle s'étale en mille endroits, de l'orient à l'occident,
et du midi au nord; donc, il est possible!

N'importe! Pendant que les savants font des cancans
sur son compte, la racine juxtapose ses utricules naissantes à son extrémité, s'allonge, sillonne le sol, le
fouille nuit et jour en tous sens, boit les sucs dont elle
est si friande, absorbe par tous ses pores les aliments
qu'elle doit transmettre à la colonie aérienne, qui, à
chaque instant, lui crie : Allons! allons! ouvrières d'en
bas, courage! en avant! C'est que là haut, sous les
chauds rayons du soleil, au milieu d'un air embrasé,
malmené du matin au soir par un vent desséchant, on
sue, on transpire, on respire ardemment; de là une
soif brûlante, et ce cri désespéré : A boire! à boire!

Les naturalistes ont beau faire les sceptiques, la
racine n'en continuera pas moins à écrire sous leurs
yeux, en caractères immenses, l'histoire de ses œuvres
merveilleuses, et les terrassiers et les laboureurs, qui se

passent bien d'être savants, soutiendront, au besoin, à
tout venant, qu'ils rencontrent souvent des racines de
cent mètres de longueur. Que l'on dise que Dieu a
imposé à un pauvre *chevelu* radiculaire une rude be-
sogne, je l'accorde; mais nier l'œuvre, parce que l'on
ignore l'outillage de l'artiste, c'est une odieuse injustice.
N'aurait-on pas mieux fait de supposer tout de suite que
chaque radicelle est munie à son extrémité d'un instrument qui remplit les fonctions d'un coin, d'une pioche,
d'une lime, d'une scie ou d'un burin?

La plupart du temps, les hypothèses ne sont que des
rêves creux, qui ne prouvent rien; mais celle-ci, par
exception, eût été l'expression de l'exacte vérité. En
effet, n'admet-on pas aujourd'hui que chaque radicelle
est munie à son extrémité de ce que l'on appelle :
Piléorhize? Nom burlesque, qui, en grec, signifie coiffe,
capeline, fourreau; voilà l'instrument de résistance et
de perforation; voilà la cuirasse sur laquelle s'accumulent et travaillent toutes les vaillantes petites ouvrières.

L'élongation de chaque radicelle s'opère sous la protection de la piléorhize et dans les seules utricules qui
s'attachent à elle. Tout le travail du développement en
longueur est là, dans les deux ou trois cellules appelées
spongioles, qui sortent de la piléorhize. Cette dernière,
toujours au premier rang, toujours à l'assaut dans des
efforts souvent suprêmes, finit par durcir dans une sorte

de vieillesse : mais elle porte, en elle-même, la puissance de se rajeunir chaque année, en se dépouillant des utricules calleuses et inutiles qu'elle remplace simultanément à l'intérieur. Ce désagrégement produit comme une exfoliation de pellicules, qui, se putréfiant dans le sol, explique la viscosité de la couche où se trouvent ces sécrétions radiculaires.

A la vue de ce phénomène, certains botanistes ont affirmé qu'il y avait parmi les plantes, comme entre les hommes, des *sympathies* et des *antipathies*. C'est déjà très ingénieux, n'est-ce pas ? Mais ils ne s'en sont pas tenus là : ce que nous appelons modestement *sécrétions radiculaires*, ils l'ont nommé tout crûment : *excrétions*. Oui, ils ont cru que les végétaux exsudaient dans le sol des excréments... proprement dits, et voulant épuiser la matière, ils ont pris ces déjections pour servir de base à leur théorie des *sympathies* et des *antipathies*.

Laissons ces résidus et la théorie grotesque qui s'y rattache ; car s'il y avait là un mot de vrai, un seul ! on pourrait dire : Le règne végétal est un mythe ; il n'a jamais existé ; oui, s'il faut admettre que l'empoisonnement, l'assassinat, le carnage et le suicide sont possibles parmi les plantes, nos prairies, nos champs de céréales, nos landes de bruyère et nos forêts ne sont plus que des trompe-l'œil ; mais rien de plus !

— Ah ! les savants, font-ils voir l'impuissance et les erreurs de leur génie, quand ils veulent avancer trop vité dans les œuvres, même visibles, de l'intelligence infinie?

— Les vrais savants, mon cher Léon, sont rares et modestes. Ils font peu d'hypothèses, jamais de théories hasardées et douteuses; ils aiment la vérité, la cherchent de bonne foi, sans parti pris, et ils ne la voient qu'en Dieu et dans l'ordre et l'harmonie qui règnent avec éclat dans ses œuvres. N'oubliez donc pas que ce ne sont que les bâtards de la science qui édifient tous ces châteaux de cartes que nous rencontrons çà et là sur notre chemin. Cette association de malfaiteurs est si nombreuse qu'il faut être sans cesse en garde contre les surprises. Honneur, amour et vénération aux vrais savants aimés de Dieu et amis des hommes! Mais silence, oubli et défiance autour de la bohême littéraire.

M'objecteront-ils la théorie des assolements si chère à nos bons laboureurs? Cette coutume de faire alterner les récoltes n'a jamais eu d'autre raison dans l'esprit des agriculteurs qu'un défaut d'engrais. Si l'ivraie nuit au froment, c'est parce que l'un et l'autre se nourrissent des mêmes sucs, et non par antipathie réciproque. Les céréales ne sont heureuses de succéder aux légumineuses que parce que celles-ci ont un goût différent de celles-là, et non par sympathie; c'est ainsi qu'un festin servi en gras et en maigre à des convives qui ne supportent que le gras pourrait le même jour ou

le lendemain faire les délices de personnes qui n'aime-
raient que le poisson, les œufs et les légumes. Fau-
drait-il, pour cela, dire qu'il y a sympathie entre ces
mangeurs, qui ne se sont jamais vus? Ce ne serait pas
plus ridicule que d'attribuer la théorie des assolements
à des ardeurs et à des répulsions chimériques que le
monde végétal ne connaît pas.

Ne prêtons pas nos passions à la matière organisée;
ce serait lui supposer injustement une souillure, dont
elle est incapable. Le roi de nos forêts n'est pas un souverain déchu de sa gloire primitive; sa race n'est nullement flétrie; aucune trace de châtiment n'apparaît dans
cette innombrable famille. La loi qui lui a été imposée
au premier jour est toujours en vénération parmi ses
membres, et restera son code bien-aimé jusqu'à son
dernier rejeton.

— A propos de festin, quel est celui de la racine,
douée, paraît-il, d'un brillant appétit?

— Pour satisfaire son appétit le plus robuste, le plus
corsé, disons le plus insatiable que l'on ait jamais vu,
la racine s'allonge sous l'égide de sa piléorhize, et s'en
va aux provisions. Oh! quelles provisions? De l'acide
carbonique, de l'ammoniaque et des sels alcalins ou
terreux, dissous dans l'eau, voilà tout! C'est par absorption qu'elle s'empare de ces substances. Cette ardente
aspiration s'opère par tous les pores du corps radiculaire à la fois, nous l'avons déjà insinué plus haut, mais

particulièrement par les *spongioles*, qui terminent les *fibrilles* à la base de la piléorhize. Ces spongioles, dont quelques botanistes ont essayé en vain d'amoindrir l'importance dans ces derniers temps, sont composées d'un tissu cellulaire, récemment formé et dépourvu d'épiderme. De là leur force aspiratoire. Tous les végétaux sont poreux; mais l'éponge l'est plus que les autres, et ici encore je rends mes hommages à Celui qui a placé des milliers d'éponges où le besoin de boire est si impérieux, et si décisif pour la santé et la vie de l'individu. Oui, cher Léon, ce mécanisme est admirable et sublime! Ah! que nous sommes loin des œuvres des hommes, pâles copistes des chefs-d'œuvre de Dieu!

— Mais d'où proviennent les éléments gazeux, alcalins et autres que la racine puise dans le sol obscur et humide?

— Ici, mon cher Léon, vous allez commencer à comprendre l'importance de ma lettre intitulée : *des Mystères de la vie végétale et animale ;* car tous les éléments primitifs, dont elle parle, vont reparaître sur la scène pour y jouer un rôle immense. Commençons : L'acide carbonique provient : 1° des eaux pluviales, qui l'ont dissous, en traversant l'atmosphère ; 2° de la décomposition lente de l'*humus* et du *terreau*, dont le carbone se combine avec l'oxygène de l'air que l'on tient en dissolution.

L'ammoniaque provient : 1° des pluies d'orage, dans

lesquelles, sous l'influence de l'électricité, il s'est formé de l'azotate d'ammoniaque; 2° de la putréfaction des matières végétales ou animales, dans lesquelles l'hydrogène et l'azote se combinent à l'état naissant; 3° du contact de certains oxydes métalliques avec l'eau : celle-ci est décomposée, et son hydrogène *naissant* se combine avec l'azote de l'air, qu'elle tenait en dissolution; ce phénomène s'opère en grand dans les terrains ferrugineux et alumineux.

Les éléments de l'acide carbonique (*oxygène et carbone*), de l'ammoniaque (*hydrogène et azote*), de l'eau (*oxygène et hydrogène*), et le *soufre* des sulfates solubles de l'eau suffisent à la fabrication de la plupart des matériaux qui constituent le végétal. Le carbone de l'acide carbonique, en s'unissant aux éléments de l'eau, forme la *cellulose*, le *ligneux*, le *sucre*, la *gomme*, la *fécule*, etc.; un excédent d'oxygène produit les *acides* végétaux: un excédent d'hydrogène, la *chromule*, les *huiles*, les *résines*, etc., l'azote de l'ammoniaque, s'ajoutant aux éléments de l'eau et l'acide carbonique, donnent naissance aux *alcalis* végétaux; enfin, le soufre, uni à l'azote, à l'oxygène, à l'hydrogène et au carbone, forme trois substances organiques de composition semblable : la *fibrine*, l'*albumine* et la *caséine;* ces substances sont la partie essentiellement nutritive du végétal pour les animaux; sans elles, il ne peut se former de sang, et on les retrouve toujours dans ce liquide.

N'est-il pas vrai, cher Léon, que le cœur est ému de joie autant que l'esprit est ravi d'admiration devant cet incommensurable laboratoire de chimie ? Quelle simplicité dans les harmonies et la magnificence de ces opérations grandioses ! Quelle abondance ! quelle justesse ! Quelle précision dans les résultats ! Quelle unité profonde dans la variété la plus inouie ! Voyez, comme tous les éléments s'entendent, s'associent pour composer des substances qui se transformeront elles-mêmes, jusqu'à ce qu'elles soient devenues : ici, verdure, prairies et nappes de fleurs ; là, bois d'industrie et de chauffage ; plus loin, tissus, légumes, fruits, liqueurs, fécule, amidon et farine ; en un mot, agrément et nourriture de l'espèce humaine. Vit-on jamais une manifestation plus solennelle de la bonté et de l'amour de Dieu envers l'homme dont il a fait par un nouveau miracle de sa puissance, comme un résumé de tous les êtres créés, visibles et invisibles : esprit et matière, ressemblance de Dieu et abrégé de l'univers.

La racine proprement dite, celle qui a conscience de ses devoirs, est fille du sol et de la nuit ; mais il y a les racines aériennes, filles de l'air, véritables enfants perdus, aussi les appelle-t-on *adventives* ; racines d'occasion. Telles sont les racines des parasites qui vivent sur l'écorce des arbres. D'ailleurs, elles peuvent se développer soit naturellement, soit par des excitations factices de la culture sur la plus grande partie des végétaux.

Elles descendent des branches supérieures et restent
flottantes dans l'atmosphère. Voici leur signalement :
Teint gris clair, presque blanc, souvent luisant, manteau
sans épiderme composé d'une couche superficielle
de cellules lâches entre lesquelles l'air circule librement.

— Je les crois bien à plaindre ; car, quand on est
racine, il faut boire, pomper et sucer sans relâche
d'une aurore à l'autre ; boire toujours !

— D'abord, je vous en ai prévenu, cher Léon,
ce sont des parasites sans gêne et de moralité plus que
douteuse. Elles vivent sans scrupule sur le bien d'autrui
et avec la travail du voisin ; puis elles mendient sans
dignité les vapeurs d'eau qui flottent dans l'air et elles
pompent les rosées abondantes dont elles sont couvertes tous les matins dans les pays tropicaux, leur
patrie.

Quand elles peuvent agrafer le sol, elles s'y cram-
ponnent et ne tardent pas à mourir d'indigestion ou à
bouffir d'embonpoint ; dans ce dernier cas, qui est le
plus commun, elles forment vite des troncs comme d'é-
normes piliers sous les branches qui les portent ; ainsi
donnent-elles, à leur tour, de nouveaux sujets qui,
d'arcade en arcade, peuvent fournir une forêt avec un
seul arbre : tel est le figuier du Bengale.

Les touristes visitent à Roscoff, en Bretagne, dans le
jardin de M. le Juge-de-Paix, un figuier qui est un assez

joli spécimen en ce genre. Je suis allé, tout exprès, à Roscoff pour me rendre compte de ce phénomène, et je suis demeuré enchanté de mon excursion.

Quelquefois, ces racines adventives sont si nombreuses qu'elles se soudent entre elles, forment un filet de leur lacis et arrêtent ainsi la poussière et tous les corpuscules organiques et inorganiques de l'atmosphère, pour s'en faire un terrain de fantaisie. Voilà ! quand on est honnête, on travaille assidûment, on vit de peu ; mais on respecte la propriété de son voisin. N'est pas socialiste et voleur qui veut : quand la conscience est droite, elle préfère l'honneur et la vertu à l'abondance et aux richesses.

Il y a encore les racines *aquatiques*. Celles-ci flottent en nappes vertes sur nos mares et nos ruisseaux. Tout le monde les connaît. Elles s'allongent pâles et blanches quand de la mare on les a transplantées dans un vase rempli d'eau ; mais elles ne cherchent nullement le sol ; à quoi bon ? Pauvres nymphes sans force et sans énergie, que feraient-elles dans les grands chantiers de la vie végétale ? Je leur préfère les *boutures* et les *marcottes* qui toutes adventives qu'elles soient, n'en sont pas moins de solides commères. Celles-ci, vous le savez, sont généralement élèves de l'école d'horticulture.

La racine la mieux formulée se trouve chez les Dicotylédonés : là, on la voit dans la plénitude de ses fonc-

tions, et avec sa double nature : crampon et suçoir
tout à la fois ; cumul complet, absolu : se tenir et manger en même temps, saisir et absorber tout ensemble,
que voulez-vous de plus ? Aussi, rien ne lui manque
pour la consolidation du végétal ; pivots, pattes, crochets. C'est pourquoi on lui a donné des dénominations
nombreuses dont il serait injuste de vous priver, cher
Léon. En voici la liste :

Souche, Racine.

Rhizome, c'est la souche qui rampe horizontalement
dans la terre (iris).

Tubercules, quand il se forme au milieu de leur tige des
dépôts de fécule (pomme de terre, topinambour).

Racine noueuse, quand les fibrilles se renflent de distance en distance (filipendule).

— *fibreuse*, composée de minces filets allongés
(paturin).

— *pivotante*, présentant la forme d'un cône enfoncé
dans la terre (carotte).

— *napiforme,* en forme de pyramide renversée.
(radis).

— *tubéreuse*, offrant un faisceau de fibres très-ren-
flées au milieu (dahlia).

— *simple*, qui est sans ramification (carotte, navet,
betterave).

— *rameuse* ou *composée,* qui est divisée en branches
elles-mêmes ramifiées (chêne, orme, noyer).

Racine stolonifère, ayant des stolons (fraisier).

— *ligneuse*, de la nature du bois (chêne, orme).

— *charnue*, pulpeuse, grosse et tendre (betterave, carotte).

— *bulbeuse*, composée d'écailles charnues (oignon).

— *annuelle*, qui périt chaque année (laitue, romaine).

— *bisannuelle*, qui dure deux ans (salsifis).

— *vivace*, qui vit plusieurs années. (Tous les grands végétaux).

— *cespiteuse*, qui produit une touffe de tiges et de feuilles à sa base (violette).

§ III. — LA TIGE

La tige! organe fantasque, le plus capricieux de toute la plante. — Que penser des acaules des anciens? — Comment suivre cette volage dans ces évolutions infinies. — Au milieu de cette pépinière du bon Dieu, notre intelligence est comme enivrée. — Échelle de gradation des végétaux : *herbe, sous-arbrisseau, arbrisseau. — Arbuste, arbre.* — Mystères de la tige. — Types généraux : *tubercule, rhizome, hampe, chaume, stipe* et *tronc.* — Développement de chaque type. — Appareil pneumatique, respiratoire et digestif. — Dieu est là. — La ligne caractéristique pour distinguer une tige d'une racine, c'est le bourgeon. — Présentation de deux jongleurs des plus excentriques. — Il est clair qu'il y a de la comédie là-dessous.

La tige, voilà l'organe le plus fantastique, le plus capricieux de toute la plante. Donc, attention ! cher Léon.

La tige ou axe du végétal est cette portion de la plante jeune éclose que la polarité attire vers le jour, fait monter dans l'atmosphère sous les regards ardents du soleil ; c'est tout à la fois le cou, la colonne vertébrale, le tronc et le corps de l'individu sorti de la graine. Il va sans dire que la tige se retrouve toujours et de toute nécessité dans tous les végétaux : sauf pourtant chez les premiers-nés de la nature qui, gélatineux, fongueux ou lamellés ne nous offrent que des formes élémentaires (algues, champignons ou lichens).

Les *acaules*, c'est-à-dire sans tige, des anciens botanistes, existent-elles ? La Rave, la Carotte, la Betterave et compagnie dont la tête et la racine semblent se toucher sont-elles sans corps comme les savants d'autrefois l'ont bravement soutenu ? Assurément non. Courte ou longue, rampante ou dressée, grosse ou petite, ronde ou carrée, tranchante ou crevassée, noueuse ou articulée, triangulaire ou polygonée, raboteuse ou ponctuée ; glabre, lisse et pubescente, soyeuse, velue, laineuse et hérissée ; cuisante, aiguillonnée, épineuse ou nue ; écailleuse, engainée, imbriquée et ailée; simple ou rameuse la tige est nécessaire à la plante comme le thorax l'est au corps humain ; comme lui elle est le magasin, l'entrepôt général des provisions indispensable à toutes ces générations végétales qu'elle portera dans ses bras pendant un siècle peut-être.

Les différents qualificatifs que je viens d'employer pour vous indiquer en passant quelques-unes de ses transformations innombrables, vous disent assez, cher

Léon, qu'elle essaye de tous les types, courant d'un extrême à l'autre, se donnant toutes les circonférences, changeant de vêtement et de figure à chaque instant, parcourant tous les degrés de longévité et de densité, depuis le fragile brin d'herbe jusqu'au robuste chêne séculaire. C'est un tourbillon véritable. Comment suivre cette volage dans ses évolutions infinies ? Je n'ose prendre cet engagement, cher enfant, mais ce que je vois de plus clair ici encore, c'est l'empreinte du doigt de Dieu, de sa grandeur et de sa puissance. Je ne m'explique un peu la raison des transformations incalculables que nous rencontrons dans chacune des parties des végétaux que par l'idée ou l'image que Dieu a voulu mettre partout sous nos regards de ses perfections infinies, et du bonheur varié, multiforme, de ses élus dans le paradis.

Oui, notre intelligence est comme enivrée au milieu de tant de merveilles qui débordent immensément sa capacité. Humilions-nous, mais sans perdre courage, visitons ensemble cette pépinière du bon Dieu, qui se déroule jusqu'aux confins de la terre.

— Que faire dans ce dédale planté d'arbres gigantesques, garni d'arbrisseaux vivaces, décoré de sous-arbrisseaux et jonché d'herbe sans consistance, ni durée?

— Que faire, dites-vous? Mais continuer ce que vous avez si parfaitement commencé, en quelques mots et en un seul coup d'œil, ne venez-vous pas de décrire, de reconnaître et de signaler l'échelle de gradation des végétaux, quant à la durée et à la nature ligneuse ou herbacée de la tige? Je vais donc établir la série ascendante des tiges en ces termes : *herbe, S. arbrisseaux, arbrisseau, arbuste, arbre* qui correspondent à cette division : *annuelle, bisannuelle, vivace* et *ligneuse.*

Qui donc nous expliquera jamais toutes ces vicissitudes de forme et de durée de la tige? Essayons d'un innocent stratagème, grattons son écorce et voyons ce qu'il y a dessous; mais, comme toutes les indiscrétions, celle-ci ne nous rapporte que des fruits aigres, à la place d'une explication des mystères de la tige. Toutefois nous remarquons que sa consistance offre cinq états différents, suivant les familles et les espèces. Elle est : 1º *solide* dans le buis; 2º *spongieuse* dans le jonc; 3º *remplie de moelle* dans le sureau; 4º *pustuleuse* avec l'oignon; 5º *charnue* avec le cactus et l'aloès.

— Si j'étais aveugle, je vous assure que l'histoire de la tige du végétal me le ferait concevoir comme je ne sais quoi de fugitif et de fantasmagorique qui prendrait la forme de tous les objets qu'il rencontrerait pour se rendre par là plus insaisissable encore, et je ne voudrais pas poursuivre plus longtemps en vain cette chimère.

—Vous vous plaignez amèrement, cher enfant, ne vous ai-je pas prévenu que nous étions aux prises avec une

vraie magicienne? aussi vous rappellerai-je que c'est
dans les cas difficiles et avec les gens captieux qu'il faut
s'enfermer hermétiquemeut dans les principes et ne pas
s'écarter des règles élémentaires du raisonnement;
tenez; la plainte que vous venez de formuler m'indique
clairement que vous confondez l'espèce avec le genre et
le particulier avec le général. Vous connaissez parfaitement cette partie de chaque plante, qui porte les
branches, les feuilles et les fruits? c'est la tige prise en
général, correspondant au genre dans la nomenclature
botanique; mais devant la fascination des espèces qui
essayent de toutes les physionomies, la frayeur vous
prend et vous tombez de lassitude. Allons, courage!
nous approchons du but, et pour l'atteindre plus vite, je
vais fondre toutes les collections de tiges, en six types
généraux que nous nommerons : *tubercule, rhizome,*
hampe, chaume, stipe et *tronc.*

Commençons par le plus humble et le plus modeste,
j'ai nommé le tubercule. Vous connaissez, n'est-ce pas,
cher Léon, cette bonne mère nourrice des grandes
familles qui, sans éclat, en silence, enfermée dans
l'obscurité du sol, s'approvisionne de fécule, en un mot,
la vertueuse pomme de terre. Eh bien! c'est sa tige
souterraine que nous appelons *tubercule.* Quelques
botanistes lui ont contesté ce titre et se sont obstinés à
n'y voir qu'une racine, c'est une erreur; car ce qui dif-
férencie la racine de la tige, c'est la présence du bouton

qui ne se rencontre jamais sur la racine à l'état normal.
Or, les yeux que l'on voit encastrés dans les dépressions
de l'écorce du tubercule sont de véritables boutons; ils
se montrent avec ce caractère, en produisant des
rameaux extérieurs qu'il serait impossible de regarder
comme des racines adventives. Le tubercule de la
pomme de terre et du topinambour est donc une des six
physionomies principales de la tige.

Les *rhizomes* sont également des tiges couchées, ram-
pantes, d'allures souterraines. Ils se montrent tels dans
e *chiendent*, l'*iris*, la *succise*, la *sarriette*, les *pri-
mevères*, etc.

Quelques botanistes les appellent : *racines progressives*; mais cette désignation est insuffisante. Quoique
caché par la terre, malgré sa couleur blanche et sa peau
écailleuse, bien qu'enseveli comme la racine, le rhizome
n'en est pas moins une tige véritable et incontestable.
Le nom spécial qu'il a reçu indique qu'il est tout à la
fois souche et tige; aussi, émet-il à sa partie antérieure
des racines fibreuses, des feuilles et des bourgeons;
tandis que sa partie postérieure se détruit peu à peu
par l'âge. Vous devez comprendre, cher Léon, que
l'étiquette particulière qu'on lui a donnée n'est pas un
luxe littéraire inutile.

— Je trouve, en effet, cette étiquette si précieuse et si
nécessaire que sans elle, jamais je n'aurais accordé une
tige au pauvre et misérable chiendent.

— A côté des tiges renflées de la pomme de terre et des rhizomes fibreux et bourgeonnés de l'iris, plaçons une tige contractée jusqu'à la caricature, celle qui sort d'une touffe de feuilles superposées et amoncellées en écailles sur un plateau bizarre comme nous le montrent les lis, les tulipes, les muguets, l'oignon, les narcisses, les jacinthes, les gazons d'olympe et les pissenlits, par là, nous avons décrit la *hampe*, que certains botanistes rangent parmi les pédoncules. Nous ne saurions contester l'analogie qui a servi de base à leur classification.

La portion inférieure du plateau est hérissée de racines, tandis que la partie supérieure est assise sur le bourgeon qui deviendra la hampe que protègent des tuniques ou écailles superposées entre lesquelles se trouvent insérés d'autres bourgeons appelés *caïeux* destinés à répéter la plante.

En montant d'un degré l'échelle de la conformation progressive de la tige, nous arrivons au *chaume* : tige ordinairement creuse, entrecoupée de nœuds qui la dotent d'une force bien supérieure à la quantité de matière qui la compose. C'est le tube économique, élégant et léger des graminées, tels que le *froment*, l'*orge*, le *seigle*.

Puisque le chaume nous a introduit dans le domaine des monocotylédonés, saluons avec empressement le *stipe* ou *fronde*. Vous voyez, par là, cher Léon, que ces végétaux à une feuille séminale habitent toutes les latitudes. Le palmier, le cocotier, le dattier, que je vous présente ici, sous la forme d'un stipe, sont des étrangers pour nos forêts et nos rivages fluviatiles et océaniques. Malgré cela, je ne puis m'abstenir de signaler à votre admiration cette physionomie de la tige en général, comme la plus noble, la plus gracieuse et la plus majestueuse du règne végétal. Cette tige en colonne, aussi grosse en haut qu'en bas, est composée d'un amas de feuilles réunies par leur base, et qui, rangées circulairement par étages, forment une couronne à son sommet.

On donne le nom de *tronc* à la tige proprement dite; c'est-à-dire à celle qui ne rentre dans aucun des types précédents. Elle est la plus commune de toutes, parce qu'elle est l'organe principal de la classe innombrable des dicotylédonés ; tel est le tronc du chêne, de l'orme, du cèdre, du Boabab, etc.

N'avez-vous pas remarqué, cher Léon, que les six types de tige que nous venons de décrire pourraient se diviser trois par trois, en tiges souterraines et en tiges aériennes ? on rangerait du côté du jour les troncs, les stypes et les chaumes, et dans les régions de la nuit, on placerait les tubercules, les rhizomes et les plateaux.

Je suis quasi enclin à regretter que le père de la botanique, le profond Linné, n'ait pas écrit sur le corps des plantes : *division* au lieu de *tige*. Par là, il aurait exprimé rapidement toutes les fonctions présentes et futures

de cet organe. La tige est, en effet, le point d'instersec-
tion des deux hémisphères de l'individu. Debout dans la
plaine, elle sert de limite, de borne aux héritages rive-
rains; devant l'ouragan elle coupe le vent, partage la
foudre; véritable laboratoire de chimie, elle décompose
l'air et le gaz, dissout les corps simples, divise les corps
composés et les absorbe tous à son profit, au moyen
d'un puissant appareil pneumatique, respiratoire et
digestif, vraiment divin.

Oui, Dieu est là, cher Léon, et qui donc, en dehors de
lui, serait l'auteur d'un tel chef-d'œuvre? Loin d'avoir
inventé un prodige si grandiose, l'homme ne serait pas
seulement capable de réparer le moindre des millions
de clapets de cette pompe aspirante et refoulante, qui
viendrait à se déranger d'un quart de millimètre.

Cette tige sert encore à marquer avec exactitude, le
commencement et la fin de chaque sicle solaire, pendant son existence végétale. Les années de son séjour
en forêt ou en plaine, sur le dos des montagnes ou au
fond des vallées, sont inscrites avec ordre et symétrie
sur les feuillets concentriques que protège sa couverture
verte ou grise contre les regards indiscrets.

A chaque retour du printemps, ses ramifications
nouvelles, l'épanouissement de ses fleurs, la formation
de ses fruits étalent, au grand jour, un travail de division
qui se caractérise plus nettement encore, à l'automne,
par le décollement de ses fruits et la chute abondante

de ses feuilles. Plus tard, quand la cognée du bûcheron
l'aura séparée du sol nourricier, on verra plus que
jamais que *Division* eût pu être son nom. En effet, elle
éclate spontanément sous les rayons du soleil; elle se
pulvérise dans la fournaise, s'émiette sous la scie, le
rabot et le ciseau du charron, de l'ébéniste et du char-
pentier.

Et quelque soit le milieu d'existence qu'elle choisisse;
la lumière ou les ténèbres, la terre ou l'air, ce caractère
lui reste.

— A propos de résidence, j'éprouve quelque répu-
gnance à classer parmi les tiges ces trois ouvriers
cachottiers et mystérieux que l'on appelle : rhizome,
plateau et surtout le tubercule; car, enfin, si c'est là une
tige, qu'est-ce donc qu'une racine?

— Tranquillisez vous, bon Léon. Malgré quelques
apparences contraires, la racine et la tige sont nettement
distinctes. Déjà je vous ai indiqué à cet effet, le signe
caractérisque de reconnaissance, c'est le bourgeon;
ainsi, ne l'oubliez pas; chaque fois que vous remarquerez
un bourgeon normal sur un organe quelconque, fût-il
filiforme, tuberculeux, droit, couché, souterrain,
aérien, vous pouvez dire avec certitude : ceci est une
tige.

Du reste, je dois vous avertir que cette étiquette n'est
pas seulement nécessaire pour les tiges souterraines;
mais aussi pour plusieurs de celles qui vivent au grand

jour, telles sont les tiges des cactacées. Voyez, cher
Léon, ces boules sillonnées et hérissées, ces raquettes
épineuses, ces colonnes cannelées, ces monstres velus de
toutes formes qui offrent un si étrange contraste, en
émettant au milieu de leur toison et de leurs poignards
des hampes florifères chargées des corolles les plus éclatantes. N'est-il pas vrai qu'avec leurs grotesques profils,
ils font l'effet de sujets mal intentionnés qui voudraient
jeter dans nos classifications botaniques les confusions
les plus inextricables? Mais que vois-je? la marque
infaillible de reconnaissance : des bourgeons! donc, si
laides, si difformes et biscornues soyez-vous, vous êtes
des tiges !

Avant de clore l'histoire des variations de la tige, je
tiens à vous présenter deux jongleurs des plus excentriques. Tenez-vous sur vos gardes; car ceux-là pourraient vous en conter. Voici d'abord le fragon ou petit
houx. On dit que tout végétal a une tige; où donc est
placée celle de ce petit original? Cet espiègle cache son
jeu et ses atouts, c'est-à-dire ses bourgeons et sa vraie
physionomie. En effet, ce que vous prenez, en toute
confiance, pour des feuilles est bel et bien des rameaux
plats portant des bourgeons à feuilles et à fleurs, et
même de véritables corolles. Maintenant, fiez-vous donc
aux apparences !...

Ce n'est pas tout, il nous reste encore à démasquer
demoiselle asperge. Avec ses airs de candeur, cette

petite sournoise déploie une habileté et un art raffinés,
pour nous dérouter et nous faire prendre le change !
Voyez un peu, cher Léon, elle nous présente des
tigelles démunies de tout signe de reconnaissance,
c'est-à-dire de bourgeons, voilà qui est vilain et insi-
dieux, surtout quand on fait parade d'un faisceau de
ramuscules. Il est clair qu'il y a de la comédie là-
dessous ; soyez sûr que le bout de l'oreille n'est pas
loin, cherchons donc : tenez, tenez, qu'est ce qui
tombe-là ? — Une écaille, oui une écaille ! Il est trop
tard, pauvre innocente, pour jouer sur les mots ; disons,
si tu y tiens, que les poissons et les huîtres ont des
feuilles, mais vois-tu, ton écaille à toi, si petite qu'elle
soit, est une feuille proprement dite, et comme c'est
justement à l'aisselle de cet organe que poussent les
boutons qui engendrent les bourgeons, d'où viennent
les ramuscules, les tigelles, ta petite comédie n'aboutit
pas, ma chère.

Jusqu'ici nous n'avons envisagé la tige que par son
extérieur le plus tangible. Nous connaissons ses dégui-
sements ingénieux, ses physionomies variées, ses types
divers que nous avons réduits à six principaux. Nous
sommes convenus que le bourgeon sera toujours le signe
caractéristique et infaillible pour reconnaître la tige, et
cela n'importe dans quelle situation et dans quelle condition soit-elle. La racine n'en a pas. Maintenant que la
cause est entendue sur ces différentes généralités,

passons, précisons, serrons notre sujet ; montrons, étudions de plus près cette tige que nous saurons désormais reconnaître sous tous les travestissements possibles ; essayons de pénétrer et de comprendre son organisation intime.

Structure ou organisation intime de la Tige.

Inventaire des richesses intérieures de la tige. — Entrons dans les détails et procédons par analyse. — Tissu fibreux, vaisseaux séveux, vaisseaux *propres.* — Modèles de pompes. — Si l'homme regardait bien il trouverait, parmi les végétaux, des modèles de toutes sortes. — Les sucs particuliers à chaque plante passent dans les vaisseaux *propres.* — Trois étapes pour arriver à la *zone génératrice.* — Différence entre l'*aubier* et le *cœur de bois.* — Il n'y a ici-bas, qu'une voie sûre pour s'élever. — Socrate. — Nuances multiples dans la couleur du bois. — Nous sommes en plein dans les obscurités du règne végétal. — Les quarante immortels de l'Académie. — Monsieur Duhamel. — Vie intermittente et âge du végétal. — Le mutisme du palmier.

D'abord, commençons par dresser sommairement l'inventaire des richesses intérieures de la tige en considérant les différents appareils, dont elle est munie pour sortir des langes d'algue visqueuse ou du champignon gluant, et devenir le tronc d'un futur colosse, orme, chêne, hêtre et sapin ! nous sommes ici dans le temple de l'ordre ; chaque agent y est à sa place, et chacun, suivant son rang, sa capacité et ses qualités. Voici dans son intérieur le mieux abrité, la substance médullaire, dont l'usage est de se distribuer dans toutes les parties de la plante, pour y entretenir la vie. Voilà, à travers les lames, les fibres, les mailles et les cellules, qui composent cet édifice admirable, les vaisseaux

séveux et les vaisseaux propres à l'espèce de la plante,
qui se croisent en tous sens avec les trachées et les
fausses trachées. Quel mouvement ! quelle harmonie !
Dieu qui veille sans cesse à la conservation des êtres
qu'il a créés, a eu soin de placer tous ces organes à
l'abri des lésions extérieures. Aussi, voyons-nous que
le faisceau médullaire, comme le plus essentiel de tous,
est logé le plus profondément. Son enveloppe, qui
se compose de toutes les couches ligneuses et corticales, est pour lui une égide contre le choc des corps
extérieurs.

Après ce coup d'œil général, entrons dans les détails
et procédons par analyse. Mettons d'un côté les différentes parties de l'écorce, tels que : 1° l'épiderme ;
2° le tissu cellulaire et subureux ; 2° le liber ou tissu
vasculaire et fibreux. Nous arrivons ainsi à la *zone
génératrice* ou coule le *cambium*. Franchissons ce
détroit et rangeons à part les différents appareils de
l'intérieur de la tige, tels que : 1° l'aubier ; 2° le cœur
de bois ou bois parfait ; 3° les fibres ligneuses et les
cellules ; 4° les vaisseaux séveux ; 5° les vaisseaux
propres à l'espèce de la plante ; 6° les trachées ou
rayons médullaires ; 7° les fausses trachées et la moelle,
ou *canal médullaire :*

1° L'épiderme est une membrane celluleuse, mince,
un peu diaphane, assez semblable à une lame de vélin,
qui recouvre toutes les parties des plantes. La pellicule

extérieure se nomme *cuticule*. Il se compose de trois
ou quatre couches d'utricules; le botaniste Duhamel
en a compté jusqu'à six dans le *bouleau*. « Les végétaux
« submergés n'ont point de cuticules. Il n'y a jamais
« de chlorophylle dans l'épiderme des plantes, mais on
« y trouve des *stomates* ou petites ouvertures commu-
« niquant avec les interstices du tissu utriculaire; les
« stomates destinées à aspirer l'air, manquent sur
« l'épiderme des racines et sur les feuilles submergées.
« Les stomates sont solitaires ou réunies; chez les
« monocotylédones, elles sont éparses et disposées en
« séries régulières. » (Chaudé, *Botanique descriptive*,
p. 36).

La couleur de l'épiderme est très variée : il se montre
blanc et argenté dans le *bouleau*; violet sur la surface
inférieure des feuilles de *cyclamen*; améthyste sur les
éryngiums; vert dans les jeunes pousses de la plupart
des plantes; jaspé dans l'*érable du Canada*, etc., il
varie encore dans la même plante, à raison de l'âge, de
la saison et du climat, suivant quelle est plus ou moins
exposée aux rayons solaires.

Certains arbres, comme le *groseillier*, l'*if* et le *platane*,
renouvellent leur épiderme chaque année. Il s'enlève
par plaques, se déchire plus facilement en travers qu'en
longueur, et se détruit avec l'âge dans la plupart des
vieux troncs. Il jouit d'une grande dilatabilité qu'il
montre surtout dans les *hêtres*; en général, il se dilate

d'autant plus et se déchire d'autant moins, que l'arbre
est plus vigoureux. La transplantation d'un arbre est
une cause certaine de déchirure pour son épiderme.

L'épiderme a une grande vitalité ; il se régénère
facilement et très rapidement ; il s'enlève aisément
pendant la sève et par l'ébullition. Son usage est
d'empêcher la dessication du tissu cellulaire qu'il
recouvre et dont il est bien distinct, tant par la forme
que par l'arrangement des utricules dont il est composé.

2° Le tissu cellulaire est placé sous l'épiderme. C'est
une substance celluleuse, verte, succulente, très humide
dans le temps de la sève, qui enveloppe toute la surface
de la partie corticale ou liber, depuis la racine jusqu'aux
feuilles.

« Ce tissu est la base de l'organisation végétale. Il se
« compose d'utricules closes et soudées ensemble, qui
« laissent entre elles, dans quelques points, des espaces
« appelés *méats*.

« La membrane utriculaire est mince et diaphane,
« et on considère comme pores ou fentes les points et
« les lignes transversales qui s'y trouvent. Les utricules
« contiennent des matières gazeuses, liquides et solides :
« les gazeuses sont l'air ; les liquides, la sève, les huiles
« grasses ou volatiles ; et les solides, un noyau où
« s'amassent des substances granuleuses, appelées
« *nucleus*. La matière colorante verte qui se trouve
« dans les végétaux se nomme *chlorophylle ;* elle se

« montre sous une forme soit gélatineuse, soit globu-
« leuse, et, dans les deux cas, contient de la fécule.

« On trouve dans le tissu cellulaire des cristaux de
« différents sels, composés de carbonate et d'oxalide
« de chaux ; on donne à la forme plus particulière de
« ces cristaux le nom de *taphydes*, qui sont des aiguilles
« ou des prismes excessivement grêles. Dans le tissu
« utriculaire nagent des granules de matières orga-
« niques azotées. Ce tissu se multiplie par l'addition de
« nouvelles utricules ou par la formation de cloisons
« dans l'intérieur des anciennes. » (Chaudé, *Botanique
descriptive*, page 34).

Ce tissu et la moelle ne sont que la même substance ;
son usage est de donner passage à la transpiration
insensible, et peut-être même sert-il à faire passer les
fluides absorbés de l'extérieur à l'intérieur. Cette couche
de tissu cellulaire placée sous l'épiderme, a été désignée
par M. de Michel, sous le nom d'*enveloppe herbacée*.
Suivant ce botaniste, elle forme par son exubérance
ces productions fongueuses, connues sous le nom de
liège ou tissu *subureux*.

3° Le *liber*. Voilà un mot que vous ne vous attendiez
nullement à trouver ici, cher Léon. Quoi ! un livre dans
l'écorce de chaque végétal ! Mais n'est-ce pas un rêve ?
Oh ! non, et même ce liber en est l'écorce proprement
dite. Je vais vous dire sans retard pourquoi on a donné
à cette partie de l'écorce ce nom caractéristique, c'est

parce qu'elle se compose à cet endroit de *feuillets* ou
lames appliqués les uns sur les autres comme ceux de
votre grammaire. Ils sont plus nombreux vers la base
de l'arbre. Chaque année, ajoute une nouvelle couche
à celles des années précédentes. Ainsi, sur un rameau
d'un an, il n'y en a qu'une; deux sur un de deux ans, etc.
On peut facilement séparer les feuillets du liber. Cette
expérience se fait par voie de macération. Le liber est
placé immédiatement au-dessous du tissu cellulaire et
sur le bois. Les mailles que forme l'entassement de ses
lames sont bouchées par des prolongements du tissu
cellulaire. Elles sont plus serrées à l'intérieur, et elles
vont en augmentant et en s'élargissant à l'extérieur. Cet
état physique des mailles du liber nous montré que
l'écorce s'accroit du dehors en dedans. En effet, les
couches corticales se formant chaque année en dedans,
il faut que les feuillets du dehors, cèdent, s'ouvrent, se
dilatent, agrandissent leurs mailles; ce qu'ils font jusqu'à leur plus haute puissance de dilatation. Mais un
jour, le bois continuant de grossir, il se produit une
déchirure, et bientôt l'écorce de l'arbre est sillonnée de
crevasses, de cannelures, de fentes et de gerçures.

Déjà dans les couches du liber on voit apparaître le
tissu fibreux formé de cellules très allongées ou de
cubes très courts; primitivement simple, ses parois
s'épaississent au moyen de couches étroitement unies
qui s'y organisent. C'est ce qu'on appelle le *ligneux*, cet

élément tout spécial de la solidité du bois. Les feuillets du liber sont également sillonnés de vaisseaux qui proviennent de la transformation des utricules primitives en tubes. Aussi, distingue-t-on dans l'écorce deux ordres de vaisseaux. Les vaisseaux *séveux* et les vaisseaux *propres*, qui contiennent des sucs particuliers.

Les *vaisseaux séveux* vont de droite à gauche, forment des plexus à leurs points de rencontre, et font ensuite des sinuosités, des déviations et des écartements qui sont remplis par du tissu cellulaire. Leur nom indique suffisamment qu'ils ont pour fonction de charrier la sève ; Duhamel prétend y avoir vu, au moyen d'un microscope, des valvules de distance en distance. Toutes les pompes de nos jardins, et des places publiques ne seraient donc que de pâles copies des tubes qui garnissent la tige du moindre des végétaux, tant il est vrai que l'homme, ici-bas, n'a rien à inventer. Non, Dieu, en le condamnant à manger son pain à la sueur de son front, à cause de la chute originelle, a généreusement simplifié son labeur. Nous le voyons, cher Léon, partout, sous les pas comme sous les yeux de l'homme condamné au travail et à l'ignorance, Dieu a déposé et multiplié les modèles dans tous les genres possibles et jusque par delà les limites de... l'impossible ! Beaux-arts, construction, mécanique, économie, harmonie, grandeur, simplicité, variété et unité; rien ne manque au fils de l'homme pour exercer son intelligence, élever son cœur et occuper honorablement ses sens.

Les *vaisseaux propres* sécrètent des sucs particuliers
à chaque plante: le *pin*, le *sapin* en donnent de résineux; la *chélidoine* distille un suc jaune; les *tithymales*
une liqueur blanche. Ces vaisseaux n'ont pas la même
disposition que les précédents; ils sont placés parallèle-
ment de bas en haut. En coupant une tige ou un rameau
en travers, on voit sortir du plan de la section, des
gouttelettes d'une liqueur propre à chaque végétal. La
plus grande partie de cette liqueur sort de la tige, dans
quelque position qu'on la mette.

Après les étapes de l'épiderme, du tissu cellulaire ou
subéreux, et du liber avec ses fibres, ses tubes et ses
vaisseaux, nous rencontrons la *zone génératrice*. Mais
nous allons la franchir tout d'un trait, en silence. Bientôt
la sève descendante nous y ramènera. Nous voilà donc,
cher Léon, entre l'écorce et le bois; mais il y a deux
sortes de bois dans le tronc d'un arbre : l'*aubier* et le
cœur de bois. — Qu'est-ce que l'aubier qui se présente
le premier à nos investigations?

L'aubier est un bois qui, en attendant du temps son
complément de densité, de dureté, de solidité et de
finesse, sert d'enveloppe au bois parfait. Il ne diffère du
bois que par la couleur et la mollesse de son tissu.
Mais il montre une assez grande variété de nuances
dans cette double qualité. En général, les bois sont plus
colorés et plus durs sous la zone torride que sous la
tempérée. Et cependant, le plus léger degré de froid fait

périr les arbres des climats chauds, tandis que les plantes délicates des latitudes tempérées résistent aux froids les plus violents ; phénomène singulier qui rappelle aux savants leur condition d'intelligence obscurcie et de raison bornée. Dieu a placé ainsi, à des distances rapprochées, des crocs-en-jambes pour l'orgueil et la fatuité humaine. Cette démonstration est si évidente, dans l'étude des sciences naturelles, qu'il faut être plus qu'aveugle pour ne pas reconnaître qu'il n'y a, ici-bas, qu'une voix sûre pour s'élever : c'est l'humilité. Aussi, Socrate, disait : « Je ne sais qu'une chose, c'est que je ne sais rien. »

Il y a des arbres qui n'ont que de l'aubier. Ce sont des bois tendres qu'on désigne en général sous le nom de *bois blanc*; exemple : le *peuplier*, le *saule blanc*. Dans les bois demi-durs, comme le *hêtre* et le *charme*, il est difficile de distinguer par la couleur l'aubier du cœur de bois. La couleur du bois est sujette à de nombreuses variations; mais elle est surtout nettement tranchée dans les arbres à bois dur, tels que le chêne, l'orme et beaucoup d'autres encore, où le contraste est caractéristique. Le mûrier, par exemple, a le cœur brun et l'aubier jaune-clair; dans le noyer, ils sont, l'un, brun foncé, l'autre, blanchâtre; dans le cytise, la différence est encore plus tranchée, puisque le centre est noirâtre, tandis que le pourtour est de teinte très pâle; mais c'est dans l'ébène que le contraste acquiert son maximum de

netteté, le cœur est d'un noir parfait, l'aubier est d'un
jaune à peu près blanc. Toutefois, abstractions faites
des nuances, on doit dire que l'aubier est ordinairement blanc, et que le bois parfait est d'un ton plus
foncé.

— Combien faut-il de temps à l'aubier pour être du
bois parfait?

— Je n'en sais rien, mon cher Léon, et, à cet égard,
je ne pense pas que les quarante immortels de l'Académie soient plus avancés et mieux renseignés que moi.
Nous sommes dans les obscurités du règne végétal. Les
mystères y abondent, aussi, la foi est-elle requise à
chaque instant de ceux qui n'ont pas d'autre lumière
que les données de la science pour parcourir les gracieuses sinuosités de ce labyrinthe sans fond et sans fin.

Néanmoins, Duhamel a cherché la solution de votre
problème. Voici ce qu'il a trouvé : sur deux individus
du même âge, sciés transversalement, il a compté sur
l'un, sept à huit cercles d'aubier, et sur l'autre dix-huit
à vingt; il ajoute qu'il est constamment plus épais dans
les arbres vigoureux que dans ceux dont la végétation
est faible, quoique les couches soient plus nombreuses
dans ces derniers. Il observe aussi que souvent le tronc
du même arbre a plus de couches d'aubier d'un côté
que de l'autre, et que leur épaisseur est d'autant plus
grande qu'elles y sont en plus petit nombre. On a remarqué que du côté où l'aubier a le plus d'épaisseur et

moins de couches, celles du *cœur* sont également plus épaisses, mais en même temps plus nombreuses, parce qu'il est de fait que plus la végétation a de force, soit dans un arbre entier, soit dans une de ses parties, plus l'aubier se convertit promptement en bois parfait.

De ce qui précède, nous pouvons conclure que les délais de la conversion de l'aubier en bois parfait dépendent de la qualité du sol où l'arbre est planté. Le terrain est-il aride? beaucoup d'aubier; est-il fertile? beaucoup de bois et peu d'aubier. En d'autres termes, la perfection du bois vient de la belle et forte végétation.

Nous atteignons le n° 2 de notre inventaire des divers appareils de l'intérieur de la tige : le *cœur de bois*. Sauf la dureté, la couleur et la finesse de son grain, sa nature est la même que celle de l'aubier. L'un et l'autre sont composés de couches dont les extérieures enveloppent les intérieures en forme de cônes concentriques, dont l'axe commun est creusé en un canal connu sous le nom de *canal médullaire*, pour loger la moelle, qui projette des irradiations vers la circonférence.

— Je saisis maintenant la distinction qui existe entre le cœur de bois et l'aubier; mais j'aimerais à connaître comment se fondent ces deux éléments constitutifs du tronc de l'arbre.

— Votre légitime désir sera satisfait quand, témoins étonnés, nous assisterons au mouvement saccadé, aux œuvres interrompues et au fait lui-même de la vie végétale.

En vérité, drôle de vie que celle-là ; tour à tour bouillante d'ardeur et glacée d'inertie, elle grave sur les tissus de notre tige l'image et comme l'expression convulsive de son intermittence. Regardez ce tronc d'arbre scié horizontalement, chacun de ces cercles concentriques si puissamment emboîtés l'un dans l'autre est le résultat d'une année de végétation. Combien sont-ils ? Cent ? — Oui ; eh bien, l'arbre a vécu cent ans. C'est-à-dire que cent fois notre tige a endossé une nouvelle chemise qu'elle se confectionne, chaque année, pendant la période du printemps à l'automne ; puis elle dort tout l'hiver.

Grâce à ces emboîtements successifs que termine, chaque printemps, un bourgeon de formation nouvelle, la tige entière de notre arbre se trouve être la superposition de longs cornets qui, partant tous du sol, se recouvrent, et ne se dépassent que de la longueur du bouton terminal.

Il est donc évident que chaque tronc d'arbre renferme une succession véritablement annuelle de couches ligneuses, que l'on peut appeler, sans forcer trop la métaphore, le livre où l'arbre nous raconte lui-même l'histoire de sa vie lente, rêveuse et monotone. Oui, certes, monotone, puisque deux mots la résument : l'hiver, l'été, les deux pôles de son développement.

Aussi, qu'arrive-t-il aux arbres de certaines régions tropicales où l'hiver ne vient jamais, sous son manteau de glace, suspendre les palpitations de la vie, c'est que ces arbres-là n'ont nulle histoire à nous raconter. Un tissu homogène remplit tout le cercle de la tige, et du milieu de cette masse confuse ne sort la révélation d'aucun cercle, d'aucune ligne qui puisse servir de point de repère ou trahir le mystère de cet hiéroglyphe végétal. Tel est le mutisme du palmier, du bambou et de leurs alliés.

CHAPITRE VI

La Feuille.

---

§ I. — SON TYPE HABITUEL ET SES TRANSFORMATIONS

La feuille, sous un air modeste, cache une infinité de caprices. — Son type ordinaire : *gaîne, pétiole, limbe.* — *Stomates* ou organes de la transpiration et de la respiration du végétal. — Les feuilles ont un attrait tout particulier pour le déguisement. — Une autre coquetterie de la feuille. — A quoi tient l'asphyxie de la plante ! — Dévouement du pétiole. — Qu'est-ce que *phyllodiner ?* — Chacun son métier. — Fille du vent, passionnée pour la transformation, elle se travestit en peigne, brosse, rateau, en piège ; à votre choix. — *Anormales :* ont dit les Botanistes. — Rien d'anormal dans les œuvres de Dieu. — Une feuille sublime. — Une feuille d'une maigreur horripilante. — L'*Utriculaire ;* un ballon captif, l'aérostation est inventée depuis l'origine du monde. — Les excentricités inimaginables de certaines feuilles. — Variation infinie dans la forme des feuilles. — L'ordonnatrice ici ne peut être que la plante elle-même. — Listes terminologiques des qualificatifs ayant la prétention de peindre d'un mot les diverses formes et les différentes situations de fa feuille. — Une œuvre de géant. — La mode ne change pas dans le monde végétal. — Les plantes *hybrides.* — Le Darwinisme. — Structure anatomique de la feuille. — *Chlorophylle, parenchyme,* deux mots barbares.

Prenons garde, cher Léon, nous sommes, ici, en présence de la partie du végétal, en apparence, la moins mystérieuse et la plus connue ; mais la feuille, sous un air modeste, cache une infinité de caprices. Son histoire

est terrible, longue et difficile à raconter, tant elle varie
ses aspects et multiplie ses transformations. Quelquefois,
elle s'éloigne si considérablement de son type habituel
qu'il faut avoir de bons yeux pour la reconnaître.

Arrêtons-nous d'abord devant son type ordinaire, il
est facile à décrire ; trois parties le constituent : 1° La
gaîne, ou patte d'attache sur la branche maternelle. 2°
Le *pétiole*, ou queue formée par les faisceaux fibro-tu-
bulaires, venant du cœur de la plante et soudés ensemble.
3° Le *limbe*, ou lame, sorte de charpente faite avec
les fibres tubuleuses du pétiole, séparées et étalées, en
forme de réseau, dont les interstices sont remplis par
une double membrane d'un tissu criblé d'ouvertures.
Ces orifices, appelées *stomates*, sont les organes de la
transpiration et de la respiration du végétal. Voilà les
parties constitutives de la feuille en général.

— Pourquoi en général, s'il vous plaît ?

— C'est que les feuilles nous ménagent des surprises
de toutes sortes, elles ont un attrait tout particulier pour
le déguisement, les changements de physionomie et de
dimensions. Elles poussent cette humeur inconstante et
légère jusqu'à des métamorphoses complètes. Un jour
le pétiole et la gaîne font défaut, tant pis ! Dans ce cas,
le limbe connaît son devoir, il doit se rapprocher du
rameau et se mettre à cheval dessus. La feuille en est
quitte pour changer de nom : de pétiolée, elle devient
sessile. Elle se plaît si bien à ce poste, qu'elle presse la

tige de toutes ses forces et l'entoure entièrement. Pour
ce fait appelons-la *amplexicaule* ou *embrassante*. Si deux
feuilles de cette même forme, placées en face l'une de
l'autre, se soudent ensemble, elles sont dites : *per-*
foliées !

Une autre coquetterie de la feuille, c'est l'invention
des *stipules* ou appendices en forme d'oreillettes plus ou
moins frangées, attachées à la base du pétiole et de la
gaîne. Il n'y a là que le développement plus ou moins
accentué de cette dernière. On la croirait absente, elle
n'est que déguisée. En revanche, il est des cas où elle
prend des proportions vraiment excentriques : Voyez-
la, chez l'angélique, elle s'étale en longs cornets membraneux dans les feuilles du sommet de la tige, au point
que la masse terminale des jeunes pousses et des nouvelles fleurs en est couverte.

— La feuille, avez-vous dit, est destinée à la transpiration et à la respiration du végétal, on comprend alors que
la présence du limbe réponde à tout. Les deux autres peuvent faire des plaisanteries et des gamineries sans inconvénient ; mais si le limbe ennuyé de sa solitude lâchait
net le gouvernement des gaz et l'élaboration de la sève,
qu'en adviendrait-il ?

— La mort de l'arbre, l'asphyxie de la plante, sauf le
retour prompt et possible d'autres feuilles sous une forme
quelconque ; néanmoins, la présence du limbe n'est pas
plus indispensable que celle du pétiole et de la gaîne.

Entre ces trois fonctionnaires, il y a une solidarité étroite, parfaite. L'un remplace l'autre au besoin, et c'est au point que pourvu que l'un des trois reste au poste, le maître du logis n'en souffre aucunement.

Ici encore, cher Léon, saluons avec amour la puissance éclatante et la sagesse admirable de l'éternel créateur du règne végétal.

Il ne faut pas croire que le limbe se prive de prendre des congés, et ceux-là sont loin de passer inaperçus ; je veux dire qu'il lui faut une compensation. Où la prendra-t-il ? Pauvre pétiole, oserait-il ? Oui, c'est lui qui se dévouera ; bon cœur, que voulez-vous, il fera ce qu'il pourra. Voyons-le à l'œuvre : tenez, il s'allonge de toutes ses forces et s'étale de son mieux, si bien qu'on le prendrait pour un fer de lance ; cela s'appelle *phyllo-diner* chez les botanistes. En France, on phyllodine peu, dans notre monde végétal.

A l'ombre de quelques touffes de Thuyas ou sous l'eau vaseuse des lacs se cachent les plantes à phyllodes, comme la *fléchière* et le *jonc des tonneliers*. La patrie des phyllodes, c'est l'Australie. Là se trouvent des forêts entières d'arbres sans feuilles ; pardon ! sans limbes. A leurs places se dressent verticalement le long des rameaux, des pétioles phyllodes d'un aspect triste, morne et bizarre. De là absence d'ombre et de fraîcheur dans ce pays proverbial de la chaleur.

Chacun son métier et rien de plus ; voilà ce que nous

rappellent les gaucheries du pétiole, en voulant se faire passer pour un personnage qu'il n'est pas. Aller chez autrui sans besoin, ni raison, c'est se faire mal juger, et on ne remplace personne convenablement, c'est ce que le pétiole semble avoir compris ; car, quelquefois comme dans la strélitzia à feuilles de jonc, il reste seul sans déguisement et il a mille fois meilleure façon que dans les végétaux phyllodés.

Vraiment on dirait que la feuille est fille du vent, tant elle est variable dans sa forme, et passionnée pour les transformations. Tout à l'heure elle déguisait l'un ou l'autre de ses organes constitutifs, maintenant elle n'en laisse plus voir aucun et se travestit en peigne, brosse, rateau, en piège, à votre choix, et ainsi confectionnée, elle fait donner à la plante qui la porte le nom de *dionée attrape-mouches*, de la famille des *droceracées*. Cette feuille est toute une machine compliquée et curieuse. A sa base, elle montre une expansion foliacée semblable à deux ailes membraneuses, puis deux sphères à charnière, dentelées et ciliées, coiffent cette première partie qui leur sert de support. Une mouche vient-elle exciter sa sensibilité ? crac ! les deux volets se ferment, et la pauvrette a trouvé un tombeau où elle allait puiser du miel. Contre la force, pas de résistance. En effet, plus l'infortunée bestiole, s'agite dans sa prison, plus elle résiste, se débat, plus elle aggrave son sort, car le piège se serre dans la mesure des efforts de la captive ;

si au contraire, elle fait la morte, aussitôt sa liberté lui
est rendue par l'ouverture instantanée des deux mâchoires
compressives.

— Et on appelle cet engin de cruauté une feuille? Eh
bien! vrai, je la trouve drôle... mais très curieuse la
feuille.

— Patience! cher Léon, j'en ai d'autres à vous présenter : Voici la feuille du *céphalotus*, un vrai godet
ovoïde, orné de festons à poils, décoré de bordures
raides, en soie hérissée, le tout surmonté d'un charmant
opercule à charnières, semblable à la valve voûtée, arrondie et cannelée d'un coquillage.

La feuille du Sarracenia de l'Amérique septentrionale,
se roule en cornet; en grandissant, elle devient une
urne véritable. A son extrémité supérieure, elle présente
un orifice à deux lèvres, dont l'une, beaucoup plus
grande que l'autre, affecte des airs de couvercle parfait.
La partie renflée de ce tube, est teinte de couleurs
magnifiques; elle se pare d'une grande aile festonnée,
et ressemble plus à un vase de Sèvres, qu'à ce qu'elle
est et sera toujours, une simple feuille. Ici encore,
malheur à l'insecte indiscret et imprudent, qui s'aventure à la recherche de la liqueur sucrée que distille le
fond de cette jolie urne. C'est comme en enfer : pour y
entrer, il n'y a qu'à se laisser glisser, on y arrive tout
droit; mais une fois qu'on y est, impossible d'en sortir.
C'est à jamais! Les poils plantés en sens inverse de

l'ouverture de l'urne miellée, se dressent en brosse, en présentant le faisceau de leurs pointes aux prisonniers perdus pour toujours. Voilà l'image de l'enfer, moins le feu.

Ces feuilles ont été appelées anormales par les botanistes. Anormales, soit! Mais quant à prendre une expression un peu risquée, j'aurais préféré celle de tragiques ou infernales, car je ne vois pas ce qui peut être anormal dans les œuvres de la création. Dieu ne connaît ni modèle, ni patron, ni étalon, il sème à poignées, et c'est toujours correct, toujours méthodique, toujours beau, complet et parfait.

Avançons dans la série des feuilles… j'allais dire paradoxales, pour me conformer au langage commun ; mais je dis feuilles sublimes. La plus étonnante, à coup sûr, du règne végétal, c'est celle du Népenthès distillatoria de Madagascar.

Déjà, cher Léon, vous cherchez dans votre imagination quelle pourrait bien être la forme de ce curieux phénomène. Vous vous êtes représenté la véritable image de cette feuille, si vous avez pensé à une amphore comme celle du cephalotus, mais beaucoup plus grande, pouvant contenir quelquefois un verre de liquide. Figurez-vous un pétiole d'abord élargi en une vaste membrane, puis rétréci en un grêle filament au bout duquel est attaché le broc végétal, vrai bijou d'art : franges velues, guillochis élégants, couleurs charmantes, bourrelets galonnés,

opercule à charnière, rien n'y manque pour en faire
une merveille hors ligne, dans l'espèce, et ce qu'il y a
de plus extraordinaire encore, c'est que cette divine
bouteille se remplit toute seule de sa propre substance.
Elle cache dans son intérieur un tissu cellulaire glan-
duleux qui distille une liqueur fraîche et pure que boivent
avec délices les voyageurs altérés.

Après ces grandes excentricités de la feuille, je ne
vous parlerai que pour mémoire des pétioles vésiculeux.
Ici la plante aquatique attache aux pétioles de ses feuilles,
un petit accessoire, sorte de vésicule d'air, qui permet
aux feuilles supérieures de rester à la surface de l'eau.

Quand aux plantes submergées, leurs feuilles sont
toutes nues, disséquées, sans limbe, ne présentant que
deux rangées de filets, opposés, épars, semblables aux
barbes d'une plume. Celles-ci n'ont pas à résoudre le
problème des lois de l'ascension ; mais elles sont prépo-
sées à la respiration du végétal dans un milieu asphyxiant;
de là cet appareil respiratoire semblable aux branchies
des poissons.

Parmi les plantes submergées, il en est une que nous
ne saurions passer sous silence, c'est l'*utriculaire* de la
famille des *lentibulariées,* sa feuille formée par une grappe
de filaments étiolés, est d'une maigreur horripilante.
Elle donne froid à la voir. Dans de telles conditions de
pauvreté ou de misère, comment vivre sous l'eau, toujours sous l'eau, sans air, ni lumière et surtout comment

épanouir sa fleur? Comment former et mûrir son fruit
loin des brises tièdes du printemps, et ainsi privée des
rayons fécondants du père de toutes les corolles florales?
Elle aussi inventera un ballon captif, moins volumineux
que celui de la cour des Tuileries [1], mais assez fort pour
monter alertement, vers le commencement de la belle
saison, à la surface de l'eau ; bien plus, elle en fera
une cloche à plongeur pour descendre dans les régions
calmes sous-marines, vers l'époque des bourrasques, des
grands vents, des pluies et des gelées. Son vétricule as-
censeur et plongeur est simple ; il consiste en une outre,
de là son nom, véritable ballon qu'elle remplit d'air
pour monter ; mais quand sonne l'heure d'aller prendre
son quartier d'hiver, elle lâche une soupape, l'air s'en
va, puis elle met à la place une matière gélatineuse plus
lourde que l'air et l'eau, qu'elle distille en conséquence,
et la voilà au fond du lac à l'abri des intempéries de la
froide saison.

— Les manœuvres de l'utriculaire se faisant au grand
jour, sous les yeux et à la barbe des philosophes, des
physiciens et des mécaniciens, pourquoi ont-ils mis
près de soixante siècles, pour imiter vaille que vaille, ce
qu'une petite plante opère invariablement avec tant de

---

1. Son constructeur, M. Giffard, vient de donner par testament
1,000 fr. de rente à l'église de Vaujours; il en a donné autant au bureau de bienfaisance de cette commune.

précision et de perfection depuis si longtemps ? Auraient-
ils, en tant que descendant d'Adam, l'imaginative plus
étiolée et plus misérable que les feuilles de l'utriculaire
le sont par un besoin de leur nature ?

— C'est cela, vous avez trouvé la raison péremptoire
du phénomène qui vous étonne. Oui, le péché originel
a mutilé l'homme, il ne sera rétabli activement et res-
tauré pratiquement dans le plan divin qu'après la résurrection des corps pour la vie éternelle.

Les excentricités de la dionée, du cephalotus. du sarracenia et du népenthès nous ont dévoilé une des
faiblesses de la feuille : c'est-à-dire, un besoin désor-
donné de se singulariser, une grande et vilaine originalité. C'est beaucoup de se torturer les membres pour
se distinguer des autres; mais se les amputer totalement,
c'est un degré, au-dessus. Eh bien, le cactus craignant
d'être moins bizarre que ses voisins, pousse l'originalité
jusqu'à cette dernière limite.

En voyant telles et telles de ses compagnes faire des
toilettes impossibles, au moyen de leurs feuilles, le
cactus s'est indigné et jura de ne prendre de cet organe
indispensable que le stricte nécessaire. C'est ainsi que
la plupart d'entre eux ne montrent près de leurs innombrables faisceaux d'épines qu'un vague semblant de
feuille, une sorte de verrue verte, mais si petite qu'elle
échappe presque à la vue et si caduque qu'elle se détache
bientôt et tombe, laissant les grosses tiges charnues se

fortifier derrière d'infranchissables remparts d'aiguillons groupés par bouquets ou par rangées.

— Après avoir régné dans le sanctuaire des beaux-arts, la feuille, chez les cactacées, brille encore, mais c'est par sa manière de quitter gentiment la scène, en terminant, j'imagine, la série de ses variations ou de ses métamorphoses.

— Vous insultez la feuille, cher Léon, en fermant la série de ses formes quand elle est à peine commencée. A cette petite douzaine de physionomies que vous avez entrevues, il nous reste à en ajouter quelques centaines d'autres; il faut que vous sachiez que les feuilles varient non seulement d'un genre à l'autre, mais encore dans la même famille, chez la même espèce, sur le même individu, sur la même branche, enfin, sur un même rameau !...

A qui convient-il d'attribuer ce luxe de coquetterie ? à la pauvre feuille ? oh ! non, cette modeste ouvrière ne jouit que d'elle-même du printemps à l'automne, sans exercer la moindre influence sur le goût de ses voisines. L'ordonnatrice ici ne peut être que la plante même qui chaque année, renouvelant sa parure, rend innombrables les coupes de ses feuilles, varie les nuances de ses corolles, et invente parfois des organes de fantaisie. Suivons-la dans la série ascendante de son feuillage à la fois bizarre et élégant ; tantôt elle superpose ses feuilles en cercles étagés, tantôt elle leur fait suivre une ligne

en spirale. D'un cercle à l'autre, et de la première courbe
de la spirale à la dernière, les formes se modifient jusqu'au sommet de la tige, où le calice et la corolle exercent, de leur côté, une grande influence sur les feuilles
de leur voisinage.

Pour avancer d'un pas sûr et rapide dans l'analyse
des métamorphoses de la feuille, nous allons ouvrir et
parcourir les listes terminologiques des qualificatifs
ayant la prétention de peindre d'un mot ses diverses
formes et ses différentes situations.

Considérées relativement à la manière dont elles se
succèdent dans les différents âges de la plante, les
feuilles sont :

Séminales, lorsqu'elles sortent de terre au moment
de la germination ; ce sont les cotylédons développés.

Primordiales, celles qui succèdent aux feuilles séminales.

Caractéristiques, celles qui croissent après les précédentes, et qui ont les formes qui leur sont propres à
l'état d'adulte.

Considérées quant à leur insertion, les feuilles sont :

Radicules, si elles partent immédiatement du collet
de la racine.

Caulinaires, si elles sont insérées sur la tige, ce qui
est le cas le plus ordinaire.

Raméales, quand elles sont attachées aux rameaux.

Florales, si elles naissent près de la fleur et ne

paraissent qu'avec elle. On les distingue des *bractées*, en ce qu'elles ont la couleur et la consistance des autres feuilles, tandis que les *bractées* sont ordinairement colorées et membraneuses.

Quant à leur situation, les feuilles sont :

Alternes, lorsqu'elles partent de points situés au-dessus l'un de l'autre : le *peuplier*, le *platane*.

Opposées, lorsqu'elles partent de points situés vis-à-vis l'un de l'autre : le *millepertuis*, le *syringa*. Les feuilles opposées, le sont toujours en croix : l'*épurge*, la *gratiole*.

Géminées, si elles partent deux à deux du même point : l'*alkokenge*, la *belladone*.

Verticillées, lorsqu'elles sont groupées autour de la tige, en forme de couronne : *garance*, le *caille-lait*. Elles peuvent être verticillées par trois, quatre, cinq et six, etc.

Distiques, placées sur deux rangs, à droite et à gauche, sur des nœuds alternes : l'*if*, le *laurier-cerise*.

Unilatérales, quand elles sont tournées d'un seul côté, quel que soit leur point d'attache : le *convallaria multiflora*.

Éparses, quand elles sont jetées çà et là : la *linaire*, l'*orme*.

Ramassées, lorsqu'elles sont attachées toutes fort près les unes des autres : la *fritillaire impériale*.

Fasciculées, quand elles partent plusieurs ensemble

du même point, et qu'elles forment un faisceau : le *mélèze, le pin, l'épine vinette.*

Imbriquées, se recouvrant les unes les autres comme les briques d'un toit : *cyprès, génévrier, thuya.*

Quant à leur attache, les feuilles sont :

Pétiolées, si le pétiole s'attache à la base du limbe ; s'il s'attache en dessous, elles sont dites *peltées, ombiliquées :* la *capucine,* l'*écuelle d'eau.*

Sessiles, toutes les fois qu'elles prennent leur forme, dès leur naissance sur le nœud vital : *millepertuis.* Dans les sept formes suivantes, la feuille est sessile.

Confluentes, quand étant opposées, elle se joignent à leur base : la *potentille bifurquée,* le *chèvrefeuille.*

Connées, c'est la même forme que les précédentes.

Demi-amplexicaules, lorsqu'elles sont alternes, et que leur base n'environne pas entièrement la tige : *aster de la Nouvelle-Angleterre.*

Amplexicaules, quand étant alternes ou opposées, elles embrassent par leur base la tige ou les rameaux : le *lamier amplexicaule.* Cette dénomination convient quelquefois aux pétioles, surtout dans les *ombellifères.*

Perfoliées, lorsqu'elles sont traversées par la tige : le *chlora-perfoliata.*

Décurrentes, si leur limbe se prolonge sur la tige avant de s'en détacher, et y forme des espèces d'ailes foliacées : *consoude,* quelques *chardons.*

Engaînantes, si leur base forme un tube cylindrique

qui engaîne la tige : *graminées*. Les feuilles radicales engaînantes annoncent souvent une racine *bulbeuse*.

Quant à leur direction, les feuilles sont :

Appliquées, lorsqu'elles sont dans une direction parallèle à la tige, et qu'elles la touchent dans toute leur longueur : *protea corymbosa*.

Droites, quand elles forment avec la tige un angle très aigu : le *fragapogon des prés*, la *massette*.

Ouvertes, lorsqu'elles forment avec la tige un angle presque droit : la *moutarde*, le *lierre terrestre*.

Horizontales, quand elles forment avec la tige un angle tout à fait ouvert : la *laitue sauvage*.

Courbées, en dedans : *scorsonère*.

Courbées, en dehors : l'*épacris*.

Réclinées, si elles forment un angle droit par leur insertion sur la tige, et dont l'extrémité supérieure se réfléchit ou devient plus basse que le point d'insertion : *senecio reclinatus*.

Réfléchies, lorsqu'elles se portent en bas sur la tige sans aucune courbure : *pulicaire*.

Couchées, quand elles sont radicales et étalées sur la terre : la *pâquerette*, la *chicorée sauvage*.

Obliques, quand elles éprouvent une torsion, soit par celle du pétiole, soit par celle du limbe : le *petit houx*, la *fritillaire de Perse*.

Roulées, en dedans : les *graminées*.

Roulées, en dehors : le *romarin*.

Submergées, quand elles sont plongées dans l'eau et qu'elles ne s'élèvent jamais à la surface : l'*épi d'eau*.

Flottantes, si elles paraissent à la surface de l'eau sans aucune émersion : le *nénuphar*.

Émergées, si elles s'élèvent hors de l'eau : la *sagittaire*, le *plantain d'eau*.

Quant à leur circonscription, les feuilles sont :

Arrondies ou *orbiculaires*, si elles représentent un disque circulaire : la *petite mauve*, la *soldanelle*.

Ovales, en forme d'œuf, ayant sa plus grande largeur à sa base : le *poirier*, le *plantain*, le saule *Marceau*.

Obovales, quand leur sommet est plus large et plus arrondi que leur base : le *mouron d'eau*.

Elliptiques, qui ont les deux bouts arrondis et égaux entre eux : le *millepertuis*, l'*ortie grièche*.

Oblongues, quand leur largeur est le tiers environ de leur longueur : la *petite centaurée*.

Ovales-lancéolées, lorsque l'ovale s'allonge en s'amincissant au sommet : le *muguet*, la *viola lancifolia*.

Lancéolées, dont le limbe va en diminuant en pointe vers les deux extrémités : le *troëne*, l'*olivier*, la *gratiole*.

Falciformes, si elles sont courbées sur leur longueur comme le fer d'une faulx : le *bapleorum foliatum*.

Spatulées, lorsque leur partie supérieure est arrondie, et l'inférieure allongée et rétrécie : la *pâquerette*.

Cunéiformes, quand elles diminuent insensiblement du sommet à la base, avec des côtés droits : le *réveil-matin*, la *saxifrage à trois dents*.

Linéaires, dont le limbe est très étroit : le *lin*, la *petite euphorbe*, le *linéaire*.

Subulées, dont le lymbe cylindrique est en forme d'alène : le *sedum réfléchi*.

Acéreuses ou *sétacées*, en forme d'aiguille à consistance dure : le *pin*, la *festuca ovina*.

Capillaires, fines et flexibles comme des cheveux : beaucoup de *graminées*.

Quant à leurs angles, les feuilles sont :

Anguleuses, lorsque le nombre des angles qui sont à la circonférence n'est point déterminé : le *tussilago farfara*.

Triangulaires, quand le bord présente trois angles saillants : le *bon Henri*, l'*atriplex hastata*.

Deltoïdes, s'il y a trois angles figurant un delta : le *peuplier noir*, le *chénopode*.

Rhomboïdes, si elles ont quatre côtés égaux et parallèles, et quatre angles, dont deux sont aigus et deux obtus : le *vulvaire*.

Trapésiformes, lorsqu'elles ont quatre côtés, dont deux seulement égaux peuvent être parallèles : l'*adianthum trapesiforum*.

Quant à l'échancrure de leur base, les feuilles sont :

Cordiformes, en as de cœur : le *tilleul*, le *noisetier*.

Obcordées, quand l'as se renverse ; l'*alleluia*.

Réniformes, en forme de rein : le *lierre terrestre*, le *caboiet*, l'*arbre de Judée*.

Lunulées, en forme de croissant, ayant les pointes latérales tournées en haut : l'*aristolochéa bilobata,* la *passiflora-vespertillio.*

Sagittées ou en *fer de flèche,* si elles sont triangulaires échancrées à leur base, et que les échancrures se jettent en dedans ; la *sagittaire,* le *liseron des champs.*

Hastées, en fer de pique : la *petite oseille,* le *pied de veau.*

Ensiformes, en forme de glaive : l'*iris.*

Quant à leurs lobes, les feuilles sont :

Panduriformes, ou en *violon,* lorsqu'elles sont oblongues, longues à leur base et rétrécies dans leurs flancs : le *rumex pulcher,* l'*euphorbia heterophylla.*

Sinuées, quand leurs côtés ont plusieurs échancrures arrondies et très ouvertes : le *chêne,* la *jusquiame,* le *pas-d'âne.*

Lobées, dont les découpures sont arrondies et très profondes : l'*érable.* Les botanistes comptent les lobes et disent : feuilles *bilobées, trilobées.*

Palmées, en forme de main, à lobes profonds, réunis à leur base : le *grenadille,* le *marronnier,* le *ricin.* On les appelle aussi : *Digitées.*

Laciniées, découpées en lanières ; comme dans une espèce de *Vigne,* de *scorsonère,* de *sureau,* de *bryone.*

Pectinées, ayant la forme d'un peigne, offrant des divisions étroites et parallèles : *achillea pectinata.*

Lyrées, lorsqu'elles sont découpées latéralement en

lobes, dont les inférieurs sont plus petits et plus écartés, tandis que les supérieurs, surtout le terminal, sont plus grands : la *salvia lyrata*, le *brassica cruca*, les *centaurea*, *moschata, nigra*.

Roncinées, si, étant lyrées, le sommet des lobes est pointu et recourbé du côté de la base de la feuille : le *pissenlit*, la *chicorée sauvage*.

Pinatifides, lorsque leurs lobes presque égaux dans leur longueur sont disposés sur deux rangs dont les échancrures se prolongent au voisinage de la nervure longitudinale : les *centaurea scabiosa*, *calcitrapa*, le *carduus lanceolatus*, le *lepidium nudicante*.

Interrompues, quand les divisions supérieures sont confluentes par leur base, tandis que les inférieures sont entièrement libres : *aigremoine*.

Quant à leurs bords, les feuilles sont :

Entières, lorsqu'elles n'ont sur leurs bords ni angles, ni sinus, ni dents : la *salvia officinalis*, la *scabiosa integrifolia, primula integrifolia*.

Très entières, quand leurs bords sont parfaitement unis, entiers : la *spiræa lœvigata*.

Crenelées, quand elles sont garnies sur leurs bords de dents arrondies qui ne sont tournées vers aucune de leurs deux extrémités : la *sauge des prés*, la *spiræa crenata*. Elles peuvent être doublement crenelées : *l'écuelle d'eau*.

Dentées, lorsque leurs bords sont garnis de dents

horizontales, distinctes les unes des autres, et de la même consistance que les feuilles : la *pimprenelle*, l'*epilobium montanum*.

Serrées ou *Dentées en scie*, quand leurs bords sont garnis de dents aiguës tournées vers le sommet : le *pécher*, l'*amandier*, le *châtaignier*. Elles peuvent être doublement dentées : le *coudrier*, l'*orme*.

Ciliées, si elles sont bordées tout autour de poils soyeux et parallèles : les *droseracées*, la *dionée attrape-mouche*, l'*erica-tetralix*.

Épineuses, très épineuses, quand elles sont munies sur leurs bords de pointes dures, raides, piquantes : le *houx*, plusieurs *chardons*.

Festonées, quand leurs bords sont entièrement ornés de festons avec interposition de sinus : le *solanum repandum*, l'*anthemis repanda*.

Rongées, lorsqu'elles présentent sur leurs bords des sinus de grandeur et de forme différentes : la *salvia erosa*.

Déchirées, quand leurs bords sont composés de segments de grandeur et de figure différentes : le *geranium lacerum*.

Quant à leurs sommets, les feuilles sont :

Aiguës, si elles sont terminées sans pointe, mais d'une manière fine : le *laurier-rose*.

Acuminées, quand elles sont terminées graduellement par une pointe effilée, molle : le *lamium album,* le *mérisier à grappes*.

Mucronées, lorsqu'elles sont terminées brusquement par une pointe piquante : le *statice mucromata*, le *daphne cheorum*.

Cuspidées, quand elles sont terminées par une pointe un peu raide et courte : le *robinia halodendron*, le *phytolacca*.

Obtuse, lorsqu'elles sont terminées par un sommet arrondi : le *gui*, la *salvia viscosa*, le *viscum album*.

Échancrées, si leur sommet est marqué d'un sinus ou d'une entaille profonde et élargie : l'*amaranthe blanche*, le *Geranium emarginatum*. Elles sont *bifides*, *trifides*, etc, si les divisions sont étroites, peu distantes, et au nombre de deux, trois, etc.

Rétuses, quand leur sommet est très obtus, seulement échancré : la *tilia retusa*, le *salix retusa*, plusieurs *amaranthes*.

Tronquées, lorsque leur sommet est terminé par une coupe transversale : le *tulipier de Virginie*.

Mordues, quand le sommet est terminé par des entailles inégales : l'*hybiscus præmorsus*.

Vrillées, lorsqu'elles sont terminées par une vrille : les *lathyrus* ou *gesse à bouquet*, le *melon*.

Quant à leur appendice, les feuilles sont :

Stipulées, ou accompagnées de stipules : les *papillionacées*, plusieurs espèces de *cistes*, la *pensée*.

Auriculées, quand elles portent des appendices foliacées appelées *oreilles*, sur le pétiole à la base du limbe : la *sauge des jardins*, la *scrofulaire aquatique*.

Quant à leur surface, les feuilles sont :

Unies, sans aspérités : le *tamnus*.

Glabres, sans poils : la *pervenche*.

Lisses, sans aspérité et sans poils : la *capucine*, le *pavot*, la *tulipe*.

Scabres, rude, raboteuse : la *deutzia scabra*.

Pulvérulentes, celles qui offrent une poussière à leur surface : la *primevère farineuse*. Si cette poussière est très fine et de couleur vert de mer, on l'appelle *glauque :* l'*arroche*, le *chou*.

Maculées, celles qui offrent des taches à leur surface : la *ciguë*, l'*orchis maculé*.

Pubescentes, quand elles sont couvertes de poils mous, faibles, courts, rapprochés, distincts : la *digitale pourprée*.

Soyeuses, c'est-à-dire couvertes de longs poils doux au toucher, luisants, couchés, non mêlés : le *saule blanc*.

Velues, couvertes de longs poils mous, longs, rapprochés, non couchés et distincts : la *piloselle*, la *luzerne des champs*.

Cotonneuses, couvertes de longs poils mous et mêlés les uns avec les autres de manière à imiter un feutrage : le *bouillon blanc*, l'*onopordon*, le *stachys germanica*.

Laineuses, quand elles montrent des poils longs, crépus, abondants et rudes : la *ballota lanata*.

Hérissées, couvertes de poils rudes, droits, plus ou moins écartés : le *grateron*, plusieurs *borraginées*.

Cuisantes, couvertes de poils piquants qui causent des démangeaisons en s'introduisant et en restant dans la peau : l'*ortie*, les *malpighies*, le *jatropha urens*[1].

Luisantes, lorsqu'elles sont lustrées et comme vernissées : la *livèche*.

Visqueuses, c'est-à-dire enduites d'une humeur tenace : le *levecio viscosus*.

Colorées, quand leur couleur diffère de celle qui est propre aux feuilles ordinaires : l'*amaranthe tricolore*.

Enerves, n'ayant aucune nervure; la *tulipe*.

Nervées ayant des nervures saillantes qui s'étendent de la base au sommet sans se ramifier : Le plantain, le cornouiller, et beaucoup de *monocotylédonés*.

Trinervées, ayant trois nervures principales : le *grand soleil*, l'*arenaria trinerva*, le *cistus guttatus*.

Crayonnées, ou marquées de petites nervures très nombreuses : le *tripolium procumbens, spadicum, filiforme*.

Veinées, ayant des nervures peu saillantes, très ramifiées, communiquant les unes avec les autres : le salix *myrsinites*, le *rhododendrum maximum*.

Non veinées, n'ayant rien de saillant : *protea glabra*.

---

1. Les douze caractères ci-dessus se rapportent également à la tige.

Rugueuses ou *ridées*, lorsqu'elles sont garnies de nervures qui se ramifient et qui communiquent les unes
avec les autres, en coupant la surface de la feuille en
petites portions élevées ou vides : la *sauge des prés.*

Bullées ou *boursouflées*, ayant des rides fortement
convexes en dessus et concaves en dessous : la *sauge
officinale.*

Ponctuées, quand elles sont parsemées de petits
points nombreux, opaques et solides, ou de vésicules
remplies d'une huile essentielle : le *millepertuis*, les
myrthes.

Glanduleuses, lorsqu'elles sont chargées de glandes :
les *drocéracées*, les *rosiers.*

Vésiculaires et *pustulées*, quand elles sont couvertes
de points transparents, vésiculeux : le *glaciale*, les
mesembryanthemum.

Quant à la disposition de leur surface, les feuilles
sont : *planes*, ayant leurs surfaces supérieure et inférieure aplaties, parallèles dans toute leur étendue : le
platane, la *capucine.*

Canaliculées, quand il règne un sillon en forme de
canal dans toute la largeur de la feuille : la *tubéreuse.*
Quelquefois, les bords sont rapprochés fortement et
forment une espèce de fourreau d'épée : l'*iris des jardins*, le *glaïeul.*

Concaves, quand leur disque étant enfoncé, leurs bords
sont un peu relevés : le *sedum hybridum*, le *cochléaria.*

Capuchonnées, lorsque leurs bords se rapprochent fortement en dessus : le *geranium cucullatum,* le *plantago cucullata.*

Convexes, quand leurs bords se rapprochent du pétiole : *grand basilic.*

Plissées, quand les nervures produisent sur le limbe des saillies et des enfoncements alternatifs : l'*alchemille,* l'*helleborine.*

Ondées, quand leur disque s'élève et s'abaisse alternativement de manière à former sur les bords des replis obtus ne portant pas de pétiole : le *geranium capitatum,* la *rhubarbe.*

Crépues, lorsque leur circonférence, plus grande que ne le comporte le disque, est forcée de se contracter en replis membraneux, irréguliers, chiffonnés : la *mauve crépue.*

Quant à leur substance, les feuilles sont : *membraneuses,* quand elles sont minces, transparentes et presque sans pulpe : l'*aristoloche sypho.*

Scarieuses, si elles sont arides et sèches : les *mousses,* les *lycopodes.*

Épaisses, si elles sont d'une substance ferme et solide l'*aloès,* les *agavès.*

Charnues et pulpeuses, quand elles sont épaisses et aqueuses : plusieurs *poivres,* des *mesembryanthemum.*

Quant à leur forme, les feuilles sont *cylindriques.* Quand elles sont arrondies dans toute leur longueur,

quand même leur sommet se terminerait en pointe :
plusieurs espèces d'*ail*, de *sedum*, de *cactus*.

Gibbeuses, si, étant charnues, elles ont leurs deux
surfaces convexes : *sedum*, âcre, *sexangulare*.

Ovoïdes, ayant la forme d'un œuf : le *sedum*.

Déprimées, lorsqu'elles sont plus aplaties sur le disque
que sur les bords : la *crassula ruben*.

Comprimées, étant arrondies et aplaties : la *vermicu-
laire*.

Triquétres ou à trois faces, quand elles ont dans leur
longueur, trois faces planes se terminant en pointe : le
jonc fleuri, l'*asphodèle*.

Tetragonées, ayant quatre angles : des *sedum*, des
crassula, des *mesembryanthemum*.

Gladiées ou ensiformes, quand elles sont épaisses dans
leur partie moyenne et tranchantes des deux côtés :
plusieurs *iris*.

Languiformes, si elles sont linéaires, charnues et
convexes en dessus : le *mesembryanthemum linguiforme*.

Acinaciformes, quand elles ressemblent à un sabre,
ayant un de leurs bords épais, charnus, obtus, tandis que
l'autre est mince et tranchant : le *mesembryanthemum
acinaciforme*.

Dolabriformes, en forme de doloire : le *mesembryanthemum dolabriforme*.

Quant à leur durée, les feuilles sont : *caduques*, si
elles tombent vers la fin de l'été, ce qui arrive ordi-

nairement, parce que le pétiole est articulé avec le
rameau et ne fait pas corps avec lui : le *marronnier*, le
platane.

Tombantes, si elles tombent dans le courant de l'automne : l'*orme*, le *hêtre*, le *châtaignier*.

Marcescentes, si, ne tombant point en automne, elles
persistent, quoique sèches, jusqu'au printemps : le
chêne.

Toujours vertes, quand, ne tombant pas, elles conservent leur couleur verte tout le long de l'année : l'*If*,
le *pin*, les *sapins*, le *laurier-rose*, le *lierre*.

— Que de formes! que de physionomies! Mais cette
feuille, en apparence si chétive, est une œuvre de géant.
O vous, artistes que le monde honore et couvre de
louanges et de décorations, tombez à genoux!... avouez
votre misère devant ce végétal se taillant des robes
merveilleuses toujours avec le même morceau d'étoffe
verte. Et quel assortiment il offre depuis l'opulente ten-
ture du palmier, jusqu'à la mince aiguille du sapin!...

— Dites plutôt, cher Léon, que le poinçon de Dieu
est là, et qu'on le reconnaît à première vue sans avis
ni enseignement de personne.

Vous remarquerez encore en passant, que chez les
plantes, la mode ne change pas. On adopte un type de
parure en naissant et on le garde à jamais, sauf accident, violence et force majeure. Ainsi, la robuste feuille
du chêne et l'élégante fronde de la fougère sont encore

aujourd'hui ce qu'elles étaient quand le Créateur les fit
jalllir du néant.

On vous parlera, cher Léon, de plantes hybrides obtenues par des mélanges d'espèces différentes, apparte-
nant à la même famille, réduites à vivre dans un milieu
factice, lequel a été composé pour les détourner de
leurs voies primitives. On se servira de la transformation
de leurs tiges, de leurs feuilles et de leurs fleurs pour
attaquer la fixité invariable du végétal, dans son type
primitif, pour échaffauder les thèses absurdes de la mu-
tabilité des plantes, ou de leur perfectionnement gradué,
en un mot pour préconiser la théorie de Darwin, sur
la prétendue variation des plantes et des animaux. N'en
croyez rien; la plante, en bonne santé, jouissant de la
plénitude de ses conditions normales, reste, jusqu'à sa
destruction, ce qu'elle a été dès sa formation complète.
Les plantes hybrides sont des sujets mutilés, dégénérés,
menteurs, en ce sens que la fleur ordinairement annonce
le fruit, tandis que là le fruit, qui est le but de tous les
efforts du végétal, le fruit manque absolument, le fruit
est impossible. C'est donc une plante mutilée, incomplète, sans postérité possible et sans vie durable;
bien plus, si vous voulez une preuve touchante, péremptoire de la persistance du végétal à garder son
type primitif, rendez à cette pauvre exilée, le soleil, l'air
et le terrain qui ont vivifié ses ancêtres, bientôt vous
la verrez reprendre ses traits, sa parure et sa puissance
reproductive d'autrefois.

Ajoutons un dernier mot sur la structure anatomique de la feuille. *Gaine, pétiole, limbe* et *stipule*, voilà quatre mots acquis depuis longtemps. Dans le pétiole, je vois l'image de la tige : fibres, vaisseaux, tubes, écorce, tout s'y trouve. Avec le limbe, nous avons la miniature des ramifications de l'arbre; voyez ses fibres comme des branches éparses, séparées à la sortie du pétiole, jetées en tous sens et enchevêtrées les unes dans les autres par de nombreuses nervures qui relient deux membranes entre lesquelles s'étale une matière appelée chlorophylle ou viride. Ainsi composé, le limbe a reçu le nom barbare de *parenchyme!*

Le parenchyme est comme l'âme de la feuille; c'est la partie essentiellement active, c'est le directeur principal du laboratoire de la vie végétale; élaboration de la sève, transpiration, respiration et fabrication des couleurs, qui remplacent les cellules vertes, passent à son contrôle. Les cellules de la face des feuilles tournées vers la terre, sont pâles et jaunes, parce qu'elles sont mal enchevêtrées et séparées par de nombreuses lacunes où l'air circule trop librement.

§ II. — LA VIE DE LA FEUILLE, SES FONCTIONS, SA SENSIBILITE

Serait-ce un œuf végétal? — Est-ce un tombeau? — Est-ce un berceau?
La vie a jailli du sein de cette carapace. — Faudra-t-il l'appeler *électricité?*
souffle créateur? force vitale? — Les dogmes de la religion paraissent
claires et limpides en face de ceux de la nature. — En faction, encore une
fois, pour contempler cette nouvelle merveille. — Formation *basilaire.* —
Allongement opposé : *basifuge,* puis les deux ensemble. — Dans cette voie
ténébreuse les orgueilleux perdent leurs bas et leurs lunettes. — L'artiste
se cache, mais son œuvre le révèle. — La feuille est une usine close, mais
qui marche à toute vapeur. — Manufacture de sève, formée par un double
épiderme. — Les stomates, par millions et par milliards, vomissent dans
l'espace l'oxygène et la vapeur d'eau. — La face cotoneuse de dessous fait du
bois, en décomposant l'acide carbonique de l'air. — Les gommes, les résines,
les huiles essentielles, la fécule et certains sels sont exsudés par toutes les
portes ouvertes. — Qui dira les aumônes de cette fille du ciel?... — Vingt-cinq
milles stomates dans un centimètre carré de chêne. — La feuille est, nuit et
jour, sous l'influence d'une excitation vitale inconnue. — Linné; le sommeil
des plantes. — Frémissement incompréhensible, cinquante-quatre oscillations
par minute. — La sensitive. — Jamais ironie de la nature ne fut plus
amère pour Monsieur l'Académicien. — Une nouvelle tour de Babel. — Soin
minutieux pour le bourgeon. — Naître, vivre et mourir. — Poésie du
feuillage automnal. — Les feuilles *tombantes.* — Ni tomber, ni mourir. —
Hypothèses ratées des savants sur les feuilles tombantes. — Immense musée
où sont exposés tous les modèles possibles.

La feuille, avant de quitter le rameau où elle naquit
et vécut ce que vivent la plupart des feuilles, l'espace
de quelques mois, a marqué sa place d'un petit point
ovoïde. Serait-ce un œuf végétal? Pourquoi pas? Mais
laissons ce cône mystérieux aux prises avec la pluie, la
gelée, les frimas, la neige et les tourbillons glacials de
l'hiver, et voyons ce qu'il fera. Au milieu de cette
âpreté des éléments refroidis, c'est l'inertie même;
l'obscurité profonde dont il s'entoure fait réfléchir les
observateurs curieux. Est-ce un tombeau? est-ce un ber-

ceau? Tombeau de qui? berceau de quoi?.. Voyons un
peu, s'il n'y aurait pas sous cette cuirasse de matière
serrée, soignée, vernie, luisante comme une glace, un
germe, un embryon quelconque. Non, le microscope n'y
révèle pas autre chose qu'un amas de cellules endormies.
Ici, chose étonnante! tout rappelle le sommeil et la mort,
et nous sommes au centre de l'activité la plus vertigineuse de la plante. Oui, bientôt nous verrons cet œuf,
ce mamelon, cette enveloppe éclater et s'ouvrir. Alors
nous serons témoins de la naissance d'une feuille ou de
plusieurs feuilles soudées ensemble. Ce point laissé en
mourant sur le rameau nourricier, était donc un berceau
de prévoyance, fabriqué par la feuille qui s'en va, pour
celle qui doit venir avec le retour du printemps. Oui,
la vie était là sous les apparences livides de la mort;
l'étincelle était sous la pointe de ce côue, l'hiver a passé,
la douce saison est venue, et sous les rayons du soleil
de mars, la vie a jailli du sein de cette carapace, hier
noire encore sous son manteau de neige.

Il y avait, sous cette muette et immobile existence,
une miraculeuse puissance qui, d'un atome imperceptible a fait sortir... Quoi donc?... Une feuille, un bourgeon; plus que cela, une feuille, un bourgeon, un
rameau, un arbre entier planté sur l'aisselle de la
feuille de l'année dernière, qui lui sert de base. Mais
quel nom donner à l'agent de ce curieux phénomène?
Faudra-t-il l'appeler : électricité? souffle créateur?

force vitale? Je ne sais. N'importe nos hypothèses et
nos ignorances, toujours est-il que c'est la vie. La
feuille arrivée à son complet développement, va nous
en montrer les caractères les plus authentiques, de la
manière la plus saisissante.

Tenez! tenez! cette petite feuille, naguère un grain
de tissu cellulaire, si infime qu'il échappait au microscope le plus fort, voilà qu'elle apparaît sous la forme
d'une tête d'épingle, remplie de parenchyme. Elle sort
des ombres de son maillot de naissance, qu'elle quitte
pour s'élever et grandir... Grandir!... Comment?... Ici
encore, nous tombons en plein dans la région obscure
et inexplorée des origines.

Ah! que les dogmes de la religion me paraissent
clairs et limpides, en face de ceux de la nature!...

Voyons! cher Léon, en faction encore une fois, con-
templons cette nouvelle merveille. Le sommet du cône
que nous avons vu s'arrondir en forme de boule,
s'arrête illico. Il devient inerte comme un cadavre. La
croissance s'opère dans le cône tout entier, qui est dilaté
et soulevé en masse, par l'interposition d'un tissu formé
à sa base. La nature, dans cette circonstance, reprend
le mode d'élongation dont elle se sert pour la radicule,
sous le capuchon invulnérable de la pileorhise. Ce
système d'allongement, déjà choisi par la racine et par
la tige, s'appelle formation *basilaire*, c'est-à-dire accroissement de l'extrémité vers la base, en refoulant derrière

lui les tissus. Ne croyez-vous pas voir un ouvrier occupé à creuser un fossé, en jetant derrière lui la terre arrachée au sol, et ainsi allonger son sillon sans le moindre mouvement du point de départ?

Ce mode adopté par les principaux organes du végétal, serait-il un dogme de la plante et un parti, pris? S'il est seulement à l'état de tradition constante chez elle, soyons-en sûrs, elle n'en démordera pas.

Bien au contraire, il est des cas où cette originale trouve amusant de choisir un mode diamétralement opposé au premier, le mode *basifuge*, c'est-à-dire qui court de la base au sommet, où se trouve le foyer d'accroissement. C'est de là qu'émanent les nouveaux tissus dans cette seconde manière d'opérer.

Il faut avouer que la nature aime souvent à plaisanter amèrement, sans pitié, la fierté trop grande parfois de son spectateur, le fils d'Adam. Voyez donc : formation basilaire, formation basifuge. O ironie! est-ce tout? Mais non, au contraire, l'écheveau s'embrouille de plus en plus, arrêtez!... Basilaire! basifuge! passe encore, on commençait à s'y faire; mais les deux à la fois!... Qu'en dites-vous? N'est-ce pas à n'y plus rien comprendre du tout? Il y a donc des bourgeons qui poussent en montant et en descendant. Ceux-ci ont dû servir de modèles aux pompes aspirantes et refoulantes.

Vous approchez d'une rosacée et vous lui dites : basifuge?

— Non, répond-elle ; basilaire.

— Ne vous tenant pas pour battu, vous dites à une légumineuse : basilaire?

— Oh! non, dit-elle ; basifuge.

— Un peu honteux, mais rusé, vous dites à une troisième : basilaire? basifuge?

— Ni l'une ni l'autre, formation mixte, répond-elle.

— Oh! c'est trop fort, en vérité, si on n'était prévenu par personne de l'existence de ces trois modes d'accroissement, on aurait beau, je crois, en chercher les indices *a priori*, jamais il ne serait possible, je ne dis pas de les découvrir, mais même de soupçonner une telle complication dans le développement d'une feuille.

— Oui, cher Léon, dans cette voie ténébreuse bordée de précipices, les orgueilleux, qui ne veulent douter de rien, perdent leurs bas, leurs lunettes et leur latin. Soyez-en mille fois certains. Dieu se révèle dans ses plantes, mais il s'y cache aussi pour que nous l'y cherchions, tantôt par le raisonnement et tantôt par la foi humble et soumise que l'on méconnaît trop souvent, et que tout en nous, au-dessus, au-dessous et autour de nous recommande si éloquemment.

— Après tout, que la feuille appartienne à telle ou telle catégorie d'élongation, peu nous importe. Du moment qu'elle s'étale au soleil, qu'elle vit au grand air, en plein jour, qu'elle est armée de ses attributs : pétiole, limbe, nervures, parenchyme, elle est prête à entrer en scène par le fonctionnement de tous ses organes. C'est ce que nous allons voir, sans doute.

— Voir, dites-vous ? Nous sommes en ce moment chez la vertu modeste, ne l'oubliez pas, elle ne tient nullement à faire éclat de ses œuvres, ni à montrer son laboratoire qu'elle tient toujours fermé. Elle a raison, car elle évite de la sorte des soins que le contact desséchant du grand air lui imposerait. C'est une usine close, mais qui marche à toute vapeur.

— Je croyais qu'elle avait l'entreprise générale de la transpiration, de la respiration, des absorptions et des excrétions de la plante. Ces fonctions délicates ne comportent-elles pas des issues, des orifices, des soupiraux dans le végétal comme dans l'animal ?

— Eh ! bien sûr ! mon enfant. j'allais vous le dire ; la feuille est une manufacture de sève formée par un double épiderme ; mais elle a ses stomates par millions et par milliards, qui sont de vraies cheminées, j'allais dire de bouillants cratères ; non, n'exagérons pas les choses admirables, et disons des bouches d'une élégance ravissante. Au grand soleil, elles entrouvrent leurs lèvres mobiles, et vomissent dans l'espace l'oxygène et la vapeur d'eau, que les racines puisent dans la terre, et qui monte par l'aubier de la racine jusqu'à la feuille. Elle fait cette transpiration par sa face lisse, serrée et luisante, surface supérieure régulièrement tournée vers le ciel. Pendant ce temps, la face cotonneuse de dessus

absorbe à pleines cellules de l'acide carbonique, qu'elle
décompose pour en isoler le carbone dont elle fait du
bois, puis elle exsude. de concert avec les autres parties
vertes du végétal, les matières inutiles à la plante ;
comme les gommes, les résines, les huiles essentielles,
les fécules et certains sels, etc. Ainsi, ombrager les
hommes et rafraîchir les plantes dans les grandes
ardeurs du soleil, assainir l'atmosphère par l'absorption
de l'acide carbonique que dégagent tous les corps en
décomposition, décomposer ce dernier en le mettant
en contact avec l'air qu'elle respire, et fixer à la plante
le carbone qu'elle en retire, voilà une partie des occu-
pations de cette intrépide ouvrière. Combien elle est
charitable et généreuse ! qui dira les aumônes de cette
fille du ciel !... Elle donne du pain à la femme qui
allaite, et à l'homme qui travaille ; elle prépare des
douceurs de toutes sortes et des médicaments de toutes
vertus pour les pauvres malades ; elle fait des provisions
énormes de bois et de charbon pour nous chauffer,
quand le vent du nord mugit dans la plaine, et que la
neige tourbillonne jusqu'au lit où frissonnent le malade,
le vieillard et l'enfant nouveau-né.

— C'est un travail de géants. Combien sont-elles
donc ces stomates que l'œil nu n'a jamais contemplées,
même sur les immenses feuilles du palmier et du bana-
nier? Car toutes les fonctions vitales de la plante semblent
soumises à leur contrôle.

— Oui, ce sont elles qui restaurent toute force et qui soutiennent toute vie ; aussi, dans l'étendue d'un centimètre carré, on compte environ sept mille stomates à la face inférieure de la feuille d'une reine-marguerite, dix mille dans le fraisier, dix-sept mille dans le lilas, vingt mille dans l'olivier, et vingt-cinq mille dans le chêne. Vous conviendrez, cher Léon, que, groupées dans de telles proportions, elles méritent que vous leur retiriez votre chapeau.

Il n'y a pas de petits moyens quand ils sont suffisamment accumulés. Qu'importe l'exiguité de l'infiniment petit, s'il atteint, d'autre part, à la toute-puissance par une multiplication sans limite ? Le nombre ! Mais n'est-ce pas là une des plus grandes forces de la création ? Ouvrez les yeux, regardez autour de vous ; tout vous prêche cette vérité évidente, devenue banale à force d'être mise en relief par la totalité des œuvres de Dieu.

A part toute l'activité que se donne la feuille pour l'élaboration de la sève et de tous les produits qu'elle confectionne : bois, carbone, aliments, parfums !... elle est animée, de temps à autre, de mouvements mystérieux, dont on cherche depuis des siècles la véritable explication. Sensible, irritable, je dirais presque nerveuse, nous la voyons s'étaler, se tourner, se fermer, se crisper ou palpiter, nuit et jour, sous l'influence d'une excitation vitale inconnue. Il convient de ranger les mouvements des feuilles dans des catégories entièrement distinctes : quelques-unes exercent des mouvements qu'on ne peut attribuer qu'à une irritabilité particulière à la plante; d'autres se meuvent spontanément; puis, il y en a qui ne se remuent que quand on les touche; et enfin, certaines n'ont pas la même position la nuit que le jour; elles se ferment, et semblent dormir le soir, pour s'ouvrir et se réveiller le matin. Ces mouvements se remarquent surtout dans les *légumineuses.* Les *casses,* par exemple, ont des feuilles pinnées, dont les folioles articulées s'abaissent, en décrivant un quart de cercle, et se correspondent en bas, en s'appliquant dos à dos les unes contre les autres. Les folioles du *févier* prennent une attitude tout opposée : au lieu de s'abaisser, elles s'élèvent, en décrivant un arc de 90 degrés, et s'appliquent les unes contre les autres par leur face supérieure. C'est là ce que Linné appelle le *sommeil des plantes.*

Un phénomène plus curieux encore que le sommeil du robinier, de la fève, du trèfle, du baguenaudier et des mimosas, c'est celui que présente la *Dionée attrape-mouches.* L'Amérique-Septentrionale est sa patrie. Si on touche ses feuilles, elles se replient sur elles-mêmes, en formant un piège par l'entre-croisement de leurs dentelures. C'est ainsi qu'elles emprisonnent les mouches qui viennent sucer une liqueur visqueuse et sucrée, qui s'y sécrète. Si ces mouches, nous l'avons déjà dit plus haut, avaient l'instinct de n'exercer qu'une succion légère, sans faire aucun autre mouvement, la prison s'ouvrirait d'elle-même, et les feuilles se rétabliraient peu à peu dans leur état normal; mais comme ces insectes se débattent beaucoup, ils irritent de plus en plus les feuilles, dont la contraction croissante les étouffe.

Le *sainfoin oscillant* (Hedysarum gyrans), originaire du Bengale, exécute des mouvements continus, qui semblent dépendre, non de la lumière, mais de la température: sa feuille se compose de trois folioles; les deux latérales, beaucoup plus petites que la terminale, sont animées d'un double mouvement de flexion et de torsion sur elles-mêmes; ce mouvement est rapide et saccadé, et s'exécute la nuit comme le jour. Le professeur *Desfontaines*, qui a observé ces mouvements, a compté jusqu'à cinquante oscillations dans une minute : c'est presque la vitesse du pouls. La foliole du milieu, trente à quarante fois plus grande que ses voisines latérales, se conduit différemment; elle *dort* et *veille*, c'est-à-dire est abattue ou redressée suivant l'action de la lumière. Elle ne paraît vivre que pour le soleil, s'abaissant ou s'élevant presque à toutes les heures du jour, et paraissant, vers midi, dans les grandes chaleurs, agitée par une sorte de frémissement incompréhensible. La tige, elle-même, s'incline pour suivre le soleil dans sa course.

Touchante petite plante altérée de lumière, où donc

6*

est le physiologiste qui nous racontera le mystère de la vie?...

On la surnomme quelquefois l'*horloge végétale*. C'est la lumière qu'il lui faut; aussi arrive-t-il, lorsqu'on rapporte au grand jour une *desmodie* (sainfoin-oscillant), qui depuis quelques instants était plongée dans l'obscurité, que la pauvrette bat plus rapidement de l'aile, palpitante et manifestement heureuse d'avoir retrouvé son bien aimé soleil.

On trouve au Cap de Bonne-Espérance, un Oxalis (Oxalis sensitiva), dont les feuilles se meuvent quand on les touche.

La *sensitive* (Mimosa pudica) exécute des mouvements provoqués par une excitation accidentelle extérieure; son sommeil, c'est-à-dire l'inclinaison de ses folioles, ne suit que très irrégulièrement les alternations du jour et de la nuit; mais sa *veille* est soumise à des vicissitudes qui dépendent des causes les plus légères;. une faible secousse, un peu de vent, le passage d'un nuage orageux, la projection d'une ombre, le dégagement de vapeurs irritantes, le toucher le plus délicat suffisent pour faire abaisser subitement toutes les folioles; elles se rabattent, en s'imbriquant les unes sur les autres le long de leur pétiole, qui s'incline à son tour; mais peu de temps après, si la cause cesse, la plante sort de cette espèce de défaillance; toutes ses parties se raniment et reprennent leur position première. Qu'avait-elle donc éprouvé?...

Ce qui obscurcit de plus en plus l'enigme, déjà inextricable, c'est que dans les cas de danger ou d'épouvante, il y a communication du motif inquiétant et
transmission des impressions éprouvées d'une foliole à
l'autre, de feuille à feuille, de rameaux à rameaux, que
dis-je? de sensitive à sensitive, et à des distances considérables !

Il faut en convenir, ce frêle rameau de la sensitive
porte un défi bien humiliant à cette petite créature
bornée que l'on appelle : « Monsieur l'Académicien »
ou à tel autre, *ejusdem farinæ.* Jamais ironie de la
nature ne fut plus amère !

Aussi, qu'est-il arrivé? Les savants, en invoquant
tour à tour la sécheresse, l'humidité, la lumière ou la
chaleur, la capillarité, l'attraction, l'élasticité, et enfin
l'endosmose, sont parvenus à élever une nouvelle tour
de Babel. Écoutez : ce qui explique tout pour Glisson,
c'est l'*irritabilité;* pour Stahl, c'est l'*animisme;* pour
Haller, la *contractilité;* pour Barthez, le *principe vital;*
pour Brown, l'*incitabilité;* pour Tiedemann, l'*excita-
bilité.* Est-ce tout? pas encore. Voici l'*archée* de Van
Helmont, la *propriété vitale* de Bichat, le *tourbillon vital*
de Cuvier, la *chimie vivante* de Broussais, l'*échange vital*
de Moleschott. Autant d'opinions que de têtes !

Quel pêle-mêle! quelle confusion! Que d'efforts savants
pour prouver péremptoirement, les uns par les autres,
que chacun d'eux parle de ce qu'il ignore profondément.

Quoi qu'il en soit, les feuilles dorment, — ce mot est un peu risqué; mais employons-le, puisqu'il est consacré par l'usage; — elles vivent, elles sont irritables et sensibles à leur manière. Elles font mieux que de dormir, les plantes : souvent, elles font preuve d'une prévoyance à laquelle on ne sait trop quelle qualification donner.

La plupart d'entre elles ne manquent jamais d'abriter contre le froid de la nuit et l'humidité des matinées leurs organes les plus délicats et les plus exposés. Elles s'acquittent de ce soin avec une tendresse vraiment touchante.

Combien de mères de famille, qui se croient accomplies, pourraient encore grandement utiliser leurs leçons ! — J'ai hâte de les montrer dans la pratique d'une sorte de sentimentalité : Voyez donc avec quel amour les unes enveloppent leurs bourgeons de feuilles étroitement juxtaposées, tandis que les autres élèvent au-dessus de leurs fleurs la plus gracieuse des tentes ou le plus joli berceau, en redressant et en rapprochant tantôt leurs pétales colorés, tantôt leurs feuilles vertes sous lesquelles se blotissent alors les pétales eux-mêmes.

Il y a incontestablement, dans les plantes, une force vitale particulière qui dirige leurs évolutions physiques et chimiques. Mais au fond, il n'y rien de comparable entre cette irritabilité organique, obscure, des végétaux et la sensibilité percevante, raisonnée, qui préside aux fonctions de relation chez les êtres du règne animal (l'homme), laquelle manque d'ailleurs complètement chez les premiers.

Après avoir suivi fidèlement la feuille dans les phases variées de sa vie, nous allons être témoins de sa mort et de ses funérailles. Naître, vivre et mourir, ces trois termes ne résument-ils pas la destinée de tout être organisé ? hélas ! la vie est courte sur cette planète..., et pauvre feuille, c'est tout ce qu'elle en aura; car son unique destinée, c'est de servir, ici-bas, aux plaisirs et aux besoins de l'homme; tandis que pour lui, la mort est la porte par laquelle il entre dans le séjour de l'immortalité; là, les trois phases de son existence terrestre se confondront en une seule : vivre, toujours vivre !... dans la gloire ou au milieu des supplices, suivant qu'il aura religieusement usé ou follement abusé de la liberté que Dieu lui avait laissée pour observer méritoirement sa loi, pendant son court passage du berceau à la tombe.

Une seule loi de croissance et de décadence régit tous les êtres organisés : germer, croître, arriver à la plénitude normale pour commencer, par un ralentissement d'activité physiologique, à descendre vers l'amas de poussière où sont réunies les générations passées. Voilà ce qui se passe, chaque année, là-haut, dans la verte feuillée... et ailleurs.

La feuille, quelque soit l'époque de sa vie, offre toujours des charmes : ses fraiches ardeurs du printemps enthousiasment les botanistes; c'est l'époque de la physiologie, de l'action, du mouvement vital ; en juin et juillet, elle passe de l'adolescence à l'âge mûr ; août lui apporte les rides de la vieillesse, alors l'amateur des évolutions de sa jeunesse s'attriste, parce que, pour lui, toute feuille jaunie est une feuille morte.

Néanmoins, la chaude coloration du feuillage automnal a aussi ses admirateurs, et ils sont nombreux. O feuilles mortes, feuilles desséchées, qui dira toutes les élégies sublimes que vous avez inspirées! Que de larmes ardentes vous avez fait couler! vous êtes si bien le résumé de toutes les tristesses, qu'on ne peut réprimer un douloureux serrement de cœur, quand, solitaire au fond d'un bois, l'on foule aux pieds vos lugubres jonchées! Mais qui n'a considéré avec émotion, la grande poésie des paysages d'automne, tout colorés de l'or éclatant, du rouge splendide, du saphir, des émeraudes, et de toutes les teintes ravissantes des feuilles *tombantes*? C'est le nom que l'on donne aux feuilles qui persistent, arrive qu'arrive, du printemps à l'automne. Les *caduques* sont celles que le moindre choc détache. Les *persistantes* restent attachées à leurs rameaux de longues années. *Arbres verts*. Les *marcescentes* sont les feuilles qui, quoique décolorées, sèches et mortes, restent solidement fixées à leurs branches, jusqu'au printemps suivant : le *chêne*.

— Il paraît qu'il y a chute et chute, comme il y a feuille et feuille.

— Oui, cher Léon, mais celles qui montrent le plus de soumission et de résignation, ce sont les feuilles tombantes. Elles se détachent d'un seul coup, nettement, on dirait la fracture d'une articulation. Non, elles n'hésitent pas, ne résistent en rien, sèches, étiques, épuisées, inutiles, elles cèdent sans regret aux premiers vents brusques et froids qui soufflent à la fin de septembre. N'allez pas croire que toutes ont une fin aussi paisible. Oh non, c'est au contraire une obstination invincible, un combat à outrance contre les vents, et contre tout ce qui voudrait les séparer de leurs tiges : Voyez les feuilles de palmiers, elles vous diront : ni tomber ni mourir. Aussi, s'accrochent-elles si acharnement à leur stipe que ce malheureux reste hérissé de leurs lambeaux déchiquetés pendant de longues années.

La cause de la désarticulation de la feuille tombante a énormément occupé les savants. Ils ont fait de nombreuses hypothèses. Saluons le courage malheureux, et passons incontinent.

— Je me rappellle que les hypothèses, neuf fois sur dix, ne sont que des erreurs. Aussi, pour avoir mes idées comme beaucoup d'autres ont les leurs, je considère que les feuilles, dans la nature, sont comme un grand musée, où sont exposés tous les modèles et toutes les formes utiles dans les arts, les métiers, les états et les professions que l'homme doit exercer sur la terre.

— Elles montrent, en effet, toutes les couleurs, les figures, les symétries, les physionomies et les règles que l'on remarque dans les œuvres des hommes, seulement il est très regrettable que ces derniers s'imaginent, à tout coup, avoir inventé ce qu'ils n'ont que copié, et souvent, hélas ! fort mal copié.

CHAPITRE VII

La Sève.

· —

Le sang du végétal. — Ses fonctions dans la plante sont celles du sang dans l'animal : *absorption, circulation, transpiration, respiration, assimilation et excrétion.* — Quelle entreprise! un homme y perdrait dix fois la tête. — Une curieuse visite au laboratoire de la sève. — Toute la manufacture est en mouvement. — Le camp des physiologistes est encore désuni. — Dutrochet : *Endosmose.* — Deux expériences d'endosmose. — Capillarité. — En face d'un problème insoluble, aveu de notre ignorance. — Action de la température sur l'ascension de la sève. — Sève ascendante, sève descendante, leurs escaliers. — Il faut du vert partout. — Mars est là avec son grand pinceau, c'est le retour du printemps! — Subordination de la sève aux saisons. — Elle distribue, à chacun, les provisions qu'elle a faites au marché. — *Hales :* chaque jour, un arbre d'une grandeur moyenne, exhale environ dix litres d'eau. — Les grands phénomènes respiratoires. — Analogie et différence entre la respiration des plantes et celle des animaux. — Expériences sur la respiration diurne ; puis sur la respiration nocturne. — Ce brin d'herbe et cette feuille font de la haute chimie. — Une lampe-modérateur, montée intérieure et descente extérieure de l'huile.

La sève est le liquide nourricier de la plante ; c'est le sang du végétal, aussi, à part la couleur, semble-t-il qu'elle est en tout pareille à ce dernier : ses fonctions sont les mêmes, fonctions de nutrition, qui se graduent ainsi : *Absorption, circulation, transpiration, respiration, assimilation et excrétion.*

— Mon Dieu ! quelle entreprise !... Mais où la sève trouvera-t-elle tous les ustensiles que suppose un tel travail? un industriel qui se serait fait l'adjudicataire, d'une fourniture de sève pour un simple grain de violette serait bien embarrassé : d'abord, se dirait-il, il me faut un cabinet de physique bien monté, et un laboratoire de chimie des mieux ordonné et équipé. Et malgré cela, quand cet homme serait un génie de premier ordre, il n'arriverait jamais à la combinaison de gaz, au dosage des matières multiples qui entrent dans la composition de la sève, selon les besoins de chaque espèce, de chaque famille et chaque classe. Et la sève fait tout cela, avec précision, sans y regarder, comme une vieille pharmacopée qui en a la pratique depuis son entrée dans le monde.

— Ses outils? mais ils nous sont familiers : ne vous rappelez-vous pas, cher Léon, ces spongioles au teint pâle et décoloré, faisant main-basse, jour et nuit, sans trêve ni repos, sur tout le liquide et sur tous les gaz de la terre? voilà le premier mouvement de la sève. Ainsi aspirée par tous les pores des fibrilles, elle fait son apparition dans la racine qui la digère avec tous les sels qu'elle tient en dissolution ou en suspension ; mais pour faire place au courant qui la pousse du dehors, il faut qu'elle monte, qu'elle grimpe d'utricule en utricule jusqu'au sommet de la plante. Dans ce voyage, elle ramasse çà et là des richesses, des substances de toutes sortes : ici de la fécule, là de l'albumine, plus loin des résines, des parfums, des térébenthines, des huiles essentielles, fixes ou volatiles; ailleurs de la caséine, de la fibrine, de la potasse, de la chaux, de la soude, du fer, du silex et des minéraux de toutes espèces.

C'est également dans son ascension de la racine à la feuille qu'elle rencontre la cellulose dont elle fabrique les parois de ses utricules et de ses tubes, et la glucose, et la gomme, dont elle édulcore ses fruits et ses légumes. Néanmoins, ce n'est que dans les feuilles qu'elle trouve sa perfection de sève élaborée, en y perdant, par la transpiration, son excès d'eau, et en y trouvant, par la respiration, dans son contact avec l'air atmosphérique, le carbone créateur du latex, c'est-à-dire du cambium qu'elle étend en couche génératrice nouvelle entre l'écorce et le bois, et descend ainsi jusqu'à la racine où elle termine sa révolution annuelle pour recommencer à chaque printemps.

Vous ne comprenez pas très bien ce dosage, cet entassement et cette promenade d'éléments si divers de la racine à la feuille, et de la feuille à la racine. Entrons dans le laboratoire de la sève, et voyons fonctionner chacun de ses appareils. A tout seigneur tout honneur; commençons notre inspection par les *Spongioles*. Leur force de succion est considérable. Elles ne puisent que

les matières dissoutes et de préférence celles qui se sont
le plus divisées et les plus fluides. On les croyait douées
d'une action élective qui leur faisait rejeter les substances nuisibles ; mais Saussure a démontré par une
expérience qu'elles peuvent absorber des poisons, des
métaux même, pourvu qu'ils soient à l'état de solution
suffisante. D'une cellule à l'autre, ces liquides sont at-
tirés par chacune d'elles, filtrés, manipulés, dosés de
substances diverses, ils montent en se perfectionnant
sans cesse jusqu'aux sommités de l'arbre. Toutefois
pour trouver une meilleure nourriture, les racines qui
végètent dans un terrain pauvre parcourent quelquefois
de longs trajets et franchissent des obstacles difficiles,
preuve qu'elles sont dirigées par une sorte d'instinct de
conservation.

Le phénomène de l'absorption est-il organique ou
purement physique? Sur ce point il y a désunion dans
le camp des physiologistes. Une opinion mixte a surgi
du sein des flots agités de cette savante divergence.
Cela suppose de la modération et de l'abnégation de la
part des uns et des autres. Ces beaux sentiments nous
portent à donner plus de confiance à cette opinion qui
considère la force absorbante en question comme
physico-organique ; c'est-à-dire participant des deux
natures. C'est cette force que Dutrochet a désignée sous
le nom d'*endosmose* après avoir démontré expérimentale-
ment que : quand deux liquides, de densité différente

sont séparés par une membrane poreuse, de nature animale ou végétale, il s'établit un courant entre eux par lequel le liquide moins dense tend à se porter vers le plus dense pour se mêler à lui : ainsi, quand on prend une petite vessie de nature organique remplie d'une solution aqueuse de gomme, de sucre ou de lait, si on la plonge dans de l'eau pure, on voit l'eau traverser les parois de la vessie et venir s'ajouter graduellement à l'eau plus dense que celle-ci contenait. Si, au contraire, la vessie est remplie d'eau pure et qu'on la plonge dans un liquide plus dense, un mouvement semblable, mais en sens inverse, s'y manifeste. Tous les organes qui composent la plante forment un tout continu. Les utricules qui constituent les fibres radicales sont remplies d'un liquide plus dense; car elles contiennent de la gomme, du sucre, de l'albumine, etc. En vertu du phénomène de l'endosmose, ces liquides attirent l'eau du sol et la font passer dans les utricules les plus superficielles, et ensuite de là, dans les autres parties du tissu végétal.

Mais à l'endosmose vient se joindre la *capillarité*, phénomène bien connu par l'élégante prestesse avec laquelle elle fait monter les liquides dans les tubes d'une excessive étroitesse, fins comme des cheveux, capillaires, en un mot; c'est une attraction presque insensible de nature purement physique, peut-être même magnétique, que les molécules des corps exercent les unes sur les autres à de très faibles distances. La

7

capillarité est ici chez elle, car le végétal est-il autre chose qu'une trame, un réseau serré de tubes filiformes, dans ses trois tissus : cellulaire, tubulaire et fibreux?

Nous croyons qu'il y a dans les phénomènes de l'absorption végétale et de l'ascension de la sève plus qu'un acte physique et que l'ascension organique y prend part. Mais comment définir cette dernière? où commence-t-elle? où finit-elle?... Autant de problèmes insolubles. L'appellerons-nous impulsion organique ou échange de matières? Énergie vitale ou ce je ne sais quoi qui pousse la sève dans sa course ascensionnelle, comme il pousse le sang dans sa circulation artérielle? pour ne pas répondre à l'inconnu par l'incompréhensible, abstenons-nous.

Notre ignorance des causes premières que Dieu a voulu nous cacher n'empêchera nullement la sève de monter. Je remarque précisément une quatrième cause d'ascension, d'une grande efficacité, c'est l'effet énergique des feuilles qui sans cesse altérées par l'abondante transpiration dont elles sont le siège, exercent une très puissante succion dans toutes les parties supérieures du végétal. Ayant exposé ce phénomène au chapitre des feuilles, nous nous bornerons ici à en rappeler le souvenir.

Les variations de la température viennent aussi stimuler la marche en avant de la sève. Son élévation surtout prend une part active à sa diffusion dans les tissus du végétal. En dilatant l'air contenu dans les canaux de la plante, elle le fait monter et l'oblige ainsi à refouler devant lui les globules sèveux auxquels il se trouve mêlé.

— Je comprends maintenant que l'absorption, l'endosmose, la capillarité, la dilatation de l'air, jointes ou commandées même par l'énergie vitale, sont autant de manœuvres pour faire monter la sève, mais cette démonstration me laisse dans l'ignorance de l'escalier qu'elle prend, du chemin qu'elle suit pour atteindre son but.

— Considérée dans sa composition, la sève passe par deux états, qui l'ont fait diviser en sève ascendante ou imparfaite, analogue en cela au sang veineux chez les animaux, et en sève *descendante*, mieux élaborée, plus riche en matériaux nutritifs, correspondant au sang artériel. De là deux directions : l'une de bas en haut, et l'autre de haut en bas; mais toutes les deux se promènent dans la longueur de la tige depuis son centre, jusqu'à sa circonférence la plus reculée. Dans les monocotylédonées, elle se plaît surtout à monter par le centre du végétal, tout en visitant un peu toutes les parties constituantes de la tige. Dans les dicotylédonées elle fait son ascension par l'aubier de l'arbre. Connaissez-vous l'aubier des grandes tiges et des grosses branches? C'est cette partie plus molle et de couleur plus claire, qui du cœur du bois, s'étend jusqu'à l'écorce. Elle trouve là, pour effectuer sa course, deux sortes de tissus, de longs tubes tous prêts à la conduire et des fibres ligneuses toutes disposées à se laisser imbiber. Il n'y aura pas de jalousie, car elle va les prendre tous les deux. Peu lui importe la voie, pourvu qu'elle arrive; or, elle n'est jamais en retard. Monocotylédonés, dicotylédonés, herbes, arbrisseaux et arbres, tout est escaladé, visité, parcouru, imprégné, muni, approvisionné, nourri de la base au faîte, par ce vivifiant liquide qui, dès les premiers jours tièdes du printemps, renouvelle en quelque semaines la surface des continents.

Mais aussi quelle œuvre gigantesque de transformation va commencer! partout la joie, la fièvre, le délire et l'ivresse. De toute part on entend ce cri : du vert! Il faut du vert partout. A moi des gaz, s'écrie tout à coup l'utricule debout à son comptoir, des gaz, de l'eau, puis des rayons de soleil, pour colorer la terre entière, avec des torrents de viridine.

Et tout accourt à son appel; ce sont d'abord de vagues teintes gaies, qui sans couleur appréciable, illuminent au loin les coteaux, les buissons C'est un vaste sourire et comme un frisson de vie, comme une vibration tiède qui de l'éther bleu, du soleil d'or, se communique à la terre endormie. Cette goutte de sève nouvelle montée au sommet de l'arbre qui déborde par ses boutons d'hiver en formant des feuilles et des fleurs, c'est le retour du printemps! Mai est là avec son grand pinceau. Déjà, il a badigeonné çà et là nos prairies, et nos champs de blé se détachent comme un vaste reflet d'émeraude, des jachères fraîchement labourées. Le ciel bleu se nuance de teintes vertes au-dessus de la campagne; et là-bas, voyez donc la forêt qui se réveille! comme elle se dépouille tout doucement de son gris costume, pour se parer de pampres verts, et se farder, elle aussi, des onctueux présents de la chlorophylle. C'en est fait : le signal est donné; d'un horizon à l'autre, la viridine est reine ; çà et là quelques terres brunes, de loin en loin quelques fleurs jaunes ou rouges; mais partout ailleurs le bleu là-haut, le vert ici, telles sont les livrées du printemps.

La sève, quoique toujours en mouvement dans le végétal, comme le sang l'est dans l'homme, est cependant subordonnée à l'influence des saisons : son mouvement, très rapide au printemps, se ralentit en été, pour reprendre quelque activité à l'automne, puis il s'arrête et devient presque nul en hiver.

— Comme l'eau dans un corps de pompe, la sève est montée par la tige jusqu'au sommet de l'arbre. Sa présence y est marquée par le brillant et la bonne mine des feuilles; son rôle est-il terminé?

— La sève, cher Léon, est allée au marché aux provisions; donnez-lui le temps d'essuyer sa sueur et de respirer, puis vous la verrez descendre entre l'aubier et la lame appelée *liber*, en distribuant, sur son chemin, à tous : utricules, fibres, tubes, vaisseaux, moelle, racines, écorces, bourgeons, feuilles, fleurs et fruits, les provisions qu'elle a faites, et formant de son superflu un cercle concentrique de matière ligneuse qui servira à marquer l'âge de son protégé. Quand on vient de se livrer à un tel exercice, il est bien permis de transpirer. C'est ce que fait la sève, en versant par les stomates des parties vertes, l'oxygène et la vapeur d'eau qui la rendaient trop claire pour réconforter suffisamment ses nourrisons, logés à tous les étages de la plante depuis le sous-sol jusque sur le toit le plus élevé. D'après les observations de Hales, un grand pied d'hélianthe, vulgairement appelé soleil, émet presque un kilogramme d'eau par jour pendant les grandes chaleurs de l'été; un arbre d'une grandeur moyenne en exhale une dizaine de litres, et de la surface d'un pied carré pris au hasard dans une prairie, il s'élève dans le même temps, une moyenne de trente-trois pouces cubes d'eau.

D'après ces chiffres, les prairies et les forêts émettent tous les jours pendant la saison chaude, une masse de liquide incalculable.

— Vous rappelez-vous ces nuages de blanches brumes, ces flots de vapeur qui se balancent en automne, vers le soir, au-dessus des régions herbeuses et boisées? Eh bien ! ces torrents d'eau condensés par le froid de la fin du jour viennent de la transpiration simultanée de tous les végétaux.

— Je ne m'étonne plus maintenant que la sève s'épaississe; car, traitée de la sorte, elle doit se concentrer en un véritable sirop.

Après cela elle respire, c'est une action solennelle qui a pour effet complexe : 1º l'absorption de l'acide carbonique de l'air; 2º l'absorption de l'oxgène de l'air par toutes les parties de la plante, et la combinaison de cet oxygène avec le carbone qu'elle lui fournit pour former de l'acide carbonique; 3º la décomposition, par la lumière solaire, de cet acide carbonique, ainsi formé, et de celui que le végétal a absorbé dans l'atmosphère et le sol; 4º enfin la fixation du carbone et l'expiration de l'oxygène.

Ces grands phénomènes respiratoires se passent dans toutes les parties vertes de la plante, mais particulièrement, nous l'avons déjà dit, dans ses feuilles qui ont été à cause de cela, appelées les poumons du végétal, par Hales, savant botaniste anglais.

Y a-t-il quelque rapport entre la respiration des plantes et celle des animaux?

— L'analogie entre l'animal et la plante relativement à la respiration, dit Chevreul, « c'est le besoin de l'état atmosphérique pour la respiration. »

S'il y a une analogie, il y a aussi une différence; car la respiration de l'animal est simple et uniforme, tandis que celle de la plante est double et complexe. L'animal absorbe en tout temps, jour et nuit, à l'ombre comme au soleil, de l'oxygène, et il exhale du gaz carbonique et

de la vapeur d'eau qui vient, en partie, de la combustion
de l'hydrogène par l'oxygène. La plante ne respire pas
la nuit comme le jour. Ses organes colorés respirent
autrement que ses parties vertes. Elle a deux respirations : l'une diurne ou chlorophyllienne et l'autre
nocturne, ou de tout ce qui n'est pas vert en elle.

— Je prévois que cette charmante et jolie viridine,
qui, au printemps, colore d'un si beau vert nuancé les
prairies, les bois, les jardins et les champs, va rentrer
en scène.

— Effectivement, c'est elle qui remplit le premier
rôle dans la respiration diurne. Après des expériences
cent fois répétées au moyen d'appareils progressivement
perfectionnés, où des branches entières étaient enfermées
dans des ballons de verre hermétiquement fermés par
des vessies mouillées, on a constaté que, sous l'influence
de la lumière solaire, des feuilles fraîches, plongées dans
de l'eau pure, dégagent des bulles de gaz qui se trouve
être de l'oxygène pur, et, d'autre part, que l'air atmosphérique, mis en contact avec les mêmes feuilles,
éprouve une perte considérable d'acide carbonique. De
là nous allons conclure que la respiration diurne consiste dans un dégagement d'oxygène et dans une assimilation de carbone opérés par les cellules vertes. L'un et
l'autre proviennent de la décomposition de l'acide carbonique de l'air, comme aussi de celui de la sève qui
leur arrive des racines, c'est-à-dire du sol.

— C'est en faisant ce triage que les plantes exercent leur rôle d'épuratrices dans l'univers.

— Oui, cher Léon, après s'être emparées de l'acide carbonique et en avoir fixé le carbone aux cellules ligneuses, elles éliminent l'oxygène qui reste libre par suite de cet emprisonnement ou emmagasinage du carbonne. Qu'en feraient elles? Elles rejettent à peu près tout, dans l'atmosphère, et nous sommes-là pour en jouir, pour le respirer avec délices. Les choses ne se passent pas toujours ainsi, la respiration nocturne va nous en donner des preuves : effectivement. ces bonnes petites cellules vertes qui nous comblent de bienfaits pendant le jour, semblent, dès que le soleil a disparu, ne plus même se souvenir de leur rôle d'épuration. Pendant la nuit elles boivent l'oxygène de notre air et elles vomissent des flots d'acide carbonique pur. On dirait qu'elles veulent nous empoisonner. Vous le voyez, la défection est complète. Qui expliquera jamais ce changement d'humeur? pardonnons-leur en pensant au bien qu'elles recommenceront à nous faire demain matin.

La fleur, qui est la création par excellence de toutes les forces végétales, respire un peu comme nous; c'est-à-dire qu'elle absorbe en tout temps de l'oxygène et qu'elle exhale de l'acide carbonique à peu près pur. Ne soyons pas égoïstes comme des êtres qui voudraient tout absorber autour d'eux. Laissons vivre la fleur auprès de nous; elle travaille en vue de notre bonheur. Ses couleurs et ses parfums nous réjouissent, et ses vertus bienfaisantes rendent la santé à ceux d'entre nous qui l'ont perdue.

— Ce brin d'herbe qui est là sur mon chemin, et cette feuille, qui frissonne à la brise sur ma tête, font de la haute chimie; ils pompent, aspirent, distillent; l'eau circule, le charbon s'accumule; un simple rayon de soleil les rend inépuisablement féconds; ils nous fournissent incessament et par masses incalculables, l'air, le feu et le pain; c'est-à-dire la vie. Suis-je enthousiaste exagéré, ou simplement vrai?

— Très bien, cher Léon, vous avez admirablement compris les richesses immenses que répand autour d'elle la sève élaborée. Le profit qu'elle tire de cette transpiration et de cette respiration, dont je vous ai entretenu, ne vous a pas non plus échappé; vous savez encore que la sève maintenant est apte à descendre, voyez-la, elle n'est plus aqueuse comme elle l'était plus ou moins pendant son ascension : épaissie, perfectionnée, c'est-à-dire nutritive et féconde, la voilà prête à descendre. Elle est montée par les fibres ligneuses de l'aubier, elle va descendre par un autre chemin; c'est entre le bois et les couches libériennes qu'elle va lentement s'étaler pour glisser tout le long des branches et tout le long du tronc, jusqu'aux plus profondes racines. Elle émerge de la cime de l'arbre et en découle comme l'huile d'une lampe qu'on vient de monter et qui déborde. Huile féconde qui s'épanche en cellules nouvelles et en tissus lentement coagulés.

CHAPITRE VIII

Organes accessoires.

Accessoires! on aurait pu garder cette épithète pour exprimer l'imperfection des œuvres humaines. — *Dixit et omnia facta sunt.* — Utilité des
vrilles, des épines, des aiguillons, des poils, de la soie, du coton, des glandes
et des écailles. — Chaque plante choisit l'étoffe de son habillement. —
Entrons dans la salle d'armes. — Il y en a qui ne gardent pas grand chose.
— Les véritables gardes-forestiers. — Les armes empoisonnées. — Une
visite à la salle d'*orthopédie.* — N'est pas libre qui veut de se mettre l'épine
dorsale en tire-bouchon. — Un détournement d'emploi; tant pis! des vrilles
avant tout!... — Expérience de M. Macaire de Genève. — Autre expérience
pour reconnaître la faculté que possédaient les vrilles pour se diriger. —
Tenace persévérance des vrilles. — Rectitude dans les fonctions exercées par
les végétaux. — L'homme déchu. — Les glandes ont l'entreprise générale de la
parfumerie et de la droguerie du monde entier. — On donne le signalement
des glandes. — Elles sont nombreuses; il y en a de terriblement dangereuses.
— Tableau descriptif où on les a classées et divisées d'après leurs formes,
leur disposition et leur situation.

Accessoires? Cette épithète me répugne. Nous de-
vrions la garder en réserve pour exprimer l'imperfection
de nos œuvres, pour dire nos hésitations dans les copies
que nous élaborons péniblement, des chefs-d'œuvre de
Dieu. Nous aimons tellement à nous faire illusion, que

toutes les fois que nous le pouvons, nous prêtons nos
défaillances à la nature et nous prenons bravement un
brevet d'invention quand nous avons quelque peu
réussi à imiter un de ses innombrables agents.

— Nous l'avons déjà constaté, il y a des irrégularités
de langage qui expriment si bien une situation, qu'elles
sont admises généralement sans contestation.

— Allons, je le veux comme vous, cher Léon ; soyons
indulgents pour notre misère native, et disons que c'est
une consécration de ce genre, signée successivement par
tous les botanistes, qui a fait dire : « Organes accessoires, » toutefois, malgré cette acceptation quasi unanime, il n'en reste pas moins certain que la nature ne
confectionne pas l'article *accessoire*. Inutile de le chercher dans vos ateliers, vous ne l'y trouverez pas. Le
grand Architecte de l'univers s'est-il embrouillé dans ses
lignes en faisant le plan du monde végétal? A-t-il
éprouvé de l'embarras pour créer les plantes innombrables qui décorent la terre? S'y est-il pris à plusieurs
fois pour opérer tant de merveilles? Non, certainement
non! « *Dixit et omnia facta sunt* ». Il a dit, et tout a été
fait. Un seul mot!... et à cette voix puissante, tous les
végétaux sortent du néant, chacun prend le terrain et la
zone qui lui convient, et classes, ordres, familles,
genres, espèces, variétés passent l'inspection de leur
Roi suprême qui déclare que « tout est bien ». Non,
dans ce bel édifice, il n'y a pas la moindre place pour

l'accessoire. Tout a de l'importance; ajouter ou retrancher au dernier des végétaux serait le mutiler, le dénaturer. Vous avez dit que la vrille est un organe accessoire de la vigne. Accessoire! c'est comme si vous disiez que les jambes et les mains de l'homme sont les accessoires de son corps. Je ne conçois pas davantage, telle autre plante sans ses aiguillons, ou ses épines, ou son coton, ou sa laine, ou sa soie, ou ses glandes qui, non-seulement le caractérisent puissamment, mais encore le défendent contre les injures des hommes, des animaux et des saisons. Et puis, qui ignore que la plante partage avec tous les corps organisés, certaines secrétions indispensables? Voilà qui explique l'existence des glandes, leur utilité, leur importance.

Nous l'avons vu, le végétal boit, mange, digère, transpire et respire; aussi, y a-t-il chez lui assimilation et déjection. Donc, les glandes, les poils et les aiguillons qui servent à éliminer les matières de rebut, ne sont pas moins utiles que les stomates qui donnent à la sève sa fécondité et sa richesse.

— Vous venez de nommer les vrilles, les épines, les aiguillons, les poils, la soie, le coton, les glandes et les écailles, ce sont-là les organes en question. Ils sont de diverses natures; on voit que les uns sont destinés à soutenir les tiges; les autres à les préserver, d'autres enfin sont utiles à certaines fonctions.

— Je vous félicite, cher Léon, de la justesse de votre

coup d'œil, et de la précision avec laquelle vous caractérisez les fonctions de ces différentes parties des végétaux; mais pour mieux connaître leur nature, entrons dans les détails. Commençons par une rapide inspection de la garde-robe et de la salle d'armes des plantes, ensuite nous visiterons leur laboratoire où se distillent, en cachette, les plus subtiles poisons, et nous ne sortirons pas de leur établissement sans avoir donné une attention toute particulière à leur magasin d'orthopédie, où sont entassés des mains, des griffes, des crochets, des crampons et des pattes de la plus grande curiosité, capables de servir de modèles à tout objet destiné à accrocher, suspendre, lier, attacher ou soutenir une tige sarmenteuse, flexible ou quelque chose d'analogue.

Des habillements! la plante les choisit selon son tempérament et son caprice : les fraisiers affectionnent la soie, tandis que les amandiers préfèrent le satin; la pêche et la digitale aiment le duvet, sorte de soies superfines et très courtes; le stachys germanica porte du coton; le bouillon-blanc et quelques chardons raffolent des plus belles laines; la vipérine et la bourrache se couvrent d'un manteau fait de poils simples, isolés et rudes au toucher. Ajoutons que ces diverses toilettes sont des productions cellulaires qui se voient principalement sur les rameaux et les feuilles, surtout dans la jeunesse de ces organes; tous ces *poils* appartiennent à l'épiderme, dont ils ne sont que des cellules plus

saillantes que les autres; ils sont tantôt à une seule
cellule, simples, bifurqués ou étoilés; tantôt à plusieurs
cellules, unis en chapelet ou rayonnant d'un centre commun.

En sortant de la galerie des étoffes, nous entrons
dans la salle d'armes ou se trouvent les *aiguillons*, les
dards, les poignards, les lances et les hallebardes, en un
mot, toutes les armes défensives que le végétal oppose
à ses ennemis. Elles sont dispersées sur la tige et sur
les feuilles, et même sur certaines parties de la fleur.
Les aiguillons se rapprochent beaucoup de la nature des
poils. Dans les *jeunes rosiers*, par exemple, les aiguillons
ne sont que des poils qui deviennent durs et rudes en
vieillissant, tandis que dans la *rose mousseuse*, ils conservent la douceur des poils. Les uns et les autres sont
une production immédiate de l'épiderme, aussi peut-on
les en détacher sans peine. La cicatrice qu'ils laissent,
nette, unie ou à peine concave, prouve assez que l'aiguillon, quelle qu'en soit la longueur, n'est qu'un organe superficiel. Les aiguillons sont ou simples ou ra-
mifiés. Ils sont digités dans le *groseillier*, disposés en
pinceau dans les *cierges*, coniques et comprimés dans
le *xanthoxilon*. Ils ne faut pas les confondre avec les
épines, qui en diffèrent par leur structure fibreuse, et
qui ne sont que des organes tranformés par le malheur.
C'est ainsi que l'on voit tantôt de pauvres feuilles
avortées, tantôt des rameaux amaigris, négligés; qui, ne

sachant plus que faire, se sont engagés dans les lanciers de la garde végétale. Avec des soins et des égards, on ramène les engagés volontaires à leur état primitif, c'est-à-dire avec une bonne culture ils consentent à se revêtir de feuilles vertes et à reprendre leur physionomie de rameaux inoffensifs.

Quand l'épine n'est pas un ex-rameau aigri par l'infortune, elle n'est qu'un rameau paresseux, méchant, autant que méprisé, vantard, agressif, piquant l'un, piquant l'autre, arrachant une plume à l'oiseau, un flocon de laine à la brebis, un morceau de culotte au passant..... Voilà ses hauts faits les plus glorieux.

— N'est-ce pas un factionnaire préposé à la garde des fleurs ou des fruits?

— Il y en a qui ne gardent pas grand chose : voyez les épines du prunellier sauvage ou les aiguillons de la ronce et du chardon et le houx qui aiguise en poinçons les nervures de ses feuilles, et le rosier qui se hérisse comme un porc-épic et tant d'autres encore. Tenez, le cactus n'est-il pas ridicule sous sa forêt de hallebardes? Oui, il y a des plantes qui, positivement, abusent du droit de légitime défense, et qui, sous l'influence d'un esprit de militarisme vraiment grotesque, finissent par contracter la manie ridicule du poil durci, de l'aiguillon ou du poignard.

— Ce sont de véritables gardes-forestiers, car ils rendent les haies vives infranchissables et plus difficiles à escalader qu'un mur en pierres ou en briques; ces prétendus accessoires doivent paraître très utiles aux horticulteurs et fort désagréables aux maraudeurs.

— Des accrocs, des piqûres, des plaies, du sang qui coule et qui jaillit, voilà des coups portés loyalement; mais des empoisonnements, c'est de mauvaise guerre, et pourtant la plante ne recule pas devant cet excès, dans un cas de légitime défense. Je dois dire à sa louange qu'elle n'attaque jamais, tant pis pour l'insolent qui se permet de porter sur elle une main coupable et criminelle. Ses précautions sont prises, elle a distillé du poison, elle en est munie. N'abusez pas de sa faiblesse, vous qui vous croyez le droit de violer tous les domiciles, et de flétrir toutes les fleurs de la prairie; comme le sauvage de l'Orénoque, elle a empoisonné son dard. Voyez l'ortie avec son aiguillon à crochet, semblable au dard de la vipère, elle ne vous lance pas son venin; non, elle fait mieux, elle vous l'inocule sous l'épiderme où la pointe de son aiguillon se brise pour laisser libre le chemin au poison. Le membre ainsi piqué, par certaines plantes, est condamné à la paralysie et à la mort.

Passons à des « accessoires » moins énergiques et moins lugubres. Voyons l'orthopédie, — c'est-à-dire, les béquilles, les corsets, les crochets, les mains, les pattes et les vrilles. Les vignes, les pois, les bryones, les passiflores, les courges, les cissus et autres vous

diront quel service de premier ordre font dans leur
domaine, ce qu'il vous plaît d'appeler : des *organes
accessoires*. Bornons-nous à connaître les vrilles qui
tiennent le premier rang dans la collection. Ce sont
des liens en forme de fils roulés en spirale, au moyen
desquels la plante s'attache aux corps voisins ; elles
sont solides, car elles vont jusqu'au bois. Elles se
divisent en : *simples*, *bifides*, *trifides*, *rameuses*, etc.

Quelquefois elles se transforment en espèces de *griffes*
qui s'implantent dans les murs ou dans l'écorce des
arbres, puis elles se munissent de *suçoirs* pour vivre
sur le voisin qui doit ainsi porter et nourrir cette
princesse du grand air. Tel est le *lierre*.

— Les plantes seraient-elles aussi curieuses qu'elles
sont capricieuses et fantasques dans leur toilette ? Quel
est, et d'où vient cet amour de monter, cette rage de
voir ce qui se passe au loin dans la campagne, et chez
le voisin ?

— Ah ! mon cher Léon, quand on a des poumons, on
éprouve le besoin de respirer le grand air, de voir le
soleil et de contempler le ciel bleu. Mais tout le monde
n'a pas la faculté de grimper, n'est pas libre qui veut
de se mettre l'épine dorsale en tire-bouchon, comme
ces lianes de toutes sortes qui, roulées en spirale autour
d'un corps quelconque, s'élèvent aux plus grandes hauteurs. Comment faire, quand on ne peut ni se tenir
droit et ferme, ni prendre un bâton pour s'entortiller

autour? quand on n'a ni la puissante flèche du peuplier, ni la souple spirale du liseron ?

— Maintenant c'est facile à deviner : on se fabrique une douzaine de vrilles, c'est vite fait ; c'est aussi le cas de dire que l'on se conforme à toutes les circonstances en faisant flèche de tout bois. Voilà un pétiole prolongé ici, une feuille inutile ou un fragment de feuille là-bas. Crac ! on les confisque pour s'en faire des mains simples ou rameuses, suivant les besoins. C'est un détournement d'emploi, n'importe ! il faut des vrilles ; des vrilles avant tout !... Pourvu qu'on s'accroche, qu'on monte et qu'on respire, et surtout qu'on se chauffe au soleil, rameau ou grappe, feuille ou pétiole, tout est bon à prendre et à métamorphoser en vrilles.

Mais ce que j'admire surtout, c'est ce cachet de vie et de spontanéité que Dieu a mis dans tous ces phéno- mènes relatifs à la fabrication de ces vrilles, petites mains nerveuses, presque intelligentes, qui s'enroulent et se tortillent en tous sens, jusqu'à ce qu'elles aient rencontré l'échalas ou la branche qui va les aider à soulever la tige.

— Vous parlez comme un professeur, mon cher élève, mais vous oubliez, dans votre exacte et savante énumération, un phénomène vraiment remarquable, c'est la manière dont s'enroulent les vrilles. Vous venez de les considérer un peu trop comme des cro- chets aveugles et forcenés qui, sans discernement,

sans motif et même sans prétexte, s'entortillent dans
le vide et saisissent le néant. Non, ce n'est pas tout à
fait cela. Qu'est-ce donc? Eh! bien, une fois formées,
elles se meuvent dans l'air et tâtonnent en oscillant
pour atteindre un corps autour duquel elles pourront
s'enrouler. Elles possèdent la propriété de fuir la
lumière, ce qui fait qu'elles se portent ainsi du côté
des corps solides qui peuvent leur prêter un appui. Les
expériences de M. le professeur *Macaire* de Genève, sur
les vrilles du *tamus vulgaris* montrent avec quelle
rapidité ces organes saisissent l'occasion de s'attacher..
Dès qu'on les touche avec un corps mince, sur un point
assez rapproché de leur extrémité, ces vrilles, d'abord
droites, se contractent de dehors en dedans, forment un
crochet, puis une boucle. Elles resserrent le nœud, et
tout cela si rapidement, que M. Macaire a vu fréquemment trois nœuds se former sous ses yeux, dans
l'espace d'un quart d'heure, sur des morceaux de fil de
fer, sur des branches, un crayon, et même sur le doigt.
Les vrilles, comme les tiges volubles, s'enroulent toujours
du même côté dans la même espèce.

Dans les *cissus* et les *vignes*, les vrilles sont opposées
aux feuilles. Dans les *courges* et les *bryones*, elles s'in-
sèrent à côté du pétiole ; dans les *gesses*, elles naissent
du sommet des pétioles ; dans les *smilax*, les vrilles
sont placées à droite et à gauche des pétioles ; elles
partent de l'aisselle des feuilles dans les *passiflores*.

Quelquefois les feuilles servent de vrilles et sont accrochantes : la *méthonique du Malabar*.

Les vrilles ne s'observent que sur les plantes qui vivent dans l'air, sur les tiges sarmenteuses, grêles, flexibles et trop faibles pour se tenir debout, en contemplation devant le soleil, sans recourir à quelque ruse ; de là l'invention des vrilles.

— Je commence à comprendre que les plantes, au moyen de ces filaments verts qui se tortillent et que je croyais bons à rien, ont la faculté d'aller où elles veulent.

— Votre enthousiasme, cher Léon, me fait plaisir. Elle vous a fait prêter au végétal une vertu de locomotion exagérée, mais qui renferme cependant quelque chose de vrai, et il est hors de doute que les vrilles ont une faculté dirigeable très évidente.

— Comment la montrent-elles ?

— D'une manière bien simple. Supposez que vous voyez une de ces vrilles se diriger vers un clou fiché dans le mur. Laissez-la faire son chemin pendant quelque temps. Puis, quand vous la verrez près d'atteindre son but, retirez le clou et enfermez-le du côté opposé. Vous êtes un cruel, un barbare, n'est-ce pas ? La pauvre vrille est toute désappointée ; qui ne le serait pas ? tant d'efforts dépensés en pure perte ! Pensez-vous qu'elle en restera là ? Oh ! détrompez-vous !.... Elle regardera autour d'elle pour voir s'il n'y a pas dans les

environs, d'autres points d'appui, et, si elle n'en trouve
pas, elle se décidera à se retourner et à se diriger vers
le clou, où elle s'attachera cette fois et probablement
avec une certaine satisfaction.

— Maintenant, devant les difficultés si nombreuses
dans l'étude de la botanique, je penserai à la persévérance si intelligente de la vrille, et j'invoquerai aide
et protection, auprès de celui qui l'a douée d'un si bel
instinct.

— Vous trouverez toujours, cher Léon, plus de rectitude dans les fonctions soit de nutrition, soit de reproduction exercées par le végétal, que dans celles provenant
de l'homme. Ce dernier n'est qu'une ruine, au physique
comme au moral ; depuis qu'il s'est donné la mort, il la
porte partout, jusqu'aux actes aveugles de sa vie physique qui sont empreints du sceau de sa défection.

— N'est-ce pas au végétal qu'est dévolu la fourniture
de toutes les parfumeries, drogueries, pharmacies et
épiceries du monde ? Outre là liqueur spéciale à chaque
individu, qui s'élabore dans ce que l'on est con-
venu d'appeler les vaisseaux propres, n'a-t-il pas
d'autres réservoirs ?

— Nous arrivons illico à l'objet de votre légitime
préoccupation ; parlons donc des *glandes*.

— Quel est donc ce nouvel organe ? je devrais dire :
ce problème ; car c'est à cet état qu'il se présente à mon
esprit.

— Les glandes sont de petits corps ou mamelons de figure variable et qui secrètent un liquide quelconque. Elles donnent des caractères essentiels pour la distinction de plusieurs espèces de plantes : les *crucifères,* etc. Plusieurs espèces de *casses* et d'*aracias* ne peuvent se distinguer sans l'examen des glandes. Elles naissent sur toutes les parties de la plante, excepté peut-être sur les racines. Elles sont aussi assez rares sur les parties plongées dans l'eau.

D'après leur situation, on les dit : *caulinaires, pétiolaires, florales, foliaires, stipulaires,* selon qu'elles naissent sur les tiges (la *glaciale*) ; sur les pétioles (le *ricin*) ; sur les fleurs (la *couronne impériale*) ; sur les feuilles (l'*amandier*) ; sur les stipules (l'*abricotier*) ; elles peuvent couvrir la plante entière, comme on le voit dans la *ficoïde glaciale.*

Les glandes abondent dans les feuilles de l'aune et du bouleau, où elles sécrètent une matière visqueuse et amère; dans le bourgeon du peuplier, où les jeunes feuilles sont baignées d'une résine parfumée.

Quelquefois elles sont situées à la base d'un poil, comme dans l'*ortie,* ou bien elles le terminent, comme dans le *pois chiche.*

Le nombre des espèces à glandes vénéneuses comme les *malpighia,* les *loasa,* va en diminuant, comme celui des reptiles venimeux, du sud au nord, et l'Europe ne possède qu'un très petit nombre de plantes à venin.

— Il paraît que pour traiter de la paix ou de la guerre avec les glandes, il ne faut pas trop se fier au premier venu. Elles ont pour se défendre, et de quoi faire passer un parlementaire badaud et novice aux oubliettes pour toujours. Sont-elles nombreuses? à quoi les reconnaît-on?

— Il y a des plantes qui en sont couvertes de la base au sommet; rarement elles sont solitaires, souvent elles sont réunies, disposées par petits amas, presque toujours elles se montrent par séries longitudinales ou circulaires. Leurs formes sont très variées; souvent elles semblent être seulement de petites taches; d'autres fois elles paraissent en relief, et présentent l'image d'un godet, d'une petite coupe, d'une petite vessie, ou la forme d'un tubercule arrondi ou allongé. Généralement elles sont de si minimes dimensions qu'elles sont presque invisibles à l'œil nu; leur volume surpasse rarement celui d'une tête d'épingle. Leur consistance est ferme et de nature cartilagineuse. Leur couleur se confond ordinairement avec la surface qui les porte. Chargées de l'élaboration et de l'emmagasinage des huiles essentielles, des natures sucrées, gommeuses, acides, etc, elles sont très odorantes et savoureuses.

On les a classées et divisées d'après leurs formes, leur disposition et leur situation, en :

Globulaires : elles sont sphériques et n'adhèrent à l'épiderme que par un point de leur pourtour. Elles paraissent sous forme d'une poussière brillante sur le calice, la corolle, les anthères de beaucoup de *labiées*. Mirbel les considère comme les glandes les plus simples, et pense qu'elles sont produites par la dilatation d'une seule cellule.

Utriculaires : ce sont des espèces d'ampoules formées par la dilatation de l'épiderme, et remplies d'un liquide incolore : la *glaciale*.

Papillaires : elles paraissent sous la forme de mamelons, et sont logées dans les fossettes. On les observe à la surface inférieure des feuilles des labiées. Mirbel rapporte à ces glandes les mamelons qui brillent comme des pointes de diamant sur les deux surfaces des feuilles du *rhododendrum punctatum*.

Cyattriformes : ce sont de petits disques charnus creusés d'une fossette à leur centre, et qui distillent souvent une humeur visqueuse. Ces glandes existent sur les dents inférieures des feuilles des *arbres fruitiers*, des *peupliers*, des *saules*, des *ricins*, etc.

CHAPITRE IX

Bourgeons et Greffe.

§ I. — BOURGEONS

Le nid du bourgeon, sa tente d'été et sa maison d'hiver. — Voilà le retour du soleil, prenons un canif... — Quel charmant arbri hermétiquement clos, admirablement capitonné et ouaté! — Toute la fortune de ce César végétal est sous cette tente. — Bourgeons à *bois* ou à *feuilles;* bourgeons à *fleurs* ou à *fruits;* bourgeons *mixtes.* — Des écailles contre l'excessive sécheresse, comme des écailles contre le froid et l'humidité. — Touchante sollicitude du Père de la nature. — La préfoliation. — Les *bulbilles.* — Plus de confédération et de commun réfectoire. — *Bulbes* ou oignons, magasin de vivres, docks de marchandises. — *Caïeux*, c'est une solide race. — Les bulbes *tuniquées*, les bulbes *écailleuses*, les bulbes *solides*. — En sa qualité de Roi de la terre l'homme fait main basse sur tout ce qui lui plaît.

Voyez-vous dans l'aisselle de chaque feuille ce point imperceptible oblong comme un œil et quelquefois pointu comme une aiguille? Eh bien! c'est le nid du bourgeon. C'est sa tente d'été et sa maison d'hiver. Ne riez pas!... vous êtes en présence d'une merveille qui porte l'empreinte de la souveraine sagesse de Dieu.

Laissons cet atome végétal vivre à la forte cuisine du

grand arbre pendant les mois d'été, d'automne et
d'hiver jusqu'au printemps. Jusque-là c'est un chétif
consommateur, mais voilà le retour du soleil et des
beaux jours, notre bouton est devenu assez dodu,
prenons un canif et ouvrons doucement sa tunique.

— Oh ! quelle jolie casemate, elle est vraiment mi-
gnonne comme un nid de roitelet.

— Voyez-vous, cher Léon, au fond de cette cavité, ce
germe minuscule et conique, garni de points blancs
imperceptibles? Eh bien, c'est le bourgeon avec ses
feuilles. Tout est là : rameau, feuilles, fleurs et fruits.
Quel charmant abri, hermétiquement clos, admirablement capitonné et ouaté! Les vents, la pluie, la
grêle, la neige, le tonnerre et les éclairs pouvaient faire
rage, ils n'avaient rien à craindre de leur colère. Une
dernière couverture d'écailles imbriquées, rangées
comme les tuiles d'un toit, scellées ensemble par un
mastic de gomme-résine de première qualité, les
protège contre toutes les intempéries possibles.

— Toute la fortune de ce César végétal est donc sous
cette tente?

— Assurément, cher Léon. Au printemps, quand le
soleil enveloppera de ses douces effluves le lit moelleux
où dort le bourgeon, il sortira de sa couche mystérieuse
avec son cortège de feuilles ; car elles sont toutes-là avec
lui, roulées, plissées, appliquées et munies de leurs
grandes et petites nervures. Et ainsi, cette jeune pousse

qu'on appelle *bourgeon* aujourd'hui, deviendra bientôt une grande branche pareille à toutes celles qui nous couvrent de leur ombre bienfaisante, en été.

Qui ne serait touché de gratitude et de reconnaissance, cher Léon, à la vue de cette prodigieuse abondance de préservation et de reproduction que Dieu a données aux végétaux pour perpétuer leurs espèces depuis l'instant de leur création jusqu'à la fin des siècles ! Naguère nous admirions la force vitale de la graine, ses évolutions mathématiques, et toutes ses prévisions contre les variations barométriques qui pourraient lui nuire, aujourd'hui n'en pourrions-nous pas dire autant du bourgeon blotti dans sa douillette tente d'hiver ?

— C'est identiquement le même spectacle gracieux et touchant.

— Aussi, l'un et l'autre tendent au même but : la graine commence la plante, le bourgeon la développe, la continue et la multiplie indéfiniment; il est encore chargé de confectionner la graine qui doit perpétuer l'espèce, alors on l'appelle *bourgeon à fleurs ou à fruit.*

A ce propos, disons tout de suite, que l'on distingue trois sortes de bourgeons : *bourgeons à bois ou à feuilles, bourgeons à fleurs ou à fruits*, et enfin les *bourgeons mixtes*, qui contiennent à la fois des feuilles et des fleurs.

Au surplus, regardez ces petits bourgeons qui écartent

leur manteau d'hiver pour contempler le soleil d'avril.
Ici de fines feuilles vertes, là des boutons de fleurs du
rose le plus tendre, et sur le troisième se sont réunies
les fleurs et les feuilles. Dans leur plus tendre enfance,
ces trois frères se ressemblent parfaitement; mais la
différence des physionomies se dessine très vite; un
grain de supériorité se manifeste chez les bourgeons à
fleurs, ils grossissent, s'arrondissent, acquièrent le sentiment de leur valeur..., et cependant, petits bourgeons,
vous n'êtes pas plus que vos frères. Un peu de plus de
sève ici ou là explique votre opulence apparente, et la
preuve, c'est que le bourgeon a fleurs le mieux
constaté, *devient à feuilles*, si la sève afflue.

— Les plantes emploient-elles invariablement les
écailles pour protéger leurs bourgeons?

— Elles semblent se conformer aux circonstances
extérieures. Les végétaux des régions froides couvrent
leurs bourgeons d'écailles et les emmitouflent même
quelquefois de poils cotonneux, sans parler du goudron
dont ils enduisent le tout. Dans les pays très chauds
où la végétation est également suspendue tous les ans,
bien que par une cause inverse, les bourgeons sont aussi
munis d'écailles. Ainsi, des écailles contre l'excessive
sécheresse, comme des écailles contre le froid et l'humidité.

Ce ne sera donc que dans les zones tempérées et à
végétation continue que les bourgeons seront nus, sans

couverture, ni écailles, ni goudron préservateur ; mais
Dieu, pour porter l'homme à l'adoration par le spectacle
des infinies ressources de sa toute puissance, nous
montre dans nos climats européens eux-mêmes, où
sévissent de si longs hivers, des bourgeons tout nus dès
l'âge le plus tendre. Telle est l'insouciance de bien-être
pour leur progéniture de la grossière bourdaine et de la
viorne lentana.

— Quels préservatifs emploient-elles contre la gelée
et l'humidité?

— C'est le secret de Dieu ; et ici se trouve une des
marques incalculables de sa déférence pour l'homme.
Cette bonté révélatrice de la supériorité de Dieu sur
tout ce qui vit, respire et règne ici-bas, est empreinte
partout. Oui, à chaque pas, l'investigateur de la création
est obligé de s'arrêter pour la reconnaître et la saluer.
Par là, le maître du monde apprend aux naturalistes
à être modestes et attentifs à ses leçons. Combien de
fois celui qui porte le nom de *savant*, n'a-t-il pas trouvé
le nec-plus-ultra de sa force intellectuelle dans la moindre
des plantes ! Aussi, toujours le vrai génie est humble et
religieux.

Dieu traite les bourgeons en véritables enfants gâtés :
pour fabriquer leurs écailles préservatrices, ils peuvent
prendre soit des feuilles, soit des bases de pétioles ou
des stipules, qu'ils accommodent aisément pour la circonstance.

Une autre chose admirable que je ne voudrais pas
oublier, c'est la *préfoliation*, ou plissement divers de la
feuille dans le bourgeon : impossible d'imaginer rien
de plus gracieux, ni de plus savant. Il se fait là, comme
dans le calice, des prodiges d'accumulation ; aussi à
peine la feuille est-elle sortie du bourgeon, qu'il devient
improbable qu'elle y ait jamais été contenue.

Il est d'autres bourgeons d'une nature spéciale, ce
sont : les *bulbilles*. Arrondies, écailleuses et d'une consistance charnue, les bulbilles se distinguent par leur
caractère volage et indépendant. La vie de famille leur
pèse ; assez comme cela de confédération, d'association,
de coopération et de commun réfectoire ; elles s'en vont,
courageuses et fières, à l'apprentissage personnel de
l'existence. La perspective des luttes de la vie solitaire
ne saurait les arrêter, et les privilèges de l'initiative individuelle fussent-ils douloureux, elles veulent en
essayer !... Elles partent donc ; détachées par le moindre
choc, emportées par le moindre coup de vent, elles
tombent... qui sait où !... Quelques-unes sur un sol gras
et fertile ; mais combien d'autres, dans les rochers arides
ou le long des rues inhospitalières !...

— Je ne m'attendais pas à trouver dans le règne
végétal des êtres épris d'une ambition aussi fière, ni
d'une liberté aussi dangereuse.

— Dieu le permet-il ainsi pour éloigner les hommes
de l'isolement ? Je ne sais ; mais toujours est-il qu'il est

vrai de dire ici comme partout et toujours : *Væ soli!*
Malheur aux faibles dans les rudes combats de la vie!...
Pour eux, les choses sont plus redoutables, l'isolement
plus périlleux, les injustices plus amères, et cependant,
hélas! rien ne leur est épargné, d'autant moins, je vous
le dis, que la méchante destinée semble vraiment se
faire un jeu de la souffrance des petits.

Les bulbilles servent de transition entre les simples
bourgeons amateurs des monotonies du phalanstère,
pratiquant scrupuleusement les vertus du pot-au-feu.
Déjà elles sont, par nature, plus dodues que ces derniers. Elles paraissent pourvues pour courir les risques
de l'isolement; mais les *bulbes* ou *oignons* sont des
hibernacles fortifiés, munis, approvisionnés contre les
assauts des plus rudes hivers; ce sont des magasins de
vivres, des docks de marchandises, au milieu desquels
le bourgeon engraisse jusqu'au scandale.

— Le bourgeon de l'oignon possède donc plusieurs
manteaux?

— Oui, des tuniques en grand nombre : sept ou huit
qu'il suce doucement tout le temps que durent les frimas.
C'est ainsi qu'il prend l'hiver en patience. Aussi, au
printemps, qu'on l'oublie sur la planche d'une étagère
ou accroché à une solive du grenier, cela lui est bien
égal; il germe quand même, et du milieu de ses tuniques
amaigries s'élève fraîche et florissante cette pousse d'un
jaune pâle qui ressemble à la défense d'un sanglier.

Quelquefois, il se forme dans le sein de cette bulbe gourmande un bourgeon secondaire appelé *caïeux*. Peu à peu il gagne le dehors, et séparé de sa mère, il pourvoit à son existence, en émettant des racines qu'il n'est pas embarrassé de loger en terre. C'est une solide race. Ces caïeux sont préférables aux graines pour la reproduction des caractères de la famille. Sortis tout vivants de la mère, ils ont plus d'énergie.

— Dieu s'est-il plu, ici comme partout ailleurs, à multiplier les espèces pour l'harmonie de ses œuvres et la perpétuité des familles?

— Oui, bien sûr; nous avons : 1° les *bulbes tuniquées* (oignon, ail, tulipe, etc.); 2° les *bulbes écailleuses*, comme celles des lis, et enfin les *bulbes solides*, comme celles des safrans ou des glaïeuls.

Dans ces trois espèces, l'homme, comme toujours, a fait son choix. Il fait main basse à peu près sur tout ce qu'il peut, sous prétexte qu'il est le roi de la terre. C'est en vue de ce privilège qu'il s'est adjugé les bulbes les plus succulentes, les tuniquées. Il fait sa nourriture ordinaire, où il utilise comme simple condiment l'*oignon*, l'*ail*, le *poireau*, l'*échalotte*, la *ciboulette*, la *rocambole* et beaucoup d'autres.

Ces bulbes ont obtenu la faveur des habitants des cinq parties de la terre; témoin la bulbe du lis tigré que mangent les Japonais, et celles du camessia et de la scille, dont les Indiens de l'Amérique du Nord se font des provisions d'hiver.

§ II. — GREFFE

En quoi consiste l'opération du greffage. — Problème de la greffe. — Nous marchons de surprises en surprises. — Dieu se montre partout. — Les bijoutiers et les forgerons, en mélangeant les métaux, par le feu, font-ils du greffage? — Le médecin qui met un joli nez à la place d'un vilain. — Dieu se l'est réservé. — Il y a là une double individualité; un conquérant et un esclave. — Le sauvageon a gardé l'amour des siens au plus haut degré. — Les avantages de la greffe au point de vue du fruit. — Ici, comme partout il reste un point d'interrogation sans réponse. — Tableau descriptif des manières principales de greffer. — Greffe en *fente;* greffe en *couronne;* greffe en *sifflet ou flûte;* greffe en *écusson;* greffe en *approche;* greffe en *vilbrequin.*

La **greffe**; disons plutôt le greffage. Cette opération si simple, qui consiste à rapprocher le tissu cellulaire de deux individus de même famille pour les nourrir et les améliorer l'un pour l'autre, est encore un des problèmes les plus profonds et les plus curieux dont abonde la vie des plantes. Nous marchons de surprises en surprises; c'est ainsi qu'il en est dans le monde végétal, et nous aurions tort de nous en plaindre, cher Léon. En effet; quel est notre but? Chercher Dieu dans ses œuvres, y trouver la trace de son doigt, n'est-ce pas? Eh! bien, à chaque pas, ne se dresse-t-il pas devant nous? la nécessité de son existence et la vision de sa sollicitude ne sont-elles pas gravées en gros caractères sur la moindre radicelle qui se cache dans les profondeurs du sol et sur le bourgeon terminal du roi de nos forêts?

— Oui, Dieu a eu la bonté de mettre son nom sur chaque plante et même sur chacune des parties des végétaux.

A propos de greffage, les bijoutiers qui placent souvent des pierres précieuses sur des montures de peu de
valeur et les forgerons qui mélangent tous les jours
les métaux au moyen du fer, font-ils ce qu'on appelle
du greffage?

— Non, il n'y a pas plus de greffage ici que si vous
mélangiez de l'eau avec du vin.

Il n'y a aucune analogie entre les évolutions de la
matière animée et les formations passives et inertes de
la matière inanimée.

— Mais ferait-il du greffage, le médecin qui mettrait
un joli nez à la place d'un vilain; des cheveux bruns où
il y en avait des rouges; un bras vigoureux en rempla-
cement d'un chétif, tout difforme; un bon caractère en
échange d'un mauvais; un cœur noble, généreux, et
des sentiments élevés à la place d'une âme basse,
saturée de vices, de lâchetés, et imprégnée de mauvais
instincts de la pire espèce?

— Oui, cher Léon, cela serait du greffage au plus
haut degré; mais Dieu se l'est réservé, cela s'appelle
dans notre langue un *miracle*; c'est-à-dire une dérogation aux lois de la nature faite par Dieu directement ou
par son ordre. L'homme ne peut faire de ces mariages
intimes que dans le monde végétal. Là se bornent les
limites de son pontificat. De là apprenons donc, cher
Léon, à être modeste, sous peine de produire des greffes
de faux savants et de sots ridicules.

— Le greffage est donc une sorte de plantation, ou une imitation de la mise en place définitive d'une plante enlevée du semis où elle a germé et pris la forme véritable de son espèce?

— Voilà ce que j'appelle un beau coup d'œil, cher Léon, vous visez juste : oui le greffage est la plantation réelle d'un bourgeon sur une tige ou sur une branche d'arbre où il puisera sa sève et sa vie. Chacun des deux individus associés garde sa nature, son caractère et ses facultés particulières. Ils se soudent ensemble sans se confondre; il y a unité en apparence; mais pluralité au fond. Du reste, le bourrelet de la greffe ne semble-t-il pas vous prévenir qu'il y a là une double individualité : un conquérant et un esclave; en d'autres termes, une greffe absorbante et un patient qui tourne les meules et la pompe pour lui donner à boire et à manger, au détriment des siens? Oh! les siens... ils ne comptent plus!... Mais c'est terriblement à contre-cœur qu'il travaille pour autrui. Il souffre et languit en attendant l'heure de sa délivrance. En voulez-vous la preuve? elle est facile à trouver : Tenez, laissez-le engendrer un bourgeon chez lui, sous l'insertion de la greffe, et vous allez vite être forcé de reconnaître loyalement qu'il a gardé l'amour des siens, sans dévier en rien de sa nature et de ses habitudes de sauvageon : ce bourgeon se développera avec surabondance de nourriture et de vitalité, tandis que l'étranger qui trône à son sommet,

8

malgré sa richesse de fleurs, de parfum, de saveur et
de fruits délicieux, finira en langueur, à courte échéance,
son existence d'emprunt.

— Pourquoi la greffe donne-t-elle des fruits supérieurs à ceux des branches non-greffées de l'arbre sur
lequel elle a été prise et replacée?

— D'abord, cher Léon, elle n'a jamais confié à personne la cause de cet effet réel, visible et palpable;
c'est un secret qu'elle garde sous les yeux, et à la barbe
ébouriffée des *savants*. Ce mot vous fait rire, n'est-ce
pas? Mais des observations faites sur l'accroissement des
végétaux nous ont déjà appris qu'une plante repiquée
prospérait mieux, en général, que celle laissée dans le
sol de sa germination. C'est facile à concevoir : d'un
côté nous voyons un terrain neuf et de l'autre une place
déjà amaigrie. La greffe trouve sur le tronc ou la
branche qui la reçoit une sève déjà élaborée, en grande
partie, à sa convenance, tandis que l'arbre non-greffé
doit fabriquer totalement la sève dans le sein de la
terre, et y faire tous les triages nécessaires.

— S'il en est ainsi, la greffe n'est pas un problème si
insoluble qu'elle en a l'air de prime abord : par exemple,
quand elle offre des fruits de différentes espèces, couleurs, parfums et grosseurs, sur un sauvageon de
chétive physionomie.

— La raison de l'homme, cette fille de Dieu, cher
Léon, entrevoit les moyens employés dans les mariages

entre plantes de la même famille, mais il reste toujours
un point d'interrogation sans réponse; et celui-ci se
trouve partout dans les œuvres de la création; c'est-à-
dire dans les trois règnes de la nature : Animal, végétal,
et minéral. Il est là pour marquer la distance qui sépare
le génie de l'homme de la toute-puissance de Dieu.

Passons à l'examen des manières principales de
greffer; il y en a six : elles réussissent toutes, pourvu
que l'on fasse coïncider l'écorce de la greffe avec celle
du sujet.

1° *Greffe en fente.* On scie horizontalement le sujet,
que l'on fend ensuite; on taille la greffe en forme de
coing, en lui conservant une partie de son écorce; et on
l'insère dans la fente du sujet, avec la précaution de
faire correspondre les écorces; il faut ensuite recouvrir
l'insertion de la greffe avec un mastic de terre glaise et
de paille hachée.

La greffe en fente se pratique ordinairement depuis
le commencement de février jusqu'en mars. On préfère
un sujet de deux à trois ans. Il faut prendre la greffe sur
des arbres dont l'écorce soit fine, et qui porte du fruit.

Il y a une autre manière de greffer, qui se rapproche
de la greffe en fente : c'est celle qui se fait par enfour-
chement. Dans celle-ci, c'est le sujet qui est aminci, au
lieu que la greffe porte la fente ou l'entaille qui doit
recevoir le bout aminci du sujet; il faut alors que le
sujet et la greffe aient le même diamètre.

2º *Greffe en couronne.* Elle se pratique sur les gros arbres. On coupe une branche, au lieu de la fendre, on en soulève l'écorce tout autour ; on taille la greffe en forme de cure-dent, et on l'insère entre l'écorce et le bois du sujet, en l'abritant du contact de l'air.

La greffe en couronne ne se pratique que pendant la sève, il est souvent utile de la soutenir avec des baguettes, de peur que, le vent ne la détache. Quand le sujet est gros on peut insérer plusieurs sujets sur sa périphérie.

3º *Greffe en sifflet ou flûte.* On coupe une branche vers son extrémité. On enlève un anneau d'écorce d'un pouce de longueur sur lequel il y aura un ou deux boutons. On choisit un sujet à peu près de même grosseur, sur lequel on enlève aussi un anneau d'écorce semblable au premier. Ensuite l'anneau de la greffe s'applique à la place de celui qu'on a enlevé au sujet.

On peut prendre la greffe plus grosse que le sujet ; mais alors il faut fendre en long l'écorce de la greffe, en retrancher une partie, et en rapprocher ensuite les bouts, de manière qu'ils soient en contact. Cette opération se fait pendant la sève, il faut abriter.

4º *Greffe en écusson.* Elle consiste à enlever sur le sujet une petite plaque d'écorce en forme de T. On met à sa place un *écusson*, petit morceau d'écorce pris sur l'arbre à greffe et muni au moins d'un œil. Il faut avoir l'attention d'enlever le bois qui se trouve à sa base, et de conserver celui qui est au centre, car, si l'écusson était creux, il prendrait, mais ne pousserait pas de tige.

La greffe en écusson se pratique au printemps et en automne. Si on écussonne en automne, on aura des fruits l'année suivante, si on écussonne au printemps sur un arbre ayant des boutons à fleurs, et que l'on prenne l'écusson sur un arbre en fleurs, on aura des fruits la même année.

5° *Greffe en approche.* Cette opération consiste à faire sur deux troncs d'arbres deux entailles triangulaires, dont l'une doit recevoir l'autre, à les rapprocher ensuite et à mettre les écorces en contact. Cette opération se pratique dans le temps de la sève, le plus souvent sur des arbres étrangers qu'on veut multiplier, ou sur ceux qui sont encaissés.

6° *Greffe en vilbrequin.* On perce le sujet d'outre en outre; on fait passer une greffe à travers l'arbre; on recouvre. Elle est maintenant peu usitée.

Si l'on examine les greffes au bout de quelques semaines, on voit que l'espace qui se trouve entre l'écorce et le bois est remplie par une substance grenue et verdâtre, et que les écorces de la greffe et du sujet se soudent. Si le sujet et la greffe ont une grande affinité, il est très difficile de distinguer ensuite, auquel des deux appartient le nouveau bois formé.

CHAPITRE X

Floraison.

Le reflet de tout ce qui est empourpré de roses printanières, de jeunesse et de vie. — L'idéal végétal. — Les physiologistes disent à leur aise; feuilles que tout cela. — Un miracle d'organisation. — Gœthe, Joachim Jungius, Gaspard-Frédéric Wolff. — Métamorphose *ascendante*, métamorphose *descendante; morphologie*. — La fleur et la feuille sont filles de la même mère. — Pourquoi recourir à des métamorphoses aussi compliquées? — Supposition lumineuse de M. Grimard. — Inflorescence : *axe floral*, *verticille*, *calice;* corolle, *ardrocée* ou étamines, gynécée ou pistil. — Tableau des physionomies variées des agglomérations florales sur la même plante.

Floraison! Ce mot n'est-il pas agréable comme le sourire de la beauté? N'est-ce pas l'image gracieuse de tout ce qui est charmant? et le reflet de tout ce qui est empourpré de roses printanières, de jeunesse et de vie? On dit souvent : « La vie dans sa fleur, la fleur de la jeunesse, la fleur des années » toute la fraîcheur de ces images est contenue dans ce mot magique : floraison!

Oui, floraison, fleur ; voilà la formule antique et uni-
verselle consacrée pour exprimer d'une manière sensible toute grâce et toute beauté.

La fleur, c'est plus que la parure, plus que le diadème
de la plante.... C'est son sacre auguste par l'ordre et
sous l'œil de Dieu, Seigneur de l'univers. Est-il vrai
que nous retrouvons dans la fleur l'élément constitutif
de la plante, son organe fondamental essentiel, en un
mot, cette magicienne dont nous avons parlé plus haut ?
Devinez-vous ? hé bien, c'est la feuille. Oui, des botanistes en grand nombre, prétendent que la fleur n'est
qu'un assemblage de feuilles transformées, arrivées à
leur plus haute expression : l'idéal végétal. D'après eux,
tous ces pétales nuancés diversement et parfumés différemment ne sont que des feuilles, des feuilles per-
fectionnées.

— Pourquoi , du reste, s'en étonner ? jusqu'ici
n'avons-nous pas marché de merveille en merveille ?
C'est l'œuvre de Dieu qui se continue.

— Disons plutôt : qui s'accentue. Comment? le voici :
la sève, depuis que nous la connaissons, n'a confectionné
que des organes inférieurs , et dans les cellules elle
n'a déposé que de la *viridine ;* maintenant elle montre
dans la feuille devenue fleur un tissu plus fin, une
liqueur plus délicate et des couleurs brillantes très
variées.

Que les physiologistes ajoutent à leur aise et sans

presque y regarder : feuilles que tout cela, feuilles
métamorphosées par une transition toute simple ; c'est
leur affaire ! Cependant, pas si simple que cela, messieurs ! Oui, sans doute, il y a des plantes comme la
pivoine à fleurs blanches, et l'*hortensia* à fleurs roses
où s'opère une transition douce et graduée entre les
feuilles vertes et les pétales colorées, et où la sève peut
en quelque sorte s'essayer ; mais il en est d'autres
comme le *lis*, où brusquement et sans la moindre préparation, les pétales les plus admirables succèdent à de
simples feuilles.

Qui dira comment s'opère ce miracle d'organisation ?
Ici, le plus millionnaire des immortels de la renommée
à travers le monde intellectuel se tait comme un pauvre
illettré. Que de fois l'avons-nous surpris, l'échine du dos
ainsi courbée et inclinant forcément, devant une chétive
plante, son front orgueilleux jusqu'à terre !...

En effet, quoi comprendre dans la fabrication d'une
fleur, et que dire de ses instruments d'opération ?

Gœthe, initié par l'infortuné Joachim Jungius, et voulant développer et interpréter l'idée de Gaspard-Frédéric
Wolff a dit : Métamorphose !... et depuis, tous les physiologistes ont répété à l'envi : métamorphose !... puis
ils ont distingué entre la *métamorphose ascendante* qui
fait monter les organes de degré en degré, et la *métamorphose descendante* qui les fait au contraire reculer
suivant l'état morbide de la plante et les défaillances

de la vie. De là un nouveau chapitre, dans leurs livres, qu'ils ont appelé : *morphologie.*

Ce système paraît ingénieux : on le voit, il est le fruit ou la fleur d'une brillante imagination; mais sur quelle base solide est-il fondé ? Comment affirmer *a priori* que la fleur est une feuille transformée ? Pour moi, je ne vois là qu'une assertion gratuite, pour au moins la moitié des plantes.

— Mais, cher maître, vous en conveniez vous-même il y a un instant.

—Mon apparence d'adhésion que vous avez remarquée consistait surtout à voir dans la fleur le chef-d'œuvre de la sève, et j'ajoute : la feuille et la fleur sont filles de la même mère, nourries au même sein et du même lait; tels sont les rapports certains qui existent entre elles. Leurs tissus réciproques, autant que leurs couleurs et leurs liqueurs différentes, contredisent hautement cette opinion qui les fait naître l'une de l'autre. Si la fleur descendait de la feuille, il faudrait dire qu'à un moment donné et tout d'un coup la sève changerait ses procédés de fabrication, il serait nécessaire que subitement elle transformât en globules colorés et parfumés, en liquides de nature exquise, ces globules verts si communs, et ces sucs vulgaires qui abondent dans les formations inférieures.

Nous sommes incapables, cher Léon, et nous le serons à jamais, ainsi que tous les hommes de l'univers avec nous de savoir ce qui peut se passer dans la sève des végétaux. C'est le secret de Dieu. Aussi, loin de nous, la pensée de nier que d'aussi incompréhensibles facultés ne lui soient subitement communiquées pour la conversion des feuilles en fleurs. Toutefois, nous ne voyons pas pourquoi ces embarras de transition. A quoi bon ce canevas de la feuille ? puisque la feuille et la fleur sont de nature différente, n'était-il pas plus simple de fabriquer la fleur sans recourir à des métamorphoses aussi compliquées ?

Il est vrai que ce mode de prétendue fabrication de la fleur est une invention des hommes, par conséquent d'une bien faible valeur, surtout en pareille matière.

« Supposez, dit M. Grimard, qu'un appareil quelconque, qu'une machine à tisser, par exemple, qui jusqu'alors avait fabriqué de grossières étoffes, se mette subitement à confectionner d'admirables tissus, des velours, des taffetas ou des dentelles d'une finesse incomparable. Qu'en conclurions-nous ? C'est que, par un véritable miracle d'organisation, cette machine a été mise en mesure de transformer, non seulement les pièces dont elle est composée, mais encore la matière même des produits qu'elle confectionne. Mais une semblable supposition peut-elle être faite, et les complications d'un appareil de cette nature ne dépasseraient-elles pas tout ce qu'il est permis à l'imagination d'inventer de plus improbable ?

« C'est pourtant ce qui se passe dans la sève, tous les jours, sous les yeux de chacun de nous, et l'on est obligé d'en conclure que la sève a reçu l'incomparable faculté de faire sortir la diversité de l'unité, c'est-à-dire des éléments de toutes sortes, d'une matière unique, et toujours la même en apparence. »

Les comparaisons de M. Grimard sont belles, ingénieuses, justes et bien choisies, mais elles ne prouvent nullement que la fleur soit une métamorphose de la feuille plutôt qu'une création nouvelle de la sève Ce que je leur trouve de plus clair et de plus frappant, c'est une preuve éclatante de la toute-puissance de Dieu et de sa présence visible tous les jours, pour chacun de nous, dans ces créations adorables qu'il opère en émaillant de fleurs, chaque année, nos jardins, nos champs et nos prairies.

En admettant, avec la grande majorité des botanistes, que la première feuille cotylédonaire, par une série complète de tranformations devienne la dernière feuille carpellaire qui couronne et résume la plante, nous ne ferions que rédiger l'acte de naissance des fleurs en général ; mais nous n'en connaîtrions pas mieux, pour cela, leurs personnes, leurs physionomies, leurs traits, leurs membres, leur manière de s'habiller, ni leurs facultés génératrices pour perpétuer leur famille, ici-bas, jusqu'à la consommation des siècles. Toutes ces formes ensemble constituent ce qu'on appelle l'*inflorescence* dont nous allons vous donner une idée, cher Léon, avant d'aborder les détails.

Inflorescence. — Ce terme signifie arrangement des fleurs sur la plante ; il désigne aussi un ensemble de fleurs qui ne sont pas séparées les unes des autres par des feuilles ordinaires. Ainsi, l'inflorescence renferme la tige ou *axe floral* sur lequel sont disposées, les unes au-dessus des autres, des espèces de feuilles rangées en verticilles dont les anneaux ou étages sont tellement rapprochés que les entre-nœuds ne sont pas distincts. Ordinairement on peut compter *quatre verticilles* superposés : l'inférieur qui est aussi le plus extérieur, est le *calice ;* celui qui vient immédiatement après, dans un plan supérieur et interne, est formé par la *corolle ;* puis vient l'*androcée*, dû à l'ensemble des étamines, et enfin le *gynécée* ou *pistil*, qui occupe le centre et le sommet de l'axe.

C'est aussi l'inflorescence qui nous révèle la *physionomie* des agglomérations florales sur la même plante. En considérant seulement leur port, leur mode d'attache à la tige, leur caractère fier ou modeste, leur aspect sombre ou gai, on reconnaît que ces physionomies sont fort nombreuses : c'est la *grappe* du groseillier épineux ; l'*épi* du bouillon-blanc adoucissant ; le *chaton* du noyer onctueux ; le *spadice* du maïs farineux ; la *panicule* de quelques graminées ; le *corymbe* du cerisier mahaleb ; l'*ombelle* du fénouil odorant ; le *capitule* de la scabieuse ;

et du chardon ; le *sycome* creux, enfin, du dorstenia, et la *figue*, autre sycome plus étrange encore
où les fleurs disparaissent complètement dans l'enveloppe
épaisse qui plus tard deviendra cette baie succulente que
vous connaissez parfaitement.

CHAPITRE XI

Les Bractées.

— — · · ·

Avant-garde de la fleur. — Organes de transition, travestissements, métamorphoses, *feuilles florales*. — Le tilleul nous offre un type parfait. — *Involucre, bractéoles, Calycules, Cupules, Spathes, Glumes.*

Les bractées forment l'avant-garde de la fleur. Elles la sentent venir et lui préparent les voies. Pour être des organes de transition, elles n'en sont pas moins des feuilles, mais des feuilles altérées, à l'aisselle desquelles naissent les axes floraux. De là, on le comprend facilement, toutes sortes de métamorphoses : configuration, texture, coloration, tout varie à l'infini. Vertes ou colorées, entières ou frangées, incisées, brodées, soudées ou libres, ce sont toujours nos *feuilles florales*. Ces bractées manquent quelquefois. Arrêtons-nous un instant, devant quelques-uns de ces travestissements.

Un type en ce genre, c'est la fleur du tilleul, cette

fleur suave, anodine que vous connaissez, cher Léon.
Oh, combien de fois sa tisane bienfaisante vous a rendu
le bien-être de la santé parfaite, après des accès de
cruelle migraine! Le tout ressemble à une longue feuille
d'un tissu sec, d'un vert jaunâtre et du milieu de laquelle semble sortir le pédoncule floral! Eh bien, cette
languette jaune, qui n'est ni feuille, ni fleur, qui cependant est feuille par le tissu et la configuration, et la
fleur par le doux parfum qu'elle exhale, c'est une
bractée. Bractées encore que ces collerettes éclatantes
qui, dans les sauges et lavandes de nos parterres, luttent
de splendeur avec les corolles les plus magnifiques.
Lorsqu'elles sont réunies à la base d'un groupe de
fleurs, sur un même plan, en nombre plus ou moins
considérable, on donne à leur ensemble le nom d'*involucre* (carotte, souci, etc.) Ce n'est pas tout. Il y a encore
des *bractéoles* et aussi des *calycules*. Autant de déguise-
ments de nos feuilles florales. Les bractéoles sont
comme des collerettes secondaires. Les calycules sont
un supplément de calice qui entoure le calice proprement dit dont il sera question tout à l'heure. Consultez
les fraisiers, les potentilles, les mauves et les œillets, et
vous serez entièrement édifiés sur la physionomie des
calycules. L'involucre dont nous avons signalé la présence plus haut, est un peu différent. Ce sont bien toujours des bractées, mais groupées en bouquets, rapprochées en tête et quelquefois amoncelées de telle façon,

que chacune d'elles, aplatie, maigre et défigurée, ne forme plus qu'une sorte de languette écailleuse. Disséquez le capitule d'un chardon, et vous gémirez en voyant la mine lamentable et les débris pitoyables où sont descendus des bractées qui ont abusé du phalanstère.

Bractéoles, calycules et involucres ne sont pas les seules parties accessoires de la fleur, il y a encore les *cupules*, les *spathes* et les *glumes*. La cupule ou petite coupe, c'est l'involucre persistant, et accompagnant le fruit en le recouvrant plus ou moins, laquelle est *écailleuse* dans le chêne, *foliacée* dans le noisetier, *péricarpoïde* dans le châtaignier. Les spathes, tout au contraire des cupules généralement dures et ligneuses, sont de larges et longues feuilles roulées en cornets, au fond desquels se cache l'appareil floral des arums. Les glumes enfin, glumes, glumelles et paléoles, sont des bractées écailleuses séchées et parcheminées qui entrent dans la composition des maigres épillets de la famille des Graminées.

— En toute vérité, on peut dire que les bractées ont la passion du déguisement. Elles se donnent assez de tribulations pour en faire parade. Glumes, spathes, cupules, involucres, calycules, bractéoles, telle est la série de leurs changements de toilette. Toute transformation leur est possible, depuis la couronne fulgurante du poinsettia écarlate, auprès de laquelle pâliraient bien des corolles, jusqu'à la triste écaille des chardons et à la pauvre glumelle des céréales.

CHAPITRE XII

Le Calice.

Un second déguisement; feuille, bractée, calice, tous trois se confondent. — Nomenclature descriptive des formes multiples et biscornues du calice. — Ne vous fiez pas à ce brouillon sans logique et sans suite dans les idées. — Oh! le mauvais caractère! — C'est un révolutionnaire dans le monde végétal. — Conspirateur éhonté dans beaucoup de plantes, il cherche à se substituer à la corolle. — Le corps législatif de la botanique a décidé que toute enveloppe florale unique serait appelée calice.

Avec le calice, la feuille déjà dégénérée en bractée, s'est avancée d'un pas vers la fleur, son idéal qu'il cherche à atteindre par tous les moyens possibles. C'est un second déguisement, il y en aura bien d'autres! Jusque-là, cependant, la ressemblance reste telle avec la feuille originaire, qu'il est difficile de distinguer la collerette du calice de la collerette des bractées. Feuille, bractée, calice, tous trois se confondent, se succèdent graduellement et au besoin se remplacent. C'est ainsi que dans la famille des renonculacées, nous voyons un involucre de trois bractées mériter le nom de calyciforme.

La position que ces feuilles, plus ou moins rapprochées
de la corolle, occupent sur la tige ou pédoncule de la
fleur nous oblige à reconnaître en elles, soit de simples
bractées sur les anémones, soit un calice incontestable
sur l'hépatique et la ficaire.

Le calice est le verticille extérieur ou inférieur de la
fleur. Ce verticille est ordinairement simple (giroflée),
quelquefois multiple (berberis). Les feuilles du calice
sont nommées *sépales*.

Le calice est dit *dolysépale* ou *dialysépale*, quand les
sépales sont libres de toute cohérence (giroflée) ; *monosépale ou gamosépale* (gesse). quand les sépales sont soudées ensemble plus ou moins complétement, de manière
à figurer un calice d'une seule pièce ; on le dit alors
selon l'étendue de la soudure ; *partit* (mouron) ; *fide*
(érythérée) ; *denté* (lychnis). On nomme *tube*, la partie
où la cohérence des sépales s'est opérée ; *limbe*, la partie
où les sépales sont restés libres ; *gorge*, l'endroit où la
soudure se termine.

Le calice est dit *régulier*, quand ses sépales, soit
égaux, soit inégaux, forment un verticille symétrique
(giroflée, mouron) ; *irrégulier*, quand ses sépales ne
forment pas un verticille symétrique (aconit, gesse,
lamier).

Le calice est dit *libre*, lorsqu'il n'a contracté aucune
adhérence avec le pistil. — Le limbe du calice adhérent
est tantôt *pétaloïde* (iris), tantôt foliacé (coguassier),

tantôt denté (fédia), tantôt réduit à une petite couronne membraneuse (camomille), tantôt usé et réduit à un petit bourrelet circulaire (garance), tantôt *nul* (chrisanthème), quelquefois il dégénère en *écailles* ou en *paillettes* (hélianthe), ou en *soies* ou en *poils*, soit *simples* (pissenlit), soit *plumeux* (centranthe) formant une *aigrette* rayonnante, soit *sessile* (chardon), soit *stipité* (pissenlit).

Le calice est dit *caduc*, lorsqu'il tombe à l'époque de l'épanouissement de la fleur (coquelicot), *persistant*, lorsqu'il reste en place après la floraison (mauve), *marcescent*, lorsqu'en persistant il se fane et se dessèche (mauve), *accrescent*, lorsqu'en persistant il prend de l'accroissement (alkékenge).

— Par la nomenclature ci-dessus, biscornue autant que celle des feuilles, il est hors de doute que le calice est un personnage indépendant et capricieux, qui se pique d'égaler en formes et en couleurs variées les organes les plus fantaisistes.

— Vous auriez, cher Léon, grand tort de vous fier à ce brouillon sans logique et sans la moindre suite dans les idées. Voyez-le : ici, il se multiplie en faveur d'une corolle contrefaite, il l'entoure d'un large manteau à capuchon, c'est l'aconit napel qu'il dorlote ainsi; là, dans le caqueret, il enveloppe d'une vaste membrane orangée le fruit auquel il sert d'abri fort longtemps après la chute de la corolle; mêmes précautions bienveillantes chez le rosier, où le tube du calice s'accroît et se convertit en une chambrette capitonnée et close pour assurer les graines contre tout ennemi du dehors. Ne croyez pas que ce bon vent durera toujours; loin de là, vous verrez souvent ce même calice, si plein de sollicitude quelquefois, affecter vis-à-vis de certaines corolles l'indifférence la plus incompréhensible. Oh! le mauvais caractère!

— En présence des excentricités de cet organe bizarre il ne doit pas être facile de préciser son rôle.

— On l'ignore absolument. La place qu'il occupe dans le *périanthe* de la fleur fait penser tout d'abord qu'il est le protecteur né de la corolle; mais cette opinion tombe devant ses faits et gestes. En effet, quand il n'oblige pas la corolle à se débarrasser de lui *proprio motu,* il tombe sottement, de lui-même, au moindre contact, ou il fait totalement défaut. Ainsi, ou il oppresse ou il néglige; quel original! Heureux encore quand il ne cherche pas à éclipser par l'opulence de ses formes, cette corolle qu'il devrait faire valoir. En voilà de la franchise et de la modestie!... Mais que se croit-il donc? il oublie trop vite, pauvre parvenu! qu'il n'est qu'une feuille, une feuille perfectionnée, j'en conviens, mais qui est encore l'image assez reconnaissable de celles dont il dérive et par sa couleur généralement verte, et par son épiderme, et par ses stomates, et par son parenchyme, et par ses nervures, en un mot, des pieds à la tête.

— Pourquoi donc alors toutes ces manœuvres pour

usurper le rôle et les attributions d'un organe supérieur?

— C'est un révolutionnaire dans le monde végétal : à côté de la feuille et de la corolle qui respectent les traditions d'ordre, de propriété et de famille en restant dans leur condition, il se démène comme un diable dans un bénitier. C'est ainsi qu'on le voit, par de perpétuels métamorphoses, tantôt reculer en se faisant bractée, tantôt avancer en se confectionnant des sépales pétaloïdes ; absolument semblable à tous les monteurs de révolution, il ne peut rester en place.

Arrachons le masque et disons sans réserve toute notre pensée : Eh bien ! le calice est un ambitieux : conspirateur éhonté, dans beaucoup de plantes il cherche à se substituer à la corolle. Quel artifice sournois n'emploie-t-il pas pour faire oublier celle qu'il ne devrait que suppléer ! Il y a des plantes qui n'ont pas de corolles ; les anémones, les clématites, beaucoup de liliacées et tant d'autres sont dans ce cas-là, alors un calice pétaloïde se présente en consolateur suppléant, très-bien ! Mais il se rend vite méprisable en s'efforçant par tous les moyens de détourner l'attention, de donner le change et de faire oublier de la sorte que la corolle n'est pas là.

— Ai-je bien entendu ? le lis n'a pas de corolle ?

— Non ; le corps législatif de la botanique a décidé que toute enveloppe florale unique serait appelée calice, fût-elle ravissante de forme, de délicatesse et de couleur comme la corolle la plus incontestable et la plus exquise.

CHAPITRE XIII

La Corolle.

On dirait un astre tombé du ciel. — L'homme peut à peine dénombrer la physionomie multiple de toutes ces beautés. — Sur ce monument se montre le style de l'*artiste divin* qui a décoré l'univers. — Description de toutes ces merveilles. — La morphologie est une science qui n'est sûre de rien. — Décadence philosophique : *transformisme, sélection,* l'*homme* et le *singe.* — La théorie du *transformisme et de la puissance progressive de la vie* est très-captieuse, soyons-en garde. — Pline, *Corona;* Linné, *Lit nuptial;* les pétales, — La corolle, organe fantaisiste, est la copie ou la parodie d'une foule d'objets. — Tableau descriptif des nombreuses modifications de la corolle. — La compagnie de la corolle n'est pas indispensable à ce qu'on appelle la *fleur botanique.* — *Tu es poussière et tu retourneras en poussière.* — Considérations morales à l'aspect d'une corolle flétrie. — La renaissance annuelle des plantes est une solennelle garantie de la résurrection future de nos corps. — Caractère et valeur morale de ceux qui voudraient bien qu'il n'y eût plus de résurrection. — Logique et justesse des idées du chrétien. — Nuances variées de la corolle. — Corolle blanche le matin, rose à midi, rouge le soir. — Linné : *Calendrier et Horloge de Flore.* — La corolle reçoit la chaleur et la mesure aux organes de la fécondation.

La corolle!... c'est la reine du monde végétal; ne dirait-on pas un astre tombé du ciel, une fille du paradis égarée sur la terre? Les étoiles du firmament qui brillent dans les cieux n'ont pas le parfum et la variété de ces astres de la terre. Aussi, debout sur le rivage de

cet océan de formes, de couleurs et de senteurs, plus je
contemple toutes ces magnificences, plus je reconnais
clairement, infailliblement le pinceau, la touche et le
style de l'*artiste divin* qui a décoré l'univers. Les
hommes sont venus après, et ils se présentent encore
chaque jour du matin au soir; mais avec leur plume
impuissante, c'est à peine s'ils ont pu dénombrer les
physionomies multiples, dire les nuances variées de ces
beautés, et calculer les légions innombrables de toutes
ces merveilles qui s'accumulent de toutes parts : voyez-
les étinceler dans le gazon, monter dans l'arbrisseau,
s'élancer de l'arbuste, tomber de l'arbre, descendre
comme en cascades des plus hautes cîmes de nos forêts,
et entourer la cabane du pauvre comme le palais du
riche de leurs fraîches guirlandes. Depuis leur création,
le génie des prétendus savants, cette autre création de
Dieu, s'est épuisé, en vains efforts, pour apprendre leurs
noms. La mémoire de l'homme manque de capacité
pour les contenir et les garder.

— La morphologie est-elle bien sûre qu'il y a une
parenté certaine, un lien étroit, entre ces organes perfectionnés et ces humbles feuilles du bas de la tige que
souille la poussière, que dévorent les chenilles ou que
foule le pied du voyageur?

— Elle n'est sûre de rien; comment voulez-vous
qu'elle en soit sûre? La morphologie est une hypothèse
que les auteurs ont essayé d'ériger en dogme. Y croit

qui veut; les anciens botanistes étaient d'un avis diamétralement opposé. Il est juste d'ajouter qu'à leur époque la science était moins étendue qu'aujourd'hui; mais en revanche elle était plus saine, plus pure et mieux fondée que dans notre siècle.

Une preuve évidente de notre décadence philosophique et intellectuelle, c'est ce laissé-passer, trop facilement accordé à ce *transformisme* et à cette absurde et cynique *sélection* qui osent établir une filiation directe entre le singe et l'homme.

La morphologie végétale sort du même principe et tend vers le même but menteur et pervers : le matérialisme et l'éternité de la matière, folie!...

Après tout, il y a dans les œuvres de Dieu un tel esprit de suite et des liens si étroits entre leurs parties, avec une absence si absolue de solution de continuité, que l'invention de la théorie du *transformisme* et de la *puissance progressive de la vie* se présentait, pour ainsi dire, d'elle-même. Ce sera, espérons-le, l'excuse devant Dieu, de ceux qui se sont laissé séduire par ces brillantes apparences.

— Il est cependant facile de comprendre que l'ordre, l'intelligence, la corrélation, la force et la vie qui éclatent partout dans les plantes, sont des témoins puissants et irrévocables de la présence de Dieu, et de son action d'un bout de l'univers à l'autre.

— Oui, cher Léon, transformations ou créations particulières, la feuille et la fleur ne montrent que des effets contingents, dépendants d'une cause première, infinie et libre, autrement dit : Dieu créateur de toutes choses.

Admettre que la cellule-mère de toute la plante est présente, agissante, riche et parée dans les tissus fins et sous les colorations incomparables de la corolle, c'est proclamer que le doigt de Dieu est là. Si nous pouvons encore appeler *sève* ces sucs parfumés, ces huiles essentielles, ces résines balsamiques qui, tout autour de nous forment comme un nuage d'émanation exquises et redoutables, nous pouvons saluer profondément l'auteur divin de ces grands prodiges, véritables miracles dans l'ordre naturel.

Les détails dans lesquels nous sommes entrés sur les types inombrables de la tige, de la feuille et du calice, nous dispensent d'y revenir pour la corolle ; cependant comme on trouve, dans la description des plantes des termes particulièrement affectés à la corolle, il est nécessaire de les rappeler ici en peu de mots. Ainsi, la corolle est cette partie de la fleur la plus apparente, ordinairement colorée, brillante et souvent odorante ; elle est d'un tissu très fin et enveloppe immédiatement les parties essentielles à la fécondation. Le nom de corolle vient de *corona coronilla*, petite couronne, selon Pline, parce qu'on en faisait des couronnes pour mettre sur la tête *Linnée* appelle la corolle le *lit nuptial* des plantes. Les feuilles qui la composent se nomment *pétales*. Elles

sont, comme les sépales, *soudées* ou *libres*, le plus souvent planes et membraneuses ; quelquefois se montrent
creuses, concaves, de formes bizarres, figurant un *capuchon* (Aconit) un *cornet* (Ellébore) se terminant en *éperon*
(pied-d'alouette) ou en *casque* ; et puis il y a la *croix* des
crucifères ; la *rose* des rosacées ; le *papillon* des papillo-
nacées ; la *gueule* des labiées ou des scrofularinées et
par dessus tout les figures extravagantes des orchidées,
fleurs bizarres parmi les plus bizarres. Ce sont des
insectes, des oiseaux, parfois des têtes de serpents ou de
dragons : profils inédits, grimaces inconnues, galbes
gracieux et masques grotesques.

Les corolles sont les copies ou les parodies d'une
foule d'êtres ou d'objets. Fantaisie de forme, fantaisie
de couleur, fantaisie par excellence, elle représente
tout ce que l'on peut imaginer : cherchez-vous des
diamants ? de l'or ? de l'argent ? des velours ? des soies
moirées ? des gazes fines ? des métaux ? des tissus ? des
ailes d'abeilles ? ou des plumes d'oiseaux ? En voilà !...
ici dans la prairie, là-bas sur le coteau, plus loin, surtout dans les forêts lointaines, où règne la corolle sans
partage et sans rivalité. Pour connaître l'empire de la
corolle, il faut visiter les forêts vierges de l'Afrique, de
l'Inde et de l'Amérique méridionale ; c'est là que sa
vie fiévreuse et féconde multiplie les fleurs en quantités
incalculables : tapis de fleurs, guirlandes, grappes colos-
sales ravissent l'esprit, fascinent le regard et enivrent

le cerveau de leurs senteurs délicieuses ou empoisonnées. Dans ce pays du soleil équatorial, les orchidées, les bignoniacées, les pandanées, les euphorbiacées et les lianes de toute famille, élèvent jusqu'aux plus hauts sommets leurs incomparables édifices.

— C'est là qu'il faudrait pouvoir errer à l'aventure, pour se faire une idée de ce qu'est et de ce que peut la corolle.

— Assurément, mais quittons ces généralités pour nous arrêter devant quelques détails que vous devez connaître.

On distingue, dans les pétales, une partie inférieure, plus ou moins rétrécie ou allongée, appelée *onglet*; une partie supérieure, plane ou dilatée, du nom de *limbe*.

Outre les sous-divisions dont nous avons parlé plus haut et qui multiplient indéfiniment les individualités, la corolle offre plusieurs modifications, suivant le nombre des pétales, leur direction, etc. Elle est dite : *monopétale* ou *gamopétale*. Quand elle est formée de pétales soudés ensemble, de manière à paraître être une seule pièce (liseron).

(Il faut remarquer que toutes les fois que la corolle est monopétale, les étamines sont insérées sur la face interne ; et, dans ces cas, la corolle est dite : *hypogyne*, *périgyne* ou *épigyne*, selon qu'elle s'attache au-dessous, autour et au dessus de l'ovaire, ainsi que nous le verrons en parlant des étamines).

— *Polypétale* ou *dialypétale*, formées de pétales distincts les uns des autres (adonis vernalis).

— *Régulière*, dont le limbe (pour la corolle monopétale) est symétrique, ou dont les pétales détachés sont égaux ou semblables (corolle polypétale).

— *Irrégulière*, dont le lymbe est sans symétrie (muflier) ou dont les pétales sont inégaux, irréguliers (pois de senteur).

— *Tubuleuse*, la plus longue partie ayant la forme d'un *tube*, et le limbe étant peu distinct de ce tube (grande consoude).

— *Campanulée*, le tube s'évasant graduellement en cloche.

— *Infundibuliforme*, dont le tube s'évase en entonnoir (belle de nuit).

— *Hypocratéiforme*, dont le tube plus ou moins allongé se dilate subitement en un limbe horizontal régulier (jasmin jaune).

— *Urcéolée*, qui est renflée à sa base et rétrécie au sommet comme une petite outre (bruyère ventrue).

— *Caryophyllée*, à cinq pétales longuement onguiculés, contenues dans un calice monosépale tubuleux (croix de Jérusalem).

— *Staminifère*, qui porte les étamines insérées sur sa face interne. Toute corolle monopétale est staminifère (liseron).

— *Cruciforme , papilionacée , bilabiée , personée* et

anomale, qui ne ressemble à aucune des formes précédentes.

La corolle qui se montre à nous si capricieuse et si bizarre dans ses formes, n'est pas moins étonnante dans ses dimensions : ici, la main de Dieu est allée de l'infiniment petit à l'énormément grand. Depuis la drave, et certains myosotis que l'œil de l'homme ne trouve dans l'herbe qu'aux moyens de verres grossissants, il y a loin pour arriver jusqu'à la corolle de la bafflesia, fleur étrange, parasite gigantesque, dont les cinq pétales épais et charnus pèsent ensemble jusqu'à quinze livres, et mesurent, réunis, jusqu'à un mètre de largeur.

— La corolle, cette seconde enveloppe florale, dont le rôle officiel, avez-vous dit, est de protéger les organes de la fructification, est-elle indispensable à la fleur ?

— Non, elle n'est pas plus nécessaire que le calice ; et la preuve, c'est qu'ils ne se gênent pas plus l'un que l'autre pour faire défaut. Ces deux enveloppes florales ne constituent pas la fleur ; aussi la vraie fleur botanique qui se compose essentiellement d'étamines et de pistils, peut fort bien se passer de leur compagnie.

Et du reste, ne semble-t-il pas que la bonté de Dieu ait plutôt fait la corolle pour enchanter le regard de l'homme que pour protéger la fécondation de la plante ? Frêles protecteurs. en vérité, que ces brillants et délicats tissus qui ne sauraient, hélas ! résister aux plus faibles insectes. Nous avons des corolles robustes, tenaces, qui demeurent fidèlement à leurs postes; mais qu'elles sont rares ! La plupart s'envolent flétries et inutiles au bout de quelques jours. D'autres vivent quelques heures, ou *l'espace d'un matin !* suivant l'appréciation d'un poète ami des fleurs. Les cistes, les lins abandonnent au vent, comme des ailes arrachées, leurs fugaces folioles corollines. Dès le soir du jour de leur naissance, elles jonchent tristement de leurs débris ces champs et ces prairies, qui ont à peine eu le temps d'être fiers de leur fraîche parure.

La corolle, nous l'avons vu naguère, est l'image réduite de tous les êtres et de tous les objets qui composent le monde matériel; mais en la voyant briller un instant, puis mourir, nous apprenons qu'elle est aussi le mélancolique symbole de toutes les choses éphémères animées ou non, qui appartiennent à l'ordre physique.

— Nous sommes loin, en effet, des idées souriantes que le seul mot de floraison faisait tout à l'heure étinceler et miroiter autour de nous. A quoi sert de tant se parer, s'il faut, si vite, rentrer au néant ! et quelle que soit la splendeur du matin, elle ne saurait nous consoler de l'ironique destinée du soir !

— En considérant les œuvres de la création, il semble que Dieu ait voulu pour notre bien, placer dans chacune d'elles comme un écho des paroles qu'il devait dire plus tard à Adam prévaricateur : « *Tu es poussière et tu retourneras en poussière.* » Par ces mots, la mort est autorisée à inaugurer et à étendre son empire sur toutes les vies de ce monde. Ce sera une des plus importantes conséquences de la désobéissance de notre premier père. Ainsi violez donc la loi de Dieu! Faites donc peu de cas de ses commandements, voilà où ça vous conduit... Vous comprenez bien, n'est-ce pas, cher Léon? que c'est au malheur et à la malédiction éternels.

L'aspect d'une corolle flétrie est triste; il réveille dans l'homme qui soumet tous les phénomènes de la nature au creuset de son esprit, des pensées graves et sérieuses. N'allez pas les repousser, c'est la miséricorde de Dieu qui parle à votre cœur; ici, devant cette corolle expirante, vous raisonnez juste, tout ce que vous pensez est vrai. Un jour, vous dites-vous, je tomberai moi-même sous les coups du temps, mon corps ira peut-être mêler sa poussière à celle de quelques fleurs, je reposerai sous cette terre... Et parce que je suis l'image de Dieu par mon âme intelligente et libre, et son fils d'adoption par le baptême, une croix de bois ou une dalle de pierre indiquera ma place et dira mon nom aux passants, en leur demandant l'aumône fraternelle et chrétienne d'un *Requiescat in pace!*... Un jour qui arrivera plus tôt que je ne pense, on viendra verser des pleurs sur ma fosse... Tout cela est vrai, tout cela est inévitable et prochain. Gardons ces précieuses pensées, elles nous aideront à suivre le bon chemin : celui de la foi et de la religion en nous rappelant que nous ne sommes, hélas! qu'un peu de poussière sur cette terre, quand notre cœur a cessé de battre... et que Dieu a rappelé notre âme à lui, et l'a jugée pour l'éternité.

Quant au néant que vous semblez craindre pour les fleurs, cher Léon, rassurez-vous. Il n'est pas plus à appréhender pour les espèces végétales que pour l'espèce humaine. Dieu respecte jusqu'à la moindre de ses œuvres. Il n'a pas créé pour détruire ; cette corolle rendue à la terre ira rejoindre les racines de sa plante-mère, et saisie par le brûlant tourbillon vital, elle renaîtra un jour avec quelques-unes des qualités accordées aux membres de sa famille. Cette renaissance est une conséquence nécessaire de sa première admission à la vie. L'essentiel est beaucoup moins de passer une vie agréable que de vivre. On passe toujours, mais qu'importe?... pourvu que le chemin n'ait point de terme, et que les perspectives changeantes d'un éternel voyage répondent à l'insatiable ardeur de nos aspirations.

La renaissance annuelle des plantes est une solennelle garantie pour l'homme de la résurrection de son corps au jour fixé par Dieu. La Résurrection! Quel espoir ce mot apporte au cœur affligé, qui ne saurait trouver ailleurs qu'au cimetière l'ami qu'il regrette ou le frère qu'il pleure! Oui, pleurons en accompagnant nos parents au cimetière; mais ne pleurons pas comme si nous étions sans espérance; puisque un jour, quand Dieu réveillera nos ossements, nous retrouverons et nous verrons ceux que nous avons aimés et chéris. C'est Dieu qui nous l'a promis tout à fait explicitement dans les saintes Écritures : *Ceux qui dorment dans la poussière*, dit le prophète Daniel, *se réveilleront un jour*. Que dit Job à son tour? le voici : *Au dernier jour, je me réveillerai et je sortirai de la terre où l'on m'aura enseveli; mes membres se recouvriront de leur peau, et je verrai Dieu dans ma propre chair.* Le Seigneur lui-même, dans l'Évangile de saint Jean, nous dit : *Je suis la résurrection et la vie; celui qui vit en moi ne mourra pas pour toujours; après qu'il aura été mort, il reviendra à la vie.* C'est clair, net, formel et sans réplique.

On rencontre çà et là des gens qui voudraient bien qu'il n'y eût pas de résurrection; ce sont les mauvais chrétiens, renégats de la foi qui ont foulé aux pieds, toute leur vie, les promesses de leur baptême et les serments de leur première communion, faits à la face du ciel et de la terre. Dans cette classe, vous trouverez en tout temps et tout pays les assassins, les voleurs, les adultères, les incendiaires, les empoisonneurs, les incrédules, les athées, et les impies de toutes nuances; ceux-là ont des motifs graves, considérables pour désirer l'anéantissement d'eux-mêmes après cette vie. C'est pourquoi on les entend dire : « Il n'y aura pas de résurrection! Quand on est mort, tout est mort!... »

Oh! les insensés! Le vice et le crime les aveuglent, et leur ôtent le sens de la vérité. Laissez, laissez parler ces mécréants, laissez-les se croire semblables aux animaux privés de raison; ils sont abrutis, puisqu'ils ne savent même plus que, depuis l'origine du monde, l'oiseau fait toujours son nid de la même manière; que le renard emploie invariablement les mêmes ruses pour saisir sa proie; que tous les animaux aiment la chaleur du foyer; mais que pas un d'eux ne pensera ou n'essayera à entretenir le feu, tandis que l'homme intelligent, raisonnable, image vivante de Dieu par son âme immortelle, marche à pas de géant dans la voie du progrès, et qu'il s'avance dans la vie de découverte en découverte. D'un autre côté, l'homme seul, de toutes les créatures de Dieu, est libre. Le soleil est-il libre de se lever au couchant? Non! Le tigre est-il libre d'avoir la douceur de l'agneau? Non! C'est que tous les animaux sont soumis à des lois dont ils ne peuvent s'écarter. Ce sont des esclaves. Mais Dieu attend de l'amour et de l'intelligence de l'homme l'accomplissement de la loi qu'il lui a imposée. De là vient son mérite et son droit à une récompense : en un mot, son immortalité et la nécessité de sa résurrection.

Le chrétien a des idées plus justes, plus droites, plus élevées; il ne se creuse pas le cerveau pour savoir comment celui qui s'est ressuscité lui-même le troisième jour après sa mort s'y prendra pour ressusciter ses disciples; il croit, et il attend plein de confiance. Oh! vraiment! pourrions-nous craindre de trouver en défaut cette puissance infinie qui *de rien* a fait tout ce que nous voyons!... Soyons sans inquiétude; celui qui s'enveloppe de la lumière comme d'un vêtement, celui qui a étendu le ciel comme un vaste pavillon, celui qui déchaîne les vents, qui forme les nuées, qui marche sur les ailes de la foudre et fait gronder son tonnerre; celui qui fait sortir d'un œuf un petit poulet: celui qui, avec de la poussière, a formé le corps du premier homme, pourra bien encore, quand il le voudra, retirer de la poussière toutes les générations qu'il aura créées dans le temps, pour les faire revivre dans son éternité. Mais une fois arrivées là, ce sera pour toujours!... Donc, attention! la chose en vaut grandement la peine.

La corolle est presque toujours colorée; sa couleur est, en général, uniforme et très souvent blanche; mais elle est aussi nuancée, variée, bigarrée, panachée, pourprée, écarlate, violette, bleue, azurée, verte, brune, jaune et noire (*iris suziana*).

— Connaît-on les principes immédiats dont sont formés ces liquides colorants et de nuances si variées?

— Ici encore, cher Léon, notre raison bornée vient échouer devant l'incompréhensible. Saluons l'Auteur divin de cette mystérieuse coloration.

De même que l'on voit le chlorophylle dans la feuille, de même on aperçoit dans le tissu de la corolle des liquides à granulations diversement colorés. Voilà les indications du microscope. Mais que sont ces liquides, que sont ces granules surtout? Personne ne le sait. Les physiologistes vous diront bien que le vert, couleur presque normale du calice, est ordinairement étranger à la corolle; que le noir proprement n'existe pas, et n'est, dans les cas même où il paraît le plus sombre, que du bleu, que du rouge ou du brun très foncé. Ils vous dresseront des listes de nuances à perte de vue; mais là se borne leur petit savoir. Pour ne pas les réduire *à quia*, gardez-vous de leur demander pourquoi dans certaines fleurs extraordinaires, dites *changeantes*, telles que l'*Hibiscus mutabilis*, par exemple, la corolle, blanche le matin, devient rose à midi, et se trouve rouge le soir.

— C'est, en effet, un phénomène vraiment magique. Il révèle une organisation bien puissante dans la plante, qui est chargée de ces incomparables décors.

— La déhiscence ou épanouissement de la fleur se fait généralement au printemps ou au commencement de l'été; mais cette règle comporte un très grand nombre d'exceptions. En effet, chaque mois de l'année, et même chaque heure du jour, en quelque sorte, voit éclore des fleurs. Ce fait a suggéré à l'ingénieux Linné l'idée de composer le *Calendrier* et *l'Horloge de Flore,*

HORLOGE DE FLORE

Minuit. — Cactier à grandes fleurs.
Une heure. — Laiteron de Laponie.
Deux heures. — Salsifis jaunes.
Trois heures. — Grande Dicride.
Quatre heures. — Crépide des toits.
Cinq heures. — Émérocalle fauve.
Six heures. — Épervière frutiqueuse.
Sept heures. — Souci pluvial.
Huit heures — Mouron rouge.
Neuf heures. — Souci des champs.
Dix heures. — Ficoïde napolitaine.
Onze heures. — Ornithogale.

Midi. — Ficoïde glaciale.
Une heure. — Œillet prolifère.
Deux heures. — Épervière-Piloselle.
Trois heures. — Pissenlit Taraxoïde
Quatre heures. — Alysse alystoïde.
Cinq heures. — Belle-de-Nuit.
Six heures. — Geranium triste.
Sept heures. — Pavot à tige nue.
Huit heures. — Liseron droit.
Neuf heures. — Liseron linéaire.
Dix heures. — Hypomée pourpre.
Onze heures. — Silène, fleur de nuit.

CALENDRIER DE FLORE

Janvier. — Ellébore noir.
Février. — Daphné-Bois-Gentil.
Mars. — Soldanelle des Alpes.
Avril. — Tulipe odorante.
Mai. — Spirée-Filipendule.
Juin. — Pavot-Coquelicot.

Juillet. — Chiromie-Petite-Centaurée.
Août. — Scabieuse.
Septembre. — Cyclame d'Europe.
Octobre. — Millepertuis de la Chine.
Novembre. — Ximénée enceloïde.
Décembre. — Lopèze à grappe.

On a fait plus, on a inventé le baromètre-plantes que voici :

A l'approche du temps humide.

Le liseron des champs (*Convolvulus arvensis*) déploie ses feuilles.

— *S'il doit pleuvoir le lendemain ?*

— Le laitron des jardins (*Sonchus oleraceus*), le laitron des champs (*Sonchus arvensis*), la lampsane (*Lampsana communis*) ne ferment pas leurs fleurs pendant la nuit.

— *S'il doit pleuvoir bientôt ?*

La stellaire moyenne (*Stellaria media*) se penche vers la terre, et ses fleurs restent fermées. Il ne faut pas s'attendre à une pluie persistante quand les fleurs ne se ferment qu'à demi.

Le petit boucage (*Pimpinella saxifraga*) se comporte comme la stellaire.

Le souci pluvial (*Calendula pluvialis*) continue à dormir jusqu'à sept heures du matin, heure de son réveil.

Quels mystères pour toi, ô pauvre petite raison de l'homme !... Puisque tu vois sans comprendre, incline ton front, trop souvent audacieux, insolent et superbe, jusque dans la poussière. Adore Celui qui se révèle à toi dans le grain de sable et dans le parfum de la violette, comme aussi dans les rapports de la corolle des fleurs avec le soleil.

A cause de la délicatesse de son tissu, de la fugacité de ses pétales et de ses folioles, et de ses fréquentes absences, nous n'avons pas osé préciser le rôle de la corolle dans le palais de flore. Cependant, elle semble destinée à mesurer la chaleur aux organes de la fécon-

dation; sa forme et sa couleur nous l'indiquent. En
effet, la couleur blanche, qui est le plus apte à réfléchir
la chaleur, se montre constamment sur les fleurs qui
éclosent en hiver, au commencement du printemps, ou
dans les lieux ombragés et humides. Voyez les perce-
neige, les muguets, les narcisses, etc. La nuance
blanche se modifie déjà dans les plantes qui fleurissent
en mai et juin; ce sont les nuances légères de rose et
d'azur; telles sont les hyacinthes de plusieurs espèces.
On verra également les teintes jaunes et éclatantes dans
les fleurs des pissenlits, des bassinets des prés et des
giroflées. Mais les fleurs qui s'épanouissent en été, dans
une température élevée, au milieu des moissons, dans
des lieux chauds, ont des couleurs fortes; tels que le
pourpre, le gros-rouge et le bleu, qui absorbent la chaleur sans la réfléchir. Le calorique de l'air suffit alors
au développement de l'embryon. Est-ce à dire que le
rôle protecteur de la corolle cesse ici? Oh! non; loin
de là.

La corolle est tellement faite pour recevoir la chaleur
et la mesurer selon les besoins de la fécondation, que
ses pétales découpés, plans, sphériques, coniques,
elliptiques, paraboliques, ne sont qu'un assemblage de
miroirs, dirigés vers un foyer, c'est-à-dire vers l'embryon
à féconder.

La nature de la plante et le climat où elle croît, de-
mandent-ils des moyens plus énergiques? Alors, on

verra la corolle se glacer d'un vernis brillant, ou bien la fleur se placera sur une tige rampante pour recevoir plus facilement le rayonnement de la terre. D'autres fois, la corolle disparaîtra pour laisser sortir les organes de la fécondation des parois d'un épi, d'un cône ou d'une branche d'arbre. Telles sont les graminées, les conifères, etc.

— Ces dernières formes me semblent beaucoup plus puissantes pour assurer sur les plantes, l'action du soleil.

— Assurément, cher Léon, aussi est-ce celles que Dieu emploie dans les latitudes du Nord, tandis que dans le Midi, la plupart des graminées elles-mêmes ne portent point leurs graines en épi, mais en panicules flottants.

— Serait-ce pour montrer sa force créatrice, que l'intelligence divine a semé des contrastes dans toutes ses œuvres?

— Oui, cher Léon, les points d'interrogation se dressent à chaque instant et partout dans l'histoire intime du monde végétal. L'artiste se cache, c'est vrai, mais ses œuvres trahissent sa présence et proclament, dans un concert unanime, et son existence et ses attributs. Ne suffit-il pas d'ouvrir les yeux et les oreilles pour voir et pour comprendre qu'il est là? Oh! regardons bien! Que dites-vous des nuances composées et formées des différentes harmonies du rouge et du bleu, du bleu et du jaune qui donne le vert? Que pensez-vous de toutes les diversités des autres couleurs que la palette divine a répandues dans le sein des corolles et sur la peau des fruits? En vérité, il est juste d'avouer que le Dieu qui a créé de si jolies choses, a droit à un culte; car l'auteur de ces prodiges est souverainement adorable.

CHAPITRE XIV

L'Étamine.

———

La morphologie prétend que l'étamine n'est qu'une feuille transformée. — Vous en demandez trop long, la morphologie qui ne sait plus rien, vous prie de passer au bureau de la sève pour être renseigné. — Nous ignorons complètement les secrets de la fabrication du *pollen*. — La fleur est une vraie Tour de Babel pour les savants. — *Étamine, filet, anthère, pollen,* leur description, leur situation, leurs modifications. — Physionomie et couleurs variées du pollen. — Les utricules polliniques offrent de grandes variations dans leurs formes. — *Exhyménine, endhyménine, fovilla,* mouvement Brownien, *nucelle Linné,* énumérations des étamines, — Et *Jussieu,* insertions des étamines par rapport à l'ovaire.

Dès notre entrée dans le domaine enchanté de la fleur, nous avons trouvé devant nous la morphologie avec ses transformations indéfinies et ses faciles métamorphoses. Malgré nous, elle nous a suivis, pas à pas, et aujourd'hui elle nous affirme que l'étamine n'est qu'une feuille, une simple feuille munie de ses deux éléments fondamentaux : le limbe et le pétiole. Elle établit sa thèse avec un sans-gêne incroyable; tenant une étamine de lis à la main, elle vous dit : « Voyez « ce petit marteau couvert d'une poussière jaune; eh

« bien, sa tête à charnière mobile, c'est la métamor-
« phose d'une jolie foliole roulée en boîte, et le manche
« c'est un véritable pétiole à peine déformé. Limbe et
« queue, voilà la feuille parfaite. »

— Et la poussière jaune qui déborde de la boîte, qu'en
fait-elle?

— Elle n'en est nullement embarrassée : c'est, dit-elle,
le pollen qui provient de la métamorphose du parenchyme.

— Mais comment ces métamorphoses s'opèrent-elles?

— Vous en demandez trop long, cher Léon, la morphologie, qui ne sait plus rien, vous prie de passer au
bureau de la sève pour être renseigné. Ce pollen la
déconcerte; son nom signifie : poudre toute-puissante.
Là-bas, le long de la tige, à l'état de sève ordinaire, ce
n'était qu'une insignifiante bouillie verte. Mais une fois
arrivé là-haut dans les petits godets de l'étamine, il
possède l'incompréhensible pouvoir de transmettre la
vie, en fécondant l'ovule que nous allons trouver tout-à-
l'heure.

— Cette poussière jaune que Dieu jette aux yeux des
savants pour leur apprendre à être humbles et modestes,
paraît bien intéressante; c'est dommage que Dieu ne nous
ait pas révélé les secrets de sa fabrication.

— Je vois avec plaisir, cher Léon, que vous comprenez
que la fleur est devenue une vraie tour de Babel pour les
savants; ils ne s'entendent pas sur son chapitre et se

comprennent encore moins. Chacun a son vocabulaire. C'est un torrent de mots impossibles, de synonymes, tous plus biscornus les uns que les autres. La terminologie en usage, dans l'espèce, est devenue un chef-d'œuvre d'obscurité indéchiffrable. Bien volontiers, je vous en ferai grâce.

— C'est donc une maladie? une épidémie? ou tout au moins une manie redoutable! Et d'où vient-elle?

— Le savant qui s'avance dans le célèbre défilé, où brille la fleur ornée de ses verticiles variées, tient à y imprimer quelques traces de son passage. Pour atteindre son but, il y laisse un mot nouveau, un mot à lui qu'il ajoute à ceux que d'autres avaient inventés; s'il s'en tient à cette addition, il est modeste; mais souvent dans son délire sacré, enivré par le parfum, aveuglé par le pollen, il efface impitoyablement les noms des organes, des parties d'organes, des fragments de parties d'organes, pour jouir du bonheur inéluctable de les rebaptiser lui-même. C'est, paraît-il, une tentation irrésistible, ou, comme vous le disiez, il y a un instant, cher Léon, une manie redoutable. Voilà comment la science s'obscurcit de jour en jour, et ses sentiers ne deviennent praticables que derrière la hache du pionnier.

Après ces préliminaires posés, nous disons que l'*étamine* est l'organe sexuel mâle des plantes. Il est situé ordinairement entre le pistil et le périanthe, et composé de trois parties : le *filet*, l'*anthère* et le *pollen*, ou poussière fécondante. Si on détruit les étamines d'une plante avant la fécondation, elle reste stérile; toutes les plantes connues ont des étamines, à l'exception des cryptogames et des agames. Une étamine complète (lis, tulipe) se compose d'un pied ou *filet*, et d'une sorte de tête, *anthère*, le plus ordinairement parcourue par un sillon profond nommé *connectif*, qui la divise en deux moitiés égales; chacune de ces deux moitiés a reçu le nom de *loge*, et présente elle-même une légère suture par laquelle s'échappe le pollen, à l'époque de l'épanouissement des fleurs. Si le filet manque, l'anthère est dite *sessile*. Le filet est quelquefois très long : le *datura*, le *lis;* quelquefois fort court : la *violette*, l'*aristoloche*, il peut même être nul : l'*arum*. Le filet est ordinairement cylindrique, il peut être aplati, simple, fourchu : la *brunelle*, marqué d'une dent, les *alyssum*, renflé à sa base, etc.

Les filets sont parfois réunis en un seul corps (androphore de mirbel) ou en plusieurs, en tout ou en partie. Lorsqu'ils ne forment qu'un corps, les étamines sont dites *monadelphes* : la *mauve;* deux corps, *diadelphes* : la *fumeterre*, le *haricot;* trois ou plus, *polyadelphes* : l'*oranger*, le *millepertuis*.

Les filets des étamines sont pétaloïdes dans les *iris*, le *nénuphar blanc*. Ils se changent en pétales dans les fleurs doubles : la *rose*.

L'anthère est plus grosse que le filet, quelquefois mobile sur lui, le plus souvent elle y est fixée. On distingue en elle la *face*, le *dos*, la *base*, le *sommet*. Quelquefois les anthères d'une même fleur se *soudent* de manière à former une espèce de tube, comme nous le dirons tout-à-l'heure. Il peut y avoir plusieurs anthères sur le même filet, ou une seule sur plusieurs filets.

Les loges s'ouvrent de différentes manières pour laisser échapper le pollen. Le plus souvent, c'est par toute la longueur du sillon longitudinal; dans d'autres cas, par le sommet ou par le soulèvement de l'un des feuillets, qui se détachent tout d'une pièce.

Les modifications principales de l'anthère sont :

Anthère uniloculaire, à une seule loge mauve).

        biloculaire, à deux loges (giroflée).

—   *quadriloculaire*, à quatre loges ,butone).

—   *didymes*, deux anthères unies par un point (épinard, euphorbe).

—   *intorse*, dont la face regarde le centre de la fleur.

—   *extorse*, dont la face est tournée en dehors.

Elles sont aussi en *bouclier*, en *flèche*, en *casquette*, *anguleuses, arrondies, tétragones, aplaties, appendiculées, bicornes,* etc., etc.

Le pollen se présente sous la forme de granules très petites, habituellement jaunes, quelquefois brunes, vertes, etc. Il est très fin, microscopique dans le *lycopode*; gros dans le *lis;* granuleux et solide dans les

ophrys et les *orchis;* inflammable dans le *lycopode.*
Parfois, il est si abondant, qu'étant chassé par les vents,
il produit des espèces de pluies de soufre (les *pins*, les
sapins, les amentacés . Si on jette du pollen sur un vase
rempli d'eau, on voit les globules, qui le composaient,
éclater à la surface, et répandre une liqueur (Bernard
de Jussieu). Le pollen fournit au stigmate, par le contact
ou sans contact, la substance qui doit féconder l'ovaire.
Son odeur est fade et nauséabonde dans le *châtaignier*
et *l'épine-vinette,* etc. Dans le cas où le pollen est massif
et non susceptible d'être emporté par le vent, la fécondation paraît avoir lieu par une sorte *d'aura pollinaris.*

— Il y a donc des pollens solides et des pollens pulvérulents?

— Assurément, cher Léon; et les pulvérulents sont
les plus communs; ils sont formés *d'utricules* généralement libres et distinctes. Les pollens solides sont une
masse compacte se montant exactement sur les loges de
l'anthère.

Les utricules polliniques offrent de grandes variations
dans leurs formes; elles peuvent être *globuleuses, poly-
driques, allongées,* presque *cylindriques;* leur volume est
infiniment petit; elles contiennent *deux sucs emboîtés
l'un dans l'autre,* ou deux membranes, l'une extérieure,
épaisse, résistante, le plus souvent parée d'ornements
de toutes sortes. Ce sont des ponctuations, des réseaux,
des étales, des dentelures, d'exquises ciselures, des

pointes, des franges; c'est l'art, c'est la fantaisie, poussés jusqu'à leurs dernières limites. Ainsi décorée, elle s'appelle *exyménine;* l'autre, interne, mince, transparente, extensible, est nommée *endhyménine;* elle renferme la *fovilla,* ou semence prolifique. Cette semence est un liquide consistant et mucilagineux, qui contient un grand nombre de granules, qu'on a cru pouvoir assimiler aux zoospermes des animaux, parce qu'ils sont doués de mouvement. Mais ce mouvement est dû à cette propriété remarquable des particules excessivement fines des corps, désigné sous le nom *de mouvement brownien,* B. Brown l'ayant découvert.

On peut parfaitement, à travers les parois transparentes de l'endhyménine, voir s'agiter les corpuscules de la fovilla. A peine l'*anthère* a-t-elle laissé tomber le pollen, et celui-ci laissé s'échapper la fovilla, que cette dernière est recueillie par le stigmate, d'où elle atteint la *nucelle,* et pénètre jusqu'au sac embryonnaire, dans la vésicule duquel vient se former l'embryon. Mais c'est surtout dans la structure de la membrane externe (exhyménine) du pollen que Dieu nous dévoile la merveilleuse précaution qu'il prend pour assurer la perfection de son œuvre. En effet, cette membrane externe, qui recouvre des globules insaisissables à l'œil nu, est percée de fentes ou trous munis souvent chacun d'un opercule ou d'un couvercle qui se détache lorsque le grain de pollen *se trouve en contact avec un point spécial* du pistil, le stigmate.

Il ne faut pas confondre le mouvement *brownien* avec celui des animalcules vivant dans les *anthéridées* et les spores des végétaux acotylédonés, ainsi que dans les semences des animaux infusoires, car le mouvement brownien est particulier à toutes les parties excessivement minimes des corps inanimés.

Les étamines sont très variables dans leur nombre; d'après Linné, on nomme *monandres, diandres, triandres, tétandres, pentandres, hextandres, heptandres, octandres, ennéandres, décandres, dodécandres,* les fleurs ayant une, deux, trois, quatre, cinq, six, sept, huit, neuf, dix, ou de onze à vingt étamines. Quant aux fleurs qui portent vingt étamines et plus, insérées sous l'ovaire, elles sont dites *polyandres,* et répondent à *l'hypogynée;* mais si les fleurs se composent de vingt étamines et plus, implantées sur le calice, elles prennent le nom *d'icosandres,* et correspondent à l'épigynée et à la *périgynée.*

On nomme *didynames,* les fleurs formées de quatre étamines, dont deux plus grandes; *tetradynames,* celles ayant six étamines, dont deux plus courtes. La *syngénésie* comprend des fleurs où l'on trouve des étamines cohérentes entre elles par leurs anthères, et la *gynandrie* se compose de fleurs où les étamines sont soudées au pistil.

L'insertion des étamines, par rapport à l'ovaire, est la seule importante à étudier: elle fournit pour la coordination naturelle des végétaux, des caractères de première valeur. Elle a servi à A.-L. de Jussieu pour distribuer ses immortelles familles de plantes, comme l'absence ou le nombre de ces organes, et leur relation avec le pistil, ont servi de base au système de Linné.

Les étamines peuvent avoir quatre positions différentes :

1° *Sur la paroi interne du tube de la corolle*, quand celle-ci est monopétale : le *chèvre-feuille* ;

2° *Sur l'ovaire*, toutes les fois que la corolle est supère : les *ombellifères* ;

3° *Sous l'ovaire*, quand la corolle est infère : le pavot, les *crucifères* ;

4° *Sur le calice*, toutes les fois que celui-ci porte les pétales : la rose.

La corolle a toujours la même position que les étamines.

Dans toutes les corolles monopétales, les étamines sont attachées à la *corolle*.

Dans toutes les corolles polypétales, les étamines ne sont point attachées à la corolle.

Dans les corolles monopétales, les étamines sont presque toujours au-dessous de vingt.

CHAPITRE XV

Le Pistil.

... ..

Description et situation du pistil. — Grand désaccord entre les princes de la botanique sur la nature du pistil. — La morphologie est en contradiction avec les données de la nature. — Gœthe — Recours à son imagination pour se tirer d'affaires. — Pourquoi on doit repousser la morphologie et ses compagnes. — Dieu ne se dément jamais dans ses œuvres. — Tableau où on explique toutes les nombreuses parties des carpelles, ainsi que leur situation, et leurs fonctions : Le *style*, le *stygmate*, l'*ovaire*, les *ovules*, *trophosperme* ou *placenta*, etc., etc. — Dénominations variées de l'*embryon* par rapport à la graine. — Le *torus*, situation des *nectaires*.

Le pistil, organe femelle de la plante, son dernier verticille, ovoïde à sa base, filiforme à son centre, renflé en mamelon à son sommet, couronne le pédicelle nommé *réceptacle*. Il occupe le milieu de la fleur, dont il termine la végétation, comme la fleur termine la végétation du rameau floral.

— Quelle est sa nature? d'où vient-il? Est-ce encore une feuille?

— Craindriez-vous d'entendre la morphologie le réclamer comme le complément naturel et nécessaire de

sa série? car nous l'avons vu; bractée, calice, corolle,
étamines, fleurs que tout cela; c'est bien le cas de
craindre la capture du pistil. En effet, elle le revendique:
ah! la terrible manie! Tout est feuille, rien que des
feuilles, partout des feuilles!.....

Le roi de la botanique, Linné, avec ses ministres
Césalpin et Malpighi, enseignent que le pistil n'est qu'un
prolongement de la moelle. Mirbel et Sonnini affirment,
au contraire, qu'il n'est qu'un prolongement du tissu
tubulaire. Un autre prince de la botanique, Bernard de
Jussieu et toute sa tribu, frères et neveux avec lui,
pensent que la nature du pistil se confond avec celle de
l'écorce et du liber. En présence de ces magistrales incertitudes, nous verrions, avec plaisir, l'Allemand Gœthe,
à coup sûr plus poète et romancier que naturaliste,
pousser avec moins d'audace sa théorie des métamorphoses végétales. Oui, la théorie des morphologues est
en contradiction avec les données de la nature: en effet,
ses deux idées fondamentales sont : métamorphose ascendante et métamorphose descendante; la première
rend compte des perfectionnements, des progrès de la
feuille; la deuxième explique ses dégradations, ses reculs.
Suivant l'intensité de la vie ou ses défaillances, nous
voyons donc les métamorphoses monter ou redescendre.
C'est-à-dire que la vie intense produit des feuilles et non
des fleurs, et quoique la morphologie affirme que la
feuille, en marchant vers la fleur, monte vers son idéal

et son dernier perfectionnement, la vérité est que, en
dépit de toute vraisemblance, c'est par suite d'une sorte
d'alanguissement que la floraison s'opère. Un végétal trop
bien nourri multiplie ses rameaux, mais ne fleurit pas,
et ce n'est que lorsque la vie s'est en quelque sorte
atténuée, que se montre la couronne calycinale, surmontée de la couronne corolline. Voilà ce que disent les
faits. C'est donc une erreur de dire que la gradation des
organes est en corrélation avec l'intensité de la vie. On
doit appeler *dégénérescence* le phénomène qui élève la
plante à son apothéose.

— Il faut donc moins de sève, de vitalité et de force
pour produire et multiplier les fleurs et les fruits, que
les feuilles et les rameaux?

— L'expérience, cher Léon, nous l'affirme à chaque
instant : Les arbres étiolés, jaunes, souffrants, malades,
se couvrent de fleurs et de fruits; tandis que les jeunes
plantes, vigoureuses, ne donnent que des rameaux et des
paquets énormes de feuilles Voulez-vous savoir comment
M. Gœthe et ses adeptes se sont tirés d'affaire? Ils ont eu
recours à leur imagination et à la poésie de leur esprit.
Ils ont distingué entre la vie brutale, fougueuse, exu-
bérante, qui ne fabrique que des feuilles, des bourgeons,
des rameaux, etc., et une vitalité spéculative, abstraite,
exquise, supérieure, idéale, qu'ils ont créée pour le
besoin du moment; mais le tour n'a été joué que pour
certains hommes de bonne volonté, qu'à Paris on a
l'habitude d'appeler des *badauds*.

— Vous n'aimez pas la morphologie.

— Non, cher Léon, je n'aime pas l'hypocrisie. La morphologie, le darwinisme, les générations spontanées, la progression animale et végétale sont des monstruosités menteuses que l'honnête homme, sain d'intelligence et de raison, doit fouler impitoyablement aux pieds.

Le but de toutes ces petites éclosions modernes, c'est la préconisation de la matière; le panthéisme, la négagation insensée de Dieu, créateur de l'univers. Révolte extravagante, autant qu'injuste et folle pour l'homme resté maître de ses passions, indépendant et libre de sa volonté, de son intelligence, libre dans ses doctrines et sa morale.

Pour ne pas se laisser entraîner par toutes ces abrutissantes méthodes, bâties sur le sable mouvant de la raison humaine, il ne faut pas perdre de vue cette grande vérité que Dieu, ne pouvant ni se tromper ni nous mentir, ne se dément jamais dans ses œuvres, et la nature, sa fille, sous ce rapport, est aussi ferme de caractère et de lumière, que son divin auteur; toutes les espèces resteront toujours les mêmes : animaux, végétaux, minéraux, métaux, tout est invariable dans cette prodigieuse vérité, tout conserve son essence. L'essence de la plante est d'avoir des racines, un tronc, des feuilles, des fleurs et des fruits, elle n'en manquera jamais.

— Néanmoins, je conviens que le pistil affecte parfois

de montrer des formes excentriques; oui, disons le :
organe bizarre et complexe, demi-pistil et demi-feuille
blanc et vert, rempli d'un côté de sacs merveilleuse-
ment affinés et puissants, et de l'autre, de cette sève
commune qui remplit toutes les feuilles du monde.
C'est ainsi qu'il se montre dans l'iris de Florence.
Encore une fois, je le confesse, on ne voit rien de plus
extraordinaire en botanique. C'est une preuve que Dieu
a imprimé son cachet sur chacune des parties de la
plante, depuis la moindre jusqu'à la plus grande.

Tirons le rideau sur le travail mystérieux et inconnu
des plantes, pour nous reposer l'esprit dans la contemplation des beautés visibles qu'elles exposent à nos
regards.

Les carpelles, organes femelles des fleurs, nous
offrent cinq parties à considérer Le *style*, le *stigmate*,
l'*ovaire*, les *ovules* et le *trophosperme* ou *placenta*. Le
style est un prolongement filiforme du sommet de
l'ovaire, le stigmate est un corps glandulaire terminant
le style, et l'ovaire une cavité contenant les ovules, qui
sont les germes fécondés. On nomme trophosperme la
partie de l'ovaire sur laquelle les ovules sont attachés.

Les ovaires variés de formes et de texture sont à une
ou à plusieurs loges et peuvent contenir une ou plusieurs graines; de là les noms de plantes monospermes
polyspermes. L'ovaire est dit *libre* ou *supère*, lorsqu'il
est placé au-dessus de toutes les autres parties de la

fleur. Il est dit *infère* ou *adhérent*, lorsqu'il se soude au calice et se trouve dans toutes les enveloppes florales. Il est dit *pariétal* ou *semi-adhérent*, lorsqu'il s'unit par sa base seulement à la face interne du calice. L'ovaire supère répond à l'hypogynie, l'ovaire infère à l'épigynie et l'ovaire pariétal à la périgynie, et plus rarement à l'épigynie — l'ovaire supère peut quelquefois correspondre à la périgynie.

L'ovule (graine non fécondée) voit successivement apparaître autour de lui deux membranes dont la première formée se nomme *primine*, et la deuxième *secondine*. L'ouverture de la primine est l'*exostome*, celle de la secondine l'*endostome*; plus tard, ces deux ouvertures n'en feront qu'une qui prendra le nom de *mycropyle*. La partie de l'ovule que ne recouvrent pas la primine et la secondine, s'appelle *nucelle* ou *mamelon ovulaire*; c'est là que la puissance génératrice viendra faire naître l'embryon et changera l'ovule en graine.

Le point d'attache de la nucelle sur la secondine est nommé *chalaze* ou ombilic interne, et le point où la primine s'insère sur le trophosperme est appelé le *hile* ou ombilic externe.

On nomme endosperme un corps celluleux, farineux, charnu ou coriace, qui accompagne l'embryon; cet endosperme est formé, soit par le développement de la nucelle, soit par le sac embryonnaire. Tous les embryons ne sont pas pourvus d'endosperme, quelques-uns en ont un double.

L'embryon destiné à reproduire le végétal se compose
de quatre parties : la *tigelle,* la *gemmule,* puis la *radicule*
et les *cotylédons.* La tigelle est appelée à devenir la tige ;
la gemmule, ou bouton terminal de la tigelle, amènera
l'élongation de la tige ; la radicule enfin se changera en
racines et en fibres radicales Les cotylédons, feuilles
primordiales nées sur les parties latérales de l'axe de
l'embryon serviront à la nutrition.

Chez l'embryon dicotylédoné, la gemmule sort entre
les deux cotylédons, et chez l'embryon monocotylédoné,
— ordinairement privé de la tigelle — elle paraît à la
base d'un des côtés du cotylédon.

La position de l'embryon, par rapport à la graine, est
d'une haute importance pour coordonner les familles.
Lorsque cet embryon a la même direction que la graine.
il est dit *homotrope,* ou dressé ; il peut, dans ce cas, être
un peu courbé ou tout à fait droit. L'embryon dont la
direction est opposée à celle de la graine est dit *anti-*
trope ou inverse. Enfin on nomme *amphitrophe,* l'embryon tellement recourbé sur lui-même que ses deux
extrémités semblent prêtes à se réunir. Quant à la
position de l'embryon par rapport à l'endosperme, on
dit que cet embryon est *extraire, périphérique, axile,*
latéral, intraire. Il est extraire quand il se place sur
l'un des points de la surface de l'endosperme ; axile,
quand il suit la direction de l'axe de l'endosperme ;
périphérique, quand il embrasse l'endosperme en for-

9*

mant un anneau; latéral, quand il se rapproche d'un
des côtés de l'endosperme; intraire, quand l'endosperme
l'entoure de toute part.

La direction de l'embryon, relativement à la graine,
signifie que sa base est tournée ou non vis-à-vis de
celle de la graine. La base de l'embryon est indiquée
par la radicule, et celle de la graine par le point
où elle s'attache au trophosperme ou placenta.

De même que la position de l'embryon, par rapport à
la graine est importante à connaître, de même celle de
l'ovule, vis-à-vis du *hile* ou de la *chalaze,* est difficile à
déterminer. Ainsi on nomme sommet de l'ovule, l'ouverture des deux membranes qui l'environnent, et
lorsque le sommet est diamétralement opposé à la
chalaze, l'ovule est dit *orthotrope;* lorsque ce sommet
se rapproche du hile, l'ovule est *campatitrope;* mais si
le sommet se dirige vers la chalaze, l'ovule est
anatrope.

Il ne faut oublier que l'ovaire, généralement, a toujours un nombre de loges égal au nombre des carpelles,
que ceux-ci soient soudés ou non. Le style n'est pas
indispensable; quand il manque, le stygmate est dit
sessile. Il n'en est pas de même de l'ovaire ni du
stygmate; si vous supprimez, avant la fécondation,
l'un ou l'autre de ces deux organes, la fécondation
devient impossible, la plante est frappée d'impuissance
et de stérilité absolues.

Le stigmate est plus gros que le style, et ordinairement enduit à sa surface de gouttelettes de liqueur qui accrochent et retiennent le pollen lorsque l'éjaculation s'en fait, ce qui facilite la fécondation. Il varie beaucoup dans ses formes. Arrondi dans le *chèvrefeuille*, terminé en tête dans la *pervenche*, sphérique dans la *primevère*, en bouclier dans le *pavot*, en croix dans le *sarcocolier*, en hameçon dans la *violette*, en couronne dans la *pyrole*, en massue dans le *leucoium*, en pinceau dans la *pariétaire*, creusé en entonnoir dans la *pensée*, etc.; il est entier, bifide, trifide, etc., dans d'autres plantes. Ses divisions sont contournées dans le *safran*, capillaires dans l'*oseille*, éculées en dehors dans l'*œillet*, les composées, etc. Il est ordinairement terminal, quelquefois latéral : les *renoncules*.

Le *Torus* ou *disque* est la partie du réceptacle situé entre le calice et le pistil, qui sert de base commune à la corolle et à l'androcée. Cette base commune produit outre les étamines et les pétales, des glandes nectarifères et des expansions diverses, analogues à des pétales ou à des étamines (ancolie, pivoine montante, nymphœa blanc, nymphœa jaune).

Les *nectaires* ou *glandes nectarifères* naissent généralement du *torus*, et sont posées sur lui immédiatement ou sur les organes qui en dépendent. — Dans les *radis* ou autres *crucifères*, le réceptacle en porte quatre : deux dans la *pervenche*; cinq dans le *sedum*. — Dans les renoncules, chaque pétale porte à la base de son onglet un petit nectaire, protégé par une écaille.

Les nectaires naissent quelquefois sur les anthères ou sur le connectif des étamines; ainsi dans la *pensée* il y a des nectaires provenant de deux étamines et naissant du connectif au point de jonction de l'anthère et du filet; ils ont la forme d'une queue recourbée, et tous deux se logent dans le cornet creux du pétale inférieur qui leur sert d'étui, et au fond duquel on trouve une liqueur sucrée que les nectaires ont distillé par leur extrémité.

En général, les pétales creux renferment un nectaire au fond de leur cavité (aconit, nigelle, dauphinelle, etc).

CHAPITRE XVI

La Fécondation.

───────

C'est là que tout vient aboutir; l'idéal paraît. — Les théories des savants couvrent d'une nuit profonde le phénomène de la fécondation des plantes. — *Théophraste*, *Pline*, *E. F. Geoffroi*, *Vaillant*, *Tournefort*, *Linné*. — L'unité la plus absolue dans la variété la plus incalculable. — *Unité de composition* entre l'homme, l'animal, la plante et même le minéral. — *Crescite et multiplicamini*. — Explication de ces mots : *Cujus semen in semetipso sit super terram.* — Y a-t-il lieu d'être fier ? — Découverte de MM. Amici et Brongniart. — Petit drame joué par le *Pollen*, la *Fovilla*, le *Micropyle* et le *Sac embryonnaire*. — Naissance de l'Embryon, mystère des mystères. — Questions pour lesquelles il n'existe pas de réponses. — Un regard sur le champ parcouru. — Un seul Dieu en trois personnes; unité dans la variété. — Modifications des opérations fondamentales et typiques de la fécondation. — Expérience pour démontrer la chaleur de l'arum pendant sa floraison et sa fécondation. — Précautions prises, par le créateur, pour entretenir le feu sacré de la vie dans le monde végétal. — *Hybrides* et *Métis*. — Les espèces végétales violentées se juxtaposent, mais ne se mêlent pas. — Les moules qui datent de la création resteront à jamais les mêmes, sans augmentation ni diminution. — C'est au pied du mur que l'on connaît le maçon.

Ce chapitre célèbre va nous offrir la quintessence de l'histoire intime de la vie végétale. Nous atteignons les rivages de la terre promise ; l'idéal paraît... l'acte le plus important, le plus incompréhensible de la sève se

prépare : je veux dire la *fécondation de la plante*. Oui,
c'est là que tout vient aboutir; c'est dans la fécondation
que se montre avec éclat le couronnement de cette série
de merveilles qui, de la racine au pistil, se succèdent
sans interruption.

— Mais que peut donc entreprendre encore la plante?
Nous l'avons vu naître, puis grandir, puis fleurir. N'a-t-
elle pas, de la sorte, parcouru toutes les phases de sa
vie individuelle?

— Non, cher Léon; maintenant elle veut devenir
mère, avoir des enfants, une longue postérité, et pour
atteindre ce but, nous allons la voir sortir d'elle-même,
pour ainsi dire, et employer ses énergies les plus fécondes à la création d'une individualité étrangère à la
transmission de sa propre vie.

Le phénomème de la fécondation des plantes, depuis
l'antiquité grecque jusqu'au dix-septième siècle, est
resté enveloppé d'une profonde obscurité dans les théories des savants.

Théophraste, dans son *Traité des Plantes*, paraît avoir
eu quelque idée des sexes des plantes et de la fécondation. *Pline* a décrit les sexes des palmiers (libr. XIII,
cap. VII). Il dit que dans le temps de la fleur, le mâle
tient ses branches élevées, et que par son souffle il féconde les palmiers femelles qui l'entourent. Il fait aussi
remarquer qu'il y a des botanistes qui enseignent que
toutes les plantes ont des fleurs mâles et femelles sépa-

rées sur deux individus. Ailleurs, il rapporte qu'un *nymphœa* de l'Euphrate, dès qu'il était pour fleurir, venait s'épanouir à la surface de l'eau pour opérer la fécondation, et se replongeait sous l'eau aussitôt qu'elle était accomplie, ce qui est encore exact aujourd'hui. *Pontanus* a, dans un poème latin, chanté les amours de deux palmiers.

Pline fait encore mention de dattiers femelles plantés dans des terrains éloignés des dattiers mâles. Quand ceux-ci étaient en fleurs, on allait, dit-il, en chercher des rameaux. On montait sur les dattiers femelles, également en fleurs, que l'on fécondait en agitant les rameaux pris sur les mâles. Encore aujourd'hui, quand les peuples de l'orient sont en guerre, ils ne connaissent pas de meilleur moyen de faire naître la famine chez leur ennemi que de détruire les dattiers mâles, parce qu'alors les femelles restent stériles. Voilà tout ce que les anciens ont connu sur la force reproductive des végétaux par le moyen de la fleur.

Parmi les modernes, il paraît que *Camerarius*, en 1694, a eu des idées assez exactes sur les sexes des plantes. Il a, le premier, fait mention de l'usage des étamines et du pistil. Vers l'an 1707, *E. F. Geoffroi* inséra dans les *Mémoires de l'Académie des Sciences* une dissertation dans laquelle il prouve que les étamines et les pistils étaient les organes de la fécondation. *Vaillant*, dans une dissertation lue quelques années après au

même corps savant, démontre clairement les parties
sexuelles des plantes, et donna même une manière de
se procurer des hybrides. *Tournefort* ne voulut pas
admettres les sexes des plantes; il ne regardait les étamines et les pistils que comme des parties excrétoires.
Ces contradictions engagèrent l'académie de Pétersbourg,
en 1759, à proposer, pour le sujet d'un prix, des recherches sur la fécondation des végétaux, et son analogie avec celle des animaux. *Linné* concourut et rem-
porta le prix.

Suivant ce célèbre botaniste, et d'après le résultat de
ses recherches, l'étamine est l'organe mâle des plantes,
et le pistil l'organe femelle; la fécondation s'opère par
l'absorption que fait le stigmate d'une substance composée du pollen : la nature, pour la faciliter, a fait le
stigmate gluant, souvent parsemé de petites soies auxquelles s'attache le pollen.

Voici quelques-unes des preuves qu'il apporte à
l'appui de son opinion, qui est devenue générale : en
examinant le *lis Saint-Jacques*, par un temps chaud, il
paraît à l'extrémité du stigmate une goutte d'eau lim-
pide et volumineuse. Cette goutte, qui paraît avec le
jour, est résorbée vers les dix heures du matin, ab-
sorbée par le pistil. Elle reparaît le lendemain, et si
l'on y répand la substance fécondante, la goutte d'eau
se trouble, devient jaunâtre et ne reparaît plus ; en dis-
séquant ensuite le pistil, on y suit les linéaments de
cette liqueur jusqu'aux ovules.

Linné avait chez lui une *antholysa cunonia*, liliacée du Cap. Cette plante, renfermée dans une chambre, ne se fécondait pas, parce que le vent ne semblait pas assez fort pour porter la poussière séminale sur les stigmates. Linné prit une anthère qu'il mit sur des stigmates, et bientôt il vit que la loge répondant au stigmate, sur lequel il avait appliqué l'anthère, avait été seule fécondée.

Les *chanvres femelles* enfermés dans des serres bien closes ne reproduisent rien, parce qu'il n'y a point d'air libre qui puisse servir de véhicule au pollen des mâles et le porter sur le stigmate.

Linné mit un individu mâle de la *clatia puchella* (plante dioïque de la famille des *euphorbes*) à côté d'un individu femelle. Les fleurs de celui-ci qui s'ouvrirent en même temps que celle du mâle furent fécondées. Il ôta l'individu mâle, et les fleurs femelles qui parurent ensuite ne furent point fécondées. Mais il poussa son expérience plus loin. Le *clatia* femelle a trois stigmates, dont chacun répond à une loge d'un ovaire triloculaire. *Linné* prit un anthère, dont il ne porta le pollen que sur un stigmate exactement isolé des autres ; ayant ensuite examiné ce qui s'était passé, il vit que la loge seule répondant au stigmate sur lequel il avait apposé l'anthère avait été fécondée. Il répéta et varia à plusieurs fois les mêmes expériences sur d'autres fleurs dioïques ; il obtint constamment les mêmes résultats.

Cette plante était stérile dans la plupart des jardins de Hollande; mais ayant vu à Leyde une femelle fécondée, *Linné* avança qu'il y avait un individu mâle dans le voisinage, ce qui se trouva vrai.

Il y avait, dans le Jardin des plantes de Berlin, des *dattiers femelles*, stériles depuis quatre-vingt ans. On fit venir de *Leipsick* des rameaux de dattiers mâles, en fleurs : ils furent huit à dix jours en route. On monta sur les dattiers femelles, sur lesquels on secoua fortement les étamines des dattiers mâles, et les femelles, qui n'avaient jamais rien produit, furent fécondées. On les laissa ensuite dix ans sans les féconder. Après cet intervalle, elles le furent encore artificiellement comme la première fois (*Mémoires de l'Académie des sciences, de Berlin*).

Linné rapporte que la *rhodiola rosea*, dans le jardin d'*Upsal*, était stérile depuis 1702 ; en 1750, on y plaça une espèce mâle, et on obtint des semences.

On dit vulgairement *que la vigne coule* quand la pluie est abondante dans le temps de la fleur ; en effet, l'eau tombant continuellement sur les étamines, emporte le pollen et l'empêche de se porter sur les parties femelles. C'est par la même raison que les laboureurs craignent la pluie lors de la floraison des blés. La fumée cause les mêmes accidents en desséchant les stigmates

Plus nous montons dans la série des phénomènes, toujours sublimes, que le monde végétal étale sous nos

yeux émerveillés, plus il est facile de comprendre,
d'apprécier, et la beauté, et la grandeur, et la simplicité
du plan de Dieu dans la création de l'univers. En effet,
partout éclate l'unité la plus absolue, dans la variété la
plus incalculable, et variété tellement gigantesque, qu'il
est impossible à l'intelligence des fils d'Adam d'atteindre
jusqu'à ses dernières limites. N'avons-nous pas vu dans
nos premières études une parfaite *unité de composition*
entre l'homme, l'animal, la plante et même le minéral?
On sent, on voit et on comprend vite qu'une telle
œuvre ne peut sortir du cerveau d'un simple mortel,
fût-il membre de toutes les académies des cinq parties
du monde. Je considère l'homme ici, en dehors de
l'ordre spirituel, et des rapports qu'il a avec la nature
de Dieu par son âme intelligente, libre et immortelle.

Plus tard, en examinant minutieusement l'organisation des plantes, nous avons reconnu, avec surprise,
celle de notre corps, tant du côté de la naissance que
de celui de l'accroissement, de la circulation du sang,
de la nutrition, de la respiration et du dépérissement
final. Donc, par là encore, *unité d'organisation* dans le
plan du grand architecte de toutes les choses visibles
qui croisent et qui vivent sur notre planète.

On le voit, l'évidence de l'action divine devient de
plus en plus éclatante. Quelle est donc l'intelligence
humaine qui aurait seulement pu concevoir la possi-
bilité de ces myriades de merveilles, qui se lient entre

elles d'une manière si heureuse et si facile ? Cette unité
formidable de force et de puissance dans des choses,
en apparence si opposées, n'est-elle pas l'ostension la
plus majestueuse de la présence de Dieu, à la base
comme au sommet de son œuvre ?

Mais ce n'est pas tout : nous arrivons à la fécondation
de la plante et nous constatons qu'elle est identiquement
la même que celle des animaux de toutes espèces : deux
sexes, d'un côté comme de l'autre, et nécessité de leur
concours mutuel pour assurer la fécondation destinée
à perpétuer l'espèce et la famille. Donc, *unité de fécon-*
dation, unité d'organisation, unité de composition, et
autour de cette trilogie d'unité, qu'elle immense variété
dans les physionomies et les organes accessoires !

— C'est vraiment digne du Dieu tout-puissant.

— Et totalement, pouvons-nous ajouter, en dehors
du domaine de l'homme.

Cette triple unité de fécondation rappelle cette parole
de la genèse, dite aux animaux d'abord, et à Adam
ensuite : *crescite et multiplicamini* (chap. I, §§ 22, 28)
« croissez et multipliez ; » et cette autre déclaration :
« *masculinum et feminam creavit eos,* » il les créa mâle
et femelle (chap. I, § 27) ; puis enfin cette troisième
sentence, antérieure aux deux autres, qui avait déjà
donné à la plante la même puissance de reproduction,
qu'à l'animal privé de raison, et à l'homme, image de
Dieu : « *Deus ait : germinet terra herbam viventem, et*

« *facientem semen, et lignum pomiferum faciens fructum*
« *juxta genus suum, cujus semen in semetipso sit,*
« *super terram. Et factum est ita.* Que la terre produise
« de l'herbe verte qui porte de la graine, et des arbres
« fruitiers qui portent du fruit, chacun selon son espèce,
« et qui renferment leur semence en eux-mêmes pour se
« reproduire sur la terre. Et cela se fit ainsi. » Arrêtons-
nous un instant à ces paroles : « *Qui renferment leur
semence en eux-mêmes,* » peut-on expliquer plus clairement l'union des deux sexes sur le même individu,
ce qui arrive si souvent dans le règne végétal ; toutes
les plantes hermaphrodites en sont là, *idem* pour les
végétaux à fleurs monoïques. Il en devait être ainsi,
selon l'ordre général des choses, puisque les plantes
sont privées de la faculté de locomotion.

Les plantes dioïques restent pour représenter la parfaite unité similaire de fécondation dans les règnes
animal et végétal. L'époux allant au-devant de sa
fiancée.

Dire qu'il a fallu attendre jusqu'au XVIIᵉ siècle de
l'ère de Notre-Seigneur Jésus-Christ pour se mettre
d'accord sur l'existence des sexes chez les végétaux,
c'est démontrer triomphalement que tous ceux que les
académies ont travesti en savants, depuis l'origine du
monde, ne sont que des intelligences chétives, bornées,
caduques, miscroscopiques au prix de la science infinie
de Dieu. Et le XVIIIᵉ siècle, qui a produit tant de soi-

disant malins, qu'a-t-il découvert en botanique ? Je ne vois rien qu'un laps de deux cents ans qu'ils ont laissé passer avant de découvrir la pénétration du tube polli- nique dans le style jusqu'à l'ovaire, et de là au sac em- bryonnaire. Y a-t-il de quoi être fier? Assurément non. Toutefois, honneur, gratitude et reconnaissance à MM. Æmici et Brongniart, qui se sont aperçus les pre- miers de ce curieux petit drame qui se joue entre l'an- thère et le pistil de chaque plante.

— Que se passe-t-il donc ?

— Le voici : généralement, avons-nous dit, le sti- gmate est enduit d'une humeur visqueuse, qui transsude de ses propres cellules supérieures. Si donc le pollen tombe, et il en tombe toujours quelques grains, nous sommes sûrs de le voir se fixer à la surface de l'organe intéressé. Ceci est comme le prologue de la pièce qui va se jouer. Mais voici l'action qui déjà s'engage. Un grain tombé depuis peu a été mis en contact avec l'hu- midité glutineuse du stigmate. Il s'est très rapidement gonflé ; la membrane supérieure s'est rompue presque subitement, tandis que l'enveloppe intérieure, dont l'élasticité est extrême, sortant par la déchirure, s'est paisiblement allongée en tube pollinique. Puis, il pé- nètre dans les cellules lâches du style, comme une véritable racine s'enfonce et descend le long des *tissus conducteurs*. Souvent, en quelques heures, il ar- rive à la porte de l'ovule, appelée *micropyle*. C'est par là qu'il passera pour atteindre le *sac embryonnaire,* ce sac est une petite cavité, une pochette microscopique, qui s'est formée dans l'ovule; l'ovule ou petit œuf est contenu dans l'ovaire, et l'ovaire, vous ne l'ignorez pas, se trouve situé à l'extrémité inférieure du pistil. En ouvrant avec délicatesse un ovaire de *Cistus* peu après l'émission du pollen, on découvre dans la cavité un certain nombre de filaments bien plus fins que des fils d'araignée; ces fils sont les *tubes polliniques,* qui, après avoir parcouru la longueur du style, se rendent aux ovules.

Une fois que le tube pollinique a franchi le micropyle, et qu'il est arrivé au sac embryonnaire, il y a comme un épatement de son extrémité sur la membrane de ce sac; la *fovilla* passe de l'un à l'autre, et l'embryon commence à se manifester sous la forme d'un petit globule.

— Où donc était-il tout à l'heure, l'embryon?

— Qui saurait le dire, cher Léon? Ici balbutie toute science humaine. Il faut se taire et s'incliner. Cela arrive souvent, me direz-vous; c'est vrai; mais ce n'est pas ma faute, et comment voudriez-vous qu'il en fût autrement, surtout en face de la naissance de l'embryon, qui est le mystère des mystères !

Oui, cet acte important de la vie végétale s'est accompli au grand jour, sous les yeux de l'académie, sans qu'elle y comprenne rien. Malgré cette ignorance profonde, voilà que dans le sac, et parfois tout à l'opposé de l'endroit qui a touché le tube, commence à se développer la première cellule de l'être nouveau, qui désormais possède la vie.

Devant de tels horizons, consolez-vous, savants courageux; on sait que vos microscopes n'atteignent pas jusqu'à ces infiniment petites origines de la vie, et personne ne pense à vous en faire un reproche. Que devient-elle, où passe-t-elle, cette fovilla fécondante, dont on voit jusqu'à ce moment suprême s'agiter les globules dans un tube pollinique? Y a-t-il pénétration des tissus, mélange de la fovilla avec le liquide du sac embryonnaire, ou bien fécondation à distance, choc électrique? Autant de questions pour lesquelles il n'existe pas de réponse. Malgré cela, il n'en reste pas moins vrai que l'histoire de la naissance de la première cellule embryonnaire est tout ce qu'il y a de plus admirable dans le domaine des sciences naturelles. Ici, tout est pur et plus incompréhensible que nulle part ailleurs; qu'il y ait des fermentations puissantes, des combinaisons fécondes dans le monde animal, où la chair est palpitante, alimentée et nourrie par un sang chaud, on le conçoit aisément; mais rencontrer dans la plante immobile, sous ses tissus froids et inertes, l'étincelle de vie aussi forte, aussi féconde et énergique que n'importe où, dans le règne animal; voir acquérir à cette sève incolore insipide et froide tant de vertus procréatrices, jusqu'à engendrer d'autres plantes, voilà assurément des merveilles incomparables.

— Ce prodigieux phénomène de la fécondation me rappelle la vie végétale dans ses débuts; si faible, si élémentaire. Nous avons vu défiler sous nos regards éblouis : la radicule, la tigelle et les cotylédons, puis la tige et ses feuilles si habiles déjà dans l'art de manipuler les gaz : acide carbonique, oxygène, soute au charbon, ces trois familiers de l'usine végétale avaient leurs places particulières.

Quand une fois le printemps met en mouvement l'usine aux cellules vertes, les évolutions de la vie se poussent et se succèdent avec une rapidité vertigineuse. C'est ainsi que nous avons vu se montrer sans interruption les feuilles, les bractées, le calice, parfois tout rutilant de couleurs, puis l'éclatante corolle, et l'étamine savante, et le pollen fécondateur, et le style, et l'ovaire, au fond duquel attend la vésicule embryonnaire, qui, fécondée, donnera, je m'en doute maintenant, le fruit et la graine où se tiendra cachée et endormie l'étincelle de la vie.

— Ce regard rétrospectif, sur le champ parcouru, me prouve, cher Léon, que vous aimez à vous attarder dans la contemplation des grands spectacles que nous offre l'histoire intime du monde végétal; aussi bien n'avons-nous pas terminé notre chapitre de la fécondation; à lui seul, il pourrait remplir un volume.

Naguère, nous étions frappés et ravis de l'harmonie parfaite que nous rencontrons invariablement dans toutes les œuvres de Dieu. Oui, partout et toujours brille ce monogramme du Tout-Puissant : *Unité dans la variété*, — comme si l'on disait : *Un seul Dieu en trois personnes.* — Prodigieuse richesse de détails, abondance de modifications, de circonstances et de conditions, toutes plus étonnantes les unes que les autres ; voilà ce qui gravite autour d'un principe unique, d'une loi générale fixe et immuable, comme ces myriades d'étoiles et de planètes qui suivent et enveloppent le soleil.

C'est ainsi que nous allons voir les opérations fondamentales et typiques de la fécondation se modifier sensiblement dans chaque espèce, et s'opérer chez certaines d'entre elles dans des conditions... j'allais dire impossibles. Ainsi, il est des fleurs, la digitale pourprée entre autres, où la longueur du style est telle que les tubes polliniques doivent, pour la parcourir en entier, acquérir, en longueur, plus de onze cents fois le diamètre du grain de pollen dont ils sont sortis !...

— Généralement, avons-nous dit, le sang de la plante est froid, comment peut-il devenir l'agent colporteur de la vie ? Comment la cellule, inerte, glacée, assoupie, peut-elle engendrer de nouvelles utricules ?

— Ah ! attendez, cher Léon ; précisément, nous allons voir la plante sortir de sa lithargie et s'exalter pendant ce moment suprême, d'où dépend la conservation des espèces, jusqu'au point d'acquérir momentanément l'une des propriétés des organismes animaux, la chaleur.

Pendant la floraison, la respiration de la fleur est diamétralement opposée et contradictoire à celle des parties vertes : elle expire de l'acide carbonique, au lieu d'exhaler de l'oxygène; elle boit donc à pleine poitrine le feu et la chaleur, et, par ces phénomènes chimiques, elle se rapproche des animaux. D'où vient cet acide carbonique qu'elle envoie, comme nous, dans l'atmosphère? Il provient du charbon que le sucre et sa dextrine contiennent. Aussi, soit dit en passant, ces principes disparaissent-ils de la plante à l'époque de sa floraison; et doit-on récolter les végétaux cultivés pour le sucre qu'ils contiennent avant qu'ils aient montré leurs fleurs. Voulez-vous des preuves? des chiffres? En voici : soixante-dix grammes d'une pâte formée, avant la fécondation, par les organes fructificateurs de l'*Arum*, d'Italie, et traités chimiquement, ont donné trois grammes de fécule, tandis qu'une même quantité de pâte, provenant d'organes pareils, mais après la fécondation, n'en ont plus fourni que vingt-cinq centigrammes. Cette analyse chimique montre jusqu'à l'évidence qu'il y a, pendant la fécondation, chez certaines plantes, une combustion considérable de sucre et de dextrine, transformés en charbon. Ce dégagement de

calorique, véritable fièvre caractérisée par des accès
périodiques, se manifeste dans les organes floraux,
dans les étamines surtout. Voilà donc la plante qui,
pendant sa floraison, vit d'une vie quasi-animale.

On doit remarquer que l'analogie entre les animaux
et les plantes n'est nulle part plus frappante que dans
la fécondation, et cet acte est, comme on le sait, le plus
important de tous, puisque de lui dépend la conservation des espèces.

— Dieu montre dans l'exécution de son plan un luxe
de moyens digne à jamais de l'admiration et de la reconnaissance des hommes.

— Vous vous attendrissiez déjà, cher Léon, sur la
prévoyante sollicitude de Dieu, et nous n'avons fait
qu'esquisser à grands traits les précautions prises pour
entretenir le feu sacré de la vie dans le monde végétal.
Entrons dans quelques détails : La poussière des étamines
est d'une légèreté extrême ; le moindre vent la fait voler
au loin ; on la voit le matin s'élever comme un brouil-
lard transparent au-dessus des champs de blé. Elle
s'échappe de même des forêts de pins, et va retomber
sur les campagnes ou sur les villes au gré du courant
d'air qui lui sert de véhicule : le peuple, nous l'avons
déjà dit, l'a souvent prise pour une pluie de souffre.
Il est bien difficile que quelques grains de cette poussière
n'arrivent pas à chaque pistil. D'ailleurs, autant l'herma-
phrodisme est rare parmi les animaux doués en général

de la faculté de locomotion, autant il est commun parmi
les plantes qui ne peuvent se transporter d'un lieu dans
un autre. Cette réunion des organes mâles et femelles
assure encore plus la fécondation que la légèreté de la
poussière des étamines.

On a remarqué que, lorsque les parties mâles et
femelles étaient d'une longueur à peu près égale, la
fleur était indifféremment droite, penchée ou horizontale; que lorsque le style était plus court que les
étamines, la fleur était redressée; que lorsqu'il était
plus long, elle était penchée; par ce moyen, la
poussière, chassée de l'anthère, rencontre toujours
le stigmate. Cependant ceci n'est pas sans exception;
dans quelques fleurs redressées, les étamines sont
sensiblement plus courtes que le style, et l'inverse a
lieu dans les fleurs pendantes; mais avant l'émission de
la poussière, il arrive souvent que les premières s'inclinent vers la terre, et que les secondes se redressent
vers le ciel; et ce qui prouve les rapports de ces mouvements avec l'acte qu'ils favorisent, c'est que la fécondation achevée, les fleurs reprennent communément
leur première position.

On observe aussi des mouvements très-marqués dans
les étamines et dans le pistil. Quelquefois, à l'instant
même où la fleur s'épanouit, les étamines, comprimées
jusqu'alors dans le périanthe, se redressent avec force,
et dans le même instant l'anthère s'ouvre et fait jaillir

la poussière ; d'autre fois, ces organes, doués d'une irritabilité admirable, se penchent sur le pistil et touchent
le stigmate de leur anthère ; ou bien le filet de l'étamine
reste immobile, et l'anthère pirouettant comme sur un
pivot, se tourne vers le stigmate. Dans certaines espèces,
les étamines se contractent les unes après les autres ;
dans d'autres elles se contractent toutes ensemble. Les
mouvements sont plus rares dans les organes femelles :
il semble, comme l'observe ingénieusement *Desfontaines*,
que chez les plantes, aussi bien que chez les animaux,
c'est le sexe masculin qui doit se déranger. La modestie,
le calme, la réserve et la pudeur sont tout particulièrement l'apanage du sexe féminin. Néanmoins, dans
plusieurs espèces, les styles s'inclinent vers les étamines
immobiles, et vont toucher les anthères. Cette dérogation
à la loi générale n'est pas sans imitation dans le règne
animal, et je pourrai dire, hélas ! jusque dans l'espèce
humaine. En ce cas, ce sont les sens et la matière qui
dominent l'esprit ; l'homme n'est plus libre, c'est la bête
qui gouverne...

On voit aussi des stigmates formés de deux lames,
s'entr'ouvrir avant la fécondation et se refermer
ensuite.

Lorsque les sexes sont séparés sur un même individu,
les fleurs mâles s'ouvrent avant les femelles ou en même
temps qu'elles : les anthères lancent leur poussière
quand les pistils sont en état de la recevoir. Dans ces

plantes que les botanistes ont appelées *monoïques*, il est bien rare que les fleurs femelles ne soient pas placées au-dessous des fleurs mâles.

Mais lorsqu'une espèce est *dioïque*, c'est-à-dire, lorsque les individus de cette espèce portent des fleurs mâles ou des fleurs femelles, et jamais l'une et l'autre à la fois, il faut d'autres moyens pour en assurer la fécondation. Nous observons d'abord que le même pays produit toujours le mâle et la femelle, et que la floraison de l'un et de l'autre ayant toujours lieu à la même époque, il ne faut, par conséquent, qu'un vent favorable pour couvrir les pistils de la poussière des étamines ; et nous ajouterons que les femelles produisent également des graines mâles et femelles, en sorte que si un individu fécondé est abandonné à lui-même, il s'entourera bientôt de sa postérité, et les individus mâles, rapprochés des femelles, leur verseront la poussière fécondante. Ces moyens de conservation sont si bien combinés, qu'on ne voit jamais un individu femelle resté stérile dans son pays natal.

— Je remarque que la fécondation des plantes *dioïques* est placée sous la dépendance du vent, et je m'étonne que Dieu ait donné une garantie aussi problématique à un acte si nécessaire. Quoi de plus inconstant que le vent ? Quelquefois il manque totalement pendant des semaines entières.

— Soyez sans alarmes, cher Léon, pour les plantes dioïques, elles ont plus de serviteurs que les plus grands

princes de la terre : vous allez voir que, pour elles, toutes
choses et toutes créatures sont mises en réquisition :
Zéphyrs, petits oiseaux, menus coléoptères, abeilles et
papillons légers. Celui-ci, sur son bec, et ceux-là sur
leurs pattes ou leurs ailes, emportent du pollen aux
fleurs lointaines ou isolées, les vents eux-mêmes se font
les commissionnaires et transportent, nous l'avons dit
plus haut, des nuages de pollen à travers des distances
considérables.

Au surplus, ne croyez pas que la fleur se borne à
attendre l'intervention des objets extérieurs. Que faut-il
faire ? Monter, descendre, s'élancer du fond des eaux,
flotter à leur surface, se faire au sein même de l'onde,
une petite atmosphère factice au moyen d'une bulle d'air
distillée tout exprès ?... La fleur inventera tout, réalisera
tout et la fécondation s'opérera.

Voyez les plantes aquatiques ; elles tiennent ordinairement leurs fleurs cachées sous l'eau jusqu'au temps de
la fécondation, époque à laquelle ces fleurs viennent
nager à la surface ; elles s'épanouissent, elles se fécondent
et retournent quelquefois au fond de l'eau où leurs fruits
mûrissent. Je ne puis passer sous silence le phénomène
singulier que présente la *vallisneria*. Cette plante croît
dans le Rhône et dans les fossés marécageux de Florence
et de Pise où je l'ai trouvée. Elle est dioïque, ses fleurs
femelles sont solitaires. Attachées au sommet de longs
supports, roulés en spirale, elles surnagent avant d'être

fécondées; ses fleurs mâles, fixées en grand nombre sur
de courts supports, sont, avant leur épanouissement,
recouvertes par les eaux; elles se détachent au temps
marqué pour la fécondation; elles montent vers la
lumière, comme l'on voit des bulles d'air s'élever du
fond d'un liquide; le mouvement naturel des eaux les
porte vers les fleurs femelles, puis les entraîne au loin
ou les jette sur le rivage. Cependant les fleurs femelles
ont reçu la poussière des étamines, leurs longs supports
se raidissent, les spires qu'ils forment se contractent et
se rapprochent : elles descendent sous les eaux où leurs
fruits achèvent de se développer.

— Tous ces faits sont incompréhensibles.

— Oui, cher Léon, saluons, inclinons-nous; que dis-
je? adorons l'auteur béni de toutes les jolies choses qui
nous environnent. Peut-être qu'un jour, il nous révélera
le principe qui, dans les plantes, remplace si parfaitement la sensibilité dont elles sont privées; jusqu'à
présent, on l'a cherché sans succès.

— A la vue des moyens infaillibles que Dieu a donnés
au végétal pour assurer sa fécondation, on comprend
l'immense variété des plantes qui couvrent et embel-
lissent la terre. On ne peut guère non plus considérer
les nuages de pollen que tant de commissionnaires actifs,
sèment partout sans s'étonner que les espèces et les
variétés ne dépassent pas, en nombre, les étoiles du
firmament.

-- Vous venez d'indiquer, cher Léon, une nuance importante de la reproduction des plantes; c'est la fécondation croisée qui a lieu entre les espèces. Elle produit des *hybrides*. Le croisement s'opère aussi entre deux variétés. En ce cas, le produit prend le nom de *métis*.

Les espèces végétales sont des types, nettement tranchées, tenaces, déterminées, résolues à s'en tenir à leurs propriétés originelles, sans aucune concession, ni en plus, ni en moins. Ainsi violentées par une force quelconque, elles ne s'amalgament pas; chacune d'elles garde ses traits sans les fondre, elles se juxtaposent. Voilà tout ce que l'on peut en obtenir.

Le produit de cette union forcée prend le nom d'hybride, comme nous le disions il y a un instant. C'est un individu intermédiaire. Il présente les qualités réciproques des deux plantes qui lui ont donné l'existence. mais il ne jouit d'aucun caractère fixe qui puisse servir de base pour le classer. Il en résulte que l'hybride ne peut faire souche. C'est pourquoi tout en lui aspire à la disjonction, à la séparation, à l'isolement de ses qualités d'aventures et de ses facultés d'emprunt qu'un accident avait réunies. Il ne semble vivre que pour se neutraliser et s'anéantir au plutôt. C'est une sorte de négation gratuite d'un être réel qui le repousse et le condamne à mourir dans l'isolement. Ce serait en vain que l'on voudrait le conserver en le reproduisant par le semis de ses graines, la nature s'y refuserait nettement ; en ce cas, elle le ramenerait rapidement à l'un ou à l'autre de ces types primitifs.

Le nombre des espèces est inconnu des savants, mais tous les faits et les gestes des végétaux, nous apprennent que ce nombre est solidement déterminé et invariable. Il ne sera pas augmenté, quoiqu'en veuillent les partisans de la progression des espèces. Les moules, qui datent de la création, resteront tels qu'ils ont toujours été. Chaque espèce a reçu une assez forte empreinte de sa caractéristique pour ne rien craindre des fécondités croisées dans les espèces, ni dans les variétés. Ces dernières étant de formes végétales moins précises que les premières, dont elles tirent leurs origines, ne produiront que des *métis* destinés, comme les hybrides, à une vie solitaire et sans descendance durable. On les conserve artificiellement par le bouturage, le marcottage, la greffe ou la division des pieds.

Qui n'admirerait ici la sagesse et la toute-puissance de l'organisation du monde végétal? pour assurer la vie des plantes, il multiplie à l'infini les moyens de fécondation ; le pollen va flotter en l'air, il ira féconder à droite, féconder à gauche ; les plates-bandes des jardins, les prairies voisines, les forêts éloignées, les montagnes escarpées, les fleuves rapides, les rivières limpides vont faire assaut de politesse en échangeant leur pollen dans des proportions gigantesques. Que va-t-il en résulter?

Le catalogue des espèces et des variétés ne va-t-il pas
dépasser les limites du possible pour la surface de notre
globe? La terre suffira-t-elle à nourrir ces corps innombrables qui se multiplient l'un par l'autre, sans trève ni
repos? Est-ce que les généalogies ne vont pas s'em-
brouiller terriblement? Après une série de quelques
années seulement, y aura-t-il autre chose dans la création
que désordre profond et diffusion inextricable de types?
Eh bien! non, aucun de ces dangers n'est arrivé; toutes
ces craintes sont des chimères; mais il faut l'avouer,
le doigt de Dieu est là, plus visible que le soleil en plein
midi, quand il brille dans un ciel sans nuage. Dieu a
compté les animaux et les plantes de la terre comme les
astres du ciel, il a mesuré la terre, la mer et l'étendue
des cieux. Toutes ses œuvres sont équilibrées, propor-
tionnées et parfaites. S'il est vrai de dire que *c'est au
pied du mur qu'on connaît le maçon*, il est encore plus
facile d'affirmer que la création et le sublime fonctionnement de chacune et de toutes les parties de l'univers,
démontrent à ne pas s'y méprendre, l'existence et la
présence de Dieu, visible et debout au milieu de ses
œuvres.

CHAPITRE XVII

Le Fruit.

---

§ I. — CONSIDÉRATIONS GÉNÉRALES

L'ambition de la plante est réalisée. — Considérations physiologiques sur l'embryon. — Éloges des mères dignes de ce nom. — Sacrifice sans réserve, cachette de l'étincelle vitale, le *fruit se noue.* — Il n'y a pas de rapport fixe entre le volume du fruit et celui du végétal, qui le produit. — Diverses modifications du fruit : *Épineux, ailé, membraneux, strié, sillonné, velu, poilu,* etc. — Qu'est-ce que le *péricarpe !* Qu'est ce que la *graine ?* — Survivance du calice et du style à la corolle. — Dans la fraise où est placé le fruit ? où se trouve la graine ? — Situation du réceptacle dans quelques plantes particulières.

C'en est fait, l'ambition de la plante est réalisée; la fécondation est accomplie, la voilà devenue mère. Que d'admirables phénomènes n'avons-nous pas vu se succéder pour la formation de cet être nouveau que nous appelons *embryon.* Personnage microscopique, couché au fond de l'ovaire, il jouit déjà d'une vie qui lui est propre, et il va se développer graduellement sous nos yeux. N'en doutons pas, c'est l'abrégé de la plante, le rudiment organisé qui reproduira, par la germination, un végétal analogue à celui qui l'a formé. Aujourd'hui ce germe arrivé à l'indépendance par la fécondation de l'ovule qui le constitue, nous apparaît sous la figure d'une vésicule suspendue par un fil dans l'ovaire, et remplie d'un liquide plein de granulations. Un jour, peut-être, composera-t-il le dessert des rois; car c'est lui qui s'appelle le *fruit*. Pour en venir là, cet ovule vivifié, va insensiblement se subdiviser, se cloisonner, se condenser en une petite masse de tissus cellulaires, dont chaque utricule contiendra un point vital ou *noyau*. La vie est là avec toute sa force et sa plus grande richesse d'expansion. Cette jeune existence entre en scène pour reproduire la série admirable des phénomènes si intéressants qui composent l'histoire intime des végétaux.

— Est-ce que ce nouveau-né serait un ingrat, un égoïste? On ne parle déjà plus de sa mère.

— Ah! cher Léon, comme toutes les mères honnêtes, mon ami, la sienne est l'incarnation du dévouement, de l'abnégation et de l'esprit de sacrifice; regardez-la : elle, naguère si fraîche, si souriante, la voilà devant vous, inerte, épuisée, desséchée, sa fleur est fanée; où est son riant coloris? où sont ses pétales? qu'est devenu son parfum? tout s'est envolé; tout est fini : sa brillante corolle est tombée en poussière, et elle est ensevelie sous la boue du chemin.

— C'est donc un naufrage complet? Néanmoins, je remarque avec plaisir, qu'elle a gardé les étamines qui ont été les premières à donner la vie.

— Elle a gardé ses étamines, dites-vous? détrompez-vous, cher enfant; les étamines, au contraire, sont les premières à mourir... C'est donc bien réellement une dégradation ou donation complète, absolue, de la mère en faveur de son enfant, et dès que le pistil lui-même ne sera plus nécessaire au bébé végétal, il sera sacrifié comme ses jolies sœurs; mais là, tout au fond, sa base demeure, c'est l'ovaire où est cachée l'étincelle vitale. Ainsi la bonne plante-mère s'est dépouillée de tous ses ornements pour le fruit qu'elle nourrit. Donc, les embryons restent et continuent à se développer et à grossir. Alors, selon l'expression du cultivateur, le *fruit se noue*, il parvient avec le temps à sa perfection, et la reproduction de l'espèce est assurée.

Le fruit n'est donc que le germe, c'est-à-dire, l'ovaire même qui a survécu à la plupart des autres organes de la fleur, et que la maturité a grossi et développé : c'est le complément de la fructification.

Le volume du fruit est loin d'être proportionné à celui du végétal qui le produit. La *courge*, plante rampante et herbacée, donne un fruit énorme et pulpeux. L'*orme*, le *frêne*, l'*érable*, arbres très élevés, ne produisent qu'un fruit sec et fort petit.

Le fruit peut être nu ou couronné par les dents du

calice, ce qui suppose (dans ce dernier cas) qu'il est infère ou pariétal, ou surmonté d'une aigrette simple ou plumeuse. Il peut être *épineux, ailé, membraneux, strié, sillonné, velu, poilu,* etc.

Toutefois, distinguons : qui dit fruit, ne dit pas tout. Dans le fruit, il y a la graine, et la graine n'est pas toujours le fruit, bien que ces deux mots soient souvent confondus.

Le fruit, c'est le *péricarpe* de l'ovaire considérablement augmenté et gonflé.

La graine ou semence, c'est l'*œuf végétal* fécondé par le pollen, couvé pour ainsi dire, et animé par la chaleur du globe, et qui doit reproduire constamment une espèce semblable à celle dont il est issu.

L'ovaire et l'ovule fécondés ne restent pas toujours seuls ; parfois le calice et le style refusent de mourir en même temps que la corolle ; ambitieux, ils veulent survivre à la fleur ; alors, vous les voyez se poser en protecteurs de l'ovaire : le calice l'enveloppe, le style se met en faction à son extrémité. Là il se façonne à sa guise : dans le benoîte, il durcit et se transforme en baïonnette. On dirait qu'il va crier aux allants et venants : passez au large, ou je vous pique ! Si cet air martial le rend ridicule, tant pis ! toujours est-il qu'il préserve l'ovaire en maintes circonstances.

Dans les clématites, les styles s'allongent tellement, qu'ils forment ces houppes soyeuses qui, dans les haies sauvages ou sur les cabinets de verdure, font en août et septembre un si gracieux effet. On dirait des artistes inspirés par l'amour de l'art.

Cette variété d'allure et de vêtement, de position et d'uniforme n'empêche nullement de distinguer, à première vue, le fruit de la graine. Il n'en est pas toujours ainsi; regardez la fraise, où est le fruit? où est la graine? Cette dernière est presque toujours au centre de l'ovaire. Ici on ne trouve qu'une matière pulpeuse, appelée réceptacle. Cet *organe florifère* accru, qui portait tous les styles, s'est converti en fruit. Les graines ou semences sont ces granulations brunes qui hérissent le fruit, et forment au fond du saladier ce résidu plus ou moins sableux qui craque sous la dent.

Le réceptacle, qui n'est après tout que l'expansion de l'extrémité de la tige florale, se fait remarquer chez d'autres plantes encore par un accroissement singulier. C'est lui que vous mangez dans l'artichaut, dans la figue, c'est lui qui s'allonge en bâtonnet dans le gouet, tandis qu'il s'étale dans l'aster et qu'il se creuse dans le dorstenia; lui enfin qui prend toutes les figures pour montrer qu'il n'est inférieur en rien à ces divers organes dont nous avons montré jusqu'alors les innombrables métamorphoses.

Il est étonnant de voir combien dans le monde végétal chaque membre est curieux de se montrer dodu, rondelet, pulpeux, charnu, parfumé et sucré. Nous

avons signalé, pour ce fait, le calice, les styles et les
réceptacles, pourquoi pas les pédoncules eux-mêmes?
Eux aussi veulent devenir fruits, que dis-je? Mais les
bractées elles-mêmes!... Dans les ananas, par exemple,
elles se gorgent de sucs et revendiquent à juste titre le
beau nom de fruit.

— *Tout est un* dans la plante.

— J'aime mieux dire, cher Léon, *tout ressemble à
tout.* Unité d'organisation : richesse et simplicité de la
vie! Tel est, et n'en cherchez pas d'autre, le résumé
final, le grand mot de la création.

Sortons des généralités pour entrer dans quelques
détails explicatifs sur le fruit.

Nous avons déjà distingué deux parties dans le fruit :
le *péricarpe* et la *graine*.

§ II. — DU PÉRICARPE

On distingue dans le *Péricarpe* : l'*Épicarpe*, l'*Endocarpe*, le *Sarcocarpe*, les *calces*, les *cloisons*, les *loges* et le *placenta*. — Variétés d'ouvertures que présente le péricarpe : *Déhiscence, Indéhiscence.*

Le *péricarpe* est cette partie du fruit qui contient
dans son extérieur, la graine [1].

1. Des botanistes distinguent dans le principe : 1º une enveloppe extérieure qu'ils appellent *épicarpe ;* 2º une intérieure ou *endocarpe ;* 3º une moyenne, vasculaire, souvent spongieuse, succulente ou *sarcocarpe*, dont la partie interne forme le *noyau*, en se durcissant dans les fruits de ce nom. Ces parties sont parfois très difficiles à distinguer surtout dans les fruits secs, où le sarcocarpe est presque nul.

On doit remarquer dans le principe, les *valves*, les *cloisons*, les *loges* et le *placenta*.

1° Les *valves* sont les pièces extérieures qui composent le péricarpe. Il y a en a *deux* dans les *crucifères*, *trois* dans la *violette*, *quatre* dans la *pomme épineuse*, *dix* dans le *lin*, etc. Elles sont parfois fendues au sommet : *arressaria serpilli folia.*

2° Les *cloisons* sont des replis intérieurs du péricarpe (formés du sarcocarpe et de l'endocarpe) qui le divisent en plusieurs loges. Elles sont parfois formées par les bords rentrants des valves, et sont appelées alors *fausses cloisons* : le *colchique*, la *gentiane*, la *petite centaurée*. Lorsqu'il n'existe pas de cloisons, comme dans la *pivoine*, le péricarpe n'a qu'une loge; il est *uniloculaire*. Quand il en existe, le péricarpe est *biloculaire*, *triloculaire*, *multiloculaire*, etc. La cloison est parfois incomplète, c'est-à-dire qu'elle ne monte pas jusqu'au sommet du péricarpe, de sorte que les loges communiquent entre elles par le sommet : la *pomme épineuse.*

3° Les *loges* sont des cavités formées dans le fruit par les cloisons et le repli des valves. Nous venons de dire que lorsqu'il n'y a pas de cloison, il n'y a qu'une loge, et que suivant qu'il y a une, deux, trois, etc., cloisons, il y a deux, trois, quatre loges, etc.

4° Le *placenta* (trophosperme de quelque botaniste) est cette partie du péricarpe à laquelle les graines sont attachées; il est le plus souvent placé au centre, à la

rencontre des cloisons, dans les péricarpes multilo-
culaires; il est sur le milieu ou le bord des valves dans
ceux qui sont uniloculaires. Le placenta peut être conique; plusieurs *caryophyllées;* globuleux : le *mouron;*
rayonnant : les *cucurbitacées;* linéaires : les *légumineuses*, etc.

Le mode d'ouverture du péricarpe (déhiscence) présente beaucoup de variétés; il s'ouvre le plus souvent
de haut en bas : le *châtaignier*, le *hêtre;* quelquefois
longitudinalement sur un seul côté : la *pivoine*, l'*ancolie*, le *dompte-venin;* horizontalement ou comme le
couvercle d'une boîte, dans la *jusquiame* et la *marmite
de singe*, c'est alors une capsule à couvercle; d'autrefois
comme une boîte à savonnette : le *mouron*, le *pourpier*,
le *plantain*, quelques *amaranthes;* la capsule se fend
alors circulairement.

Dans le fruit mûr des *campanules*, il se forme à la base
ou au milieu de la capsule trois ou cinq ouvertures,
suivant qu'elle est triangulaire ou pentagone. La capsule
du *réséda*, *du compagnon blanc* s'ouvre au sommet par
un trou, la *linaire* par deux, les antirrhimum par trois.
Le fruit du *pavot* est surmonté par le stigmate persistant,
au-dessus duquel se forment de petits enfoncements qui
s'ouvrent pour donner issue aux graines. Le stygmate
ressemble ici au couvercle d'un reverbère.

Le péricarpe des *balsamines* s'ouvre par les angles,
et lance élastiquement ses graines (noli me tangere).

Dans la *cardamine* et la *dentaire*, les valves s'ouvrent
élastiquement de la base au sommet, se roulent en
dehors sur elles-mêmes, et jettent leur graine au loin.

Le fruit du *concombre sauvage* est charnu, oblong,
élastique. Quand il est mûr, il se détache spontanément
de son pédoncule; il en résulte un trou par lequel les
graines sortent avec une impétuosité telle qu'elles sont
poussées à vingt pas, phénomène qu'il faut attribuer
à l'existence d'un ressort intérieur qui, se débandant à
l'instant où la pédoncule se détache, chasse les graines
par la base du péricarpe.

Le fruit du *sablier* est ligneux, orbiculaire, comprimé
à la base et au sommet; il est composé de douze loges, en
forme de douze arcs tendus, et disposées circulairement
à côté les unes des autres. Lorsque le péricarpe se dessèche, les arcs se détendent, et les graines volent au
loin avec les débris du péricarpe lui-même. Aussi
est-on obligé de l'entourer d'un cercle de fer pour le
conserver.

Il y a des péricarpes qui ne s'ouvrent pas (indehiscens),
et d'où la graine ne sort que lors de la destruction de
leur enveloppe : les *graminées*, les *labiées*, les *composées*, etc.

Les formes du péricarpe sont extrêmement variées :
il est *onglé, turbiné, sphérique, elliptique, membraneux,
triquètre, tetragone, polygone,* etc.

Linné a admis des graines nues, c'est-à-dire sans

péricarpe : les *labiées*, les *ombellifères*, les *composées*.
Beaucoup de modernes se refusent à admettre cette
distinction du grand maître. Ils désignent ces graines en
litige sous le nom d'*akène*, de caryopse, etc. Elles sont
effectivement enveloppées d'un péricarpe très mince.
Ces capsules sont toujours indéhiscentes et monospermes ; quelques auteurs les désignent sous le nom de
pseudospermes.

On dit que le fruit est *simple* lorsqu'il est isolé dans sa
fleur : la *pêche*, la *noisette*, etc.; *multiple*, s'il y en a
plusieurs dans la même fleur, mais isolés : les *renoncules; composé,* si plusieurs fruits contenus dans la
même fleur sont adhérents : la *mûre,* l'*ananas*.

§ III. — CLASSIFICATION DES PÉRICARPES

Deux classes de Péricarpes : Secs et Charnus.

Des Péricarpes secs : 1° *Capsule*, ses modifications nombreuses. —
2° *Follicule*. — 3° *Gousse* ou *Légume*. — 4° *Silique*. — 5° *Silicule*. —
6° *Cône.* — 7° *Noix*.

Péricarpes charnus : 1° *Baie*. — 2° *Drupe*. — 3° *Pomme* ou *fruit à
pépin*.

On a partagé les péricarpes en deux classes ; dans la
première, sont renfermés les péricarpes secs; dans la
seconde, ceux qui sont mous ou charnus.

1º *Capsule*. Enveloppe charnue et succulente avant
sa maturité, ordinairement composée de panneaux qui,
en mûrissant, deviennent secs et élastiques, et s'ouvrent
ensuite par autant de valves ou battants d'une manière
déterminée. La capsule est *monosperme* si elle ne contient qu'une semence; *disperme*, si elle en contient
deux ou un petit nombre; *polysperme*, s'il y en a un
grand nombre; elle est *bivalve, trivalve*, suivant qu'elle
est composée de deux, trois, etc., valves, *uniloculaire*,
biloculaire, etc., *multiloculaire*, lorsqu'elle a une,
deux, etc., ou plusieurs loges.

3º *Follicule*. Péricarpe souvent géminé, univalve,
qui s'ouvre longitunalement sur un seul côté, quelquefois rempli d'une substance cotonneuse qui enveloppe
les semences : l'*asclepias syriaca*, L, l'*Apocyn*, le laurier-
rose, la *pivoine*.

3º *Gousse* ou *légume*. Péricarpe uniloculaire, formé
de deux valves ou panneaux oblongs, nommés *cosses*,
où les graines sont attachées à une seule suture, sans
médiastin longitudinal : les *légumineuses*. Elle a la
forme *ovale, linéaire*, etc. La gousse a quelquefois des
espèces de cloisons transversales dues à des enfoncements de valves qui la séparent en fausses loges, ce qui
lui donne la forme articulée : *hippocrepis*. Parfois la
gousse est vésiculeuse : *baguenaudier*.

4° *Silique*. Péricarpe à deux valves, allongé et grêle, partagé en deux loges par une cloison membraneuse, longitudinale, rarement transversale. Les graines sont attachées alternativement sur l'une ou sur l'autre suture : une partie des *crucifères*. La silique peut être *articulée*, *tetragone*, comprimée, *arrondie*, etc.

5° *Silicule*. C'est une silique courte et souvent arrondie : *thlaspi*, le *passe-rage*. La silicule est *entière*, le *passe-rage ;* ou échancrée au sommet : le *monnoyère*, la *bourse-à-pasteur ;* vésiculeuse : *cochlearia.*

6° *Cône*. C'est un fruit particulier aux *pins*, aux *sapins*, aux *cèdres*, etc. ; il est composé d'écailles imbriquées, roides, serrées et attachées à un axe commun, qui est le prolongement du rameau. Les graines sont attachées sur les écailles. Ovoïde-oblong dans le *pin*, le *sapin*, le mélèze, le cône est arrondi et orbiculaire dans le *cyprès*, court et obtus dans le thuya, allongé dans le *bouleau.*

7° *Noix*. C'est un péricarpe osseux, s'ouvrant en deux valves ou écailles (*coquilles*), ou composé d'une seule pièce, comme dans le fruit du *noisetier*. L'enveloppe osseuse est recouverte, dans l'état-frais, d'une seconde enveloppe coriace, un peu charnue, ordinairement lisse, d'une saveur acide, amère, et que l'on nomme *brou.* Les lobes qui composent le fruit de la noix commune (Juglans regia) sont séparés par une cloison mince papyracée appelée *zeste.*

Péricarpes charnus.

1º *Baie*. Nòm donné à un péricarpe charnu, sans valves, dans lequel les graines sont nichées au milieu d'une pulpe acide, succulente à sa maturité : la *groseille*, la *mûre*, la *framboise*, l'*ananas*, la *fraise*, le *corrosol*, la *banane*. La baie est ordinairement de forme arrondie, souvent ombiliquée, sans aucune apparence de loges dans le *raisin*; avec des loges dans le *solanum*; elle est *monosperme*, *disperme*, *polysperme*, etc.;

2º *Drupe* ou *fruit à noyau*. Péricarpe charnu, renfermant un noyau, qui est la vraie graine, ou plutôt l'enveloppe osseuse de celle-ci, que l'on appelle *amande*: les *prunes*, les *abricots*, les *cerises*, les *pêches*, les *pistaches*, les *cocos*;

3º *Pomme* ou *fruit à pépin*. Péricarpe charnu, pulpeux, solide, renfermant une capsule membraneuse, où sont logées les *graines* ou *pépins* : les *pommes*, les *poires*, les *grenades*, les *roings*, les *sapotilles*. On dit que la pomme est *ombiliquée*, quand on y remarque une petite cavité à la partie opposée au pédoncule formée des débris du calice desséché; cette partie était le réceptacle propre de la fleur portée sur l'ovaire. Les jardiniers le nomment *œil*.

§ IV. — DE LA GRAINE

Définition de la graine, ses nuances variées, les modifications de sa surface.

Des parties *extérieures* de la graine, *cordon ombilical, arille, cicatricule, tégument.*

Des parties qui appartiennent à l'amande outre ses deux lobes on distingue : 1° le *périsperme albumen* ou (endosperme); 2° l'*embryon.* — Les
hommes, en général, ignorent ce qu'ils mangent dans les fruits différents
qui composent leur dessert.

La *semence* ou *graine*, nous l'avons déjà dit plus haut,
est cette partie du fruit qui renferme les principes ou
rudiments de la nouvelle plante.

La couleur des graines présente autant de différence
que celle des fleurs et des fruits. Celle de l'*abrus preca-
torius* est d'un rouge écarlate; celle des *larmes de Job*,
d'un jaune luisant; celle du *croton*, d'un bleu d'azur;
celle des *pivoines*, purpurines et noirâtres; celle de
l'*adonis printanier*, vertes; quelques semences présentent des couleurs bigarrées : la *gesse*, le *lupin*, le
haricot. Rien de plus multiplié que les formes sous
lesquelles s'offrent les semences; rien en même temps
de plus bizarre que la figure de quelques-unes : réniformes dans le *haricot*, globuleuses dans le *pois*, triangulaires dans le *poligonum;* elles sont quelquefois si
petites, qu'il est impossible de bien examiner leur forme;
on dit alors qu'elles ressemblent à de la poussière de
bois : les *orchis*.

La surface des plantes est *lisse, velue, tomenteuse,
glabre, sillonnée, tuberculée, ridée*, etc.

Vous devez vous rappeler, cher Léon, que nous avons dit dans le chapitre précédent, que parfois les graines sont *renversées* : les *dipsacées*, le *passe-rage ;* le plus souvent elles sont *dressées :* les *composées*, etc., dans les fruits, ce qui offre le moyen de distinguer les familles.

Des parties extérieures de la Graine.

Cordon ombilical (podosperme, d'après Richard). C'est un ligament qui s'étend du placenta à la cicatricule; il est souvent si court, qu'on ne l'aperçoit pas; il est long de deux à trois pouces, dans le *magnolia ;* de sorte que les graines pendent hors des capsules, après la déhiscence de celles-ci.

Arille. C'est un prolongement ou évasement du cordon ombilical, avant de pénétrer dans la graine, qu'il enveloppe sans y adhérer, et qui n'existe que dans quelques plantes : la *muscade* (où il s'appelle *macis*) en présente un exemple remarquable : le *polygala*, le *fusain* en montrent aussi. Les plantes monopétales n'en ont jamais.

Cicatricule ou *hile*. C'est un point ordinairement blanchâtre, très visible dans le *marron*, et où vient s'attacher le cordon ombilical. Il est perforé plus ou moins visiblement sous l'enveloppe de l'amande, pour donner passage aux vaisseaux nutriciers, fournis par le cordon ombilical à l'embryon.

Le *tégument* (épisperme. Cl. Richard) est une membrane plus ou moins épaisse, ordinairement sans adhérence avec l'amande, quelquefois n'en pouvant être séparée, et que l'on voit bien dans le *haricot* qui a trempé, la *fève*, où elle est connue sous le nom de *robe*. On y distingue un feuillet intérieur dans le *ricin*.

Des parties qui appartiennent à l'amande.

L'amande est composée de deux lobes, ou d'un seul, qui sont parfois portés hors de terre par la germination : le *haricot;* ils forment la partie la plus volumineuse de la graine, et contiennent l'embryon, qu'ils nourrissent jusqu'à l'épanouissement des feuilles. Ils sont parfois accompagnés d'un autre corps inorganique appelé *périsperme*. On distingue donc dans l'amande, outre ses lobes : 1º le *périsperme;* 2º l'*embryon*, qui la compose parfois à lui seul.

1º Le PÉRISPERME. *Albumen* (endosperme de quelques auteurs). Il est de consistance différente, quelquefois dur et corné : le *café;* sec et farineux : *graminées;* d'autres fois mou et charnu : le *ricin;* se détruisant par la germination, ce qui le distingue de l'*embryon*, qui s'accroît et se développe par son moyen. Il paraît servir à la nourriture de celui-ci pendant la germination, et est toujours unique. Nous avons dit qu'il manquait souvent : les *légumineuses*, les crucifères, etc.; il paraît suppléer au peu de volume des lobes de l'amande.

Nous n'ajouterons rien à ce que nous avons dit, pages 58, 180 et suivantes, sur l'embryon et ses parties constituantes : les *cotylédons*, la *radicule* et la *plantule*.

Je vais terminer ici l'exposition des parties et des principes propres à faire connaître l'organisation du fruit et ses avantages au point de vue de la reproduction de la plante, qu'il a engendrée, et aussi en faveur de la santé, de la nourriture, de l'industrie et du plaisir de l'homme ici-bas.

— En vérité, Dieu a été bon et généreux jusqu'à la prodigalité en faveur de l'homme, sa chétive créature. Le règne végétal nous en offre des exemples par centaines, par mille et par millions. Ah! pourquoi tous les hommes, riches et pauvres, jeunes et vieux, ne savent-ils pas ce qu'ils mangent dans les différents fruits des végétaux qu'ils cultivent! Pour les porter à honorer davantage la sagesse et la prévoyance de Dieu, disons-leur qu'ils mangent le calice, devenu charnu dans la *pomme*, la *poire*, la *nèfle*, l'*ananas* et la *mûre* proprement dite; qu'ils mangent le sarcocarpe dans la *cerise*, la *prune*, l'*abricot*, la *ronce*, la *framboise* et la *pêche*; qu'ils sucent les téguments charnus de la graine de *grenade*, et dans la *groseille*; qu'ils sucent la face interne de chacun des *carpelles* (quartiers), de l'*orange*; qu'ils mangent le péricarpe entier dans le *raisin* en rejetant les graines ou pépins; qu'ils mangent l'embryon proprement dit dans l'*amandier*, les *pois*, les *haricots* et les lentilles, etc., et qu'on veut chercher le principe amylacé développé à l'intérieur de la nucelle dans les céréales pour en former la farine; qu'ils puisent le principe huileux dans le sarcocarpe de l'olive et même dans l'embryon des crucifères, colza, etc.; qu'ils boivent l'albumen encore liquide dans le coco; enfin, qu'ils mangent les réceptacles du *fraisier*, de l'*artichaut* et de la *figue*.

CHAPITRE XVIII

Les maladies et la mort des végétaux.

---

§ I. — LES MALADIES

A cause de toi la *terre sera maudite*, elle perdra une partie de sa fécondité. — Les guerres sont funestes au végétal comme à l'homme. — Tableau descriptif des ennemis des plantes : parasites et insectes.

PREMIER ORDRE : les *champignons*, les *lichens*, les *hépatiques*, les *mousses*, la *fugamine*, l'*oïdium*, le *meunier*, le *gui*, la *cuscute*, les *orobanches*, les *rhizoctomées*, les *bissons*, les *hannetons*, les *taons*, les *cantharides*, les *chenilles*, le *cerf-volant*, les *bruches*, le *scolyte destructeur*, le *scolyte-typographe*, le *capricorne*, le *saperde des blés*, le *bupreste*, l'*altise* ou *puce de terre*, l'*eumaspe de la vigne*, le *daryphore*. — Le nombre de ces destructeurs égale presque celui des espèces végétales ; ils s'appellent légions. — D'un coup de baguette Dieu rétablit l'ordre, fait de l'harmonie, opère des merveilles.

DEUXIÈME ORDRE. — Orthoptères.
Forficule ou *perce-oreilles*, les *criquets voyageurs*, *courtillière commune.*

TROISIÈME ORDRE. — Névroptères.
Le *termite lucifuge.*

QUATRIÈME ORDRE. — Hyménoptères.
Cephus pygmée, guêpe commune, fourmi noire, galles.

CINQUIÈME ORDRE. — Hémiptères.
Pentatome des potagers, pucerons, miellat, phylloxera de la vigne, psylle des sapins, cochenille ou *gallinsecte.*

SIXIÈME ORDRE. — Lépidoptères.
Piéride des choux, hépiale du houblon, gât cossus du bois, Livrée, processionnaire du chêne, écaille à queue d'or, pyrale de la vigne.

Septième Ordre. — Diptères.
Dacus de l'olivier, cécidomye destructive ou mouche de Hesse.

Huitième Ordre. — Aptères.
Les poux, les puces, les teignes, les orniltromyes, les mites. — Ignorance générale parmi les hommes de ce monde presque infini de rongeurs,
de destructeurs, de suceurs et de fouisseurs sous la tente des végétaux. —
C'est partout et toujours le même spectacle de la vie tourmentée, éprouvée,
traversée de mille contrariétés. — La coque de la chrysalide est un
symbole frappant de la résurrection de nos corps après cette vie. — La vie
c'est la guerre. — Voies de décharge et de régularisation pour les productions exubérantes. — Les lièvres, les lapins, les limaces, les escargots,
ennemis des plantes. — Influences atmosphériques contraires à la santé des
végétaux.

Quand on rencontre, pour la première fois, un végétal malade, on reste surpris, et l'on s'arrête devant ce
phénomène étrange, incompris. D'où peut venir la maladie, se demande-t-on, chez cette plante fixée dans le
sol, sans mouvement ni liberté ; privée de joie, exempte
de désirs et de douleur, sans passion et incapable
d'excès ? Il semble que la mort de vieillesse devrait être
son partage assuré. Eh bien, non : Adam, par sa révolte,
a souillé l'univers entier. Le végétal impassible, comme
l'homme doué de raison, et le simple animal pourvu de
sensibilité, a été enveloppé dans la malédiction du père
éternel. Dieu dit à Adam : « Puisque séduit par les
« paroles de ta femme, tu as mangé du fruit défendu et
« violé mon commandement, voici qu'elle sera ta puni-
« tion. Je ne veux pas te maudire et t'enlever toute
« espérance ; mais à cause de toi, la terre sera maudite,
« elle perdra une partie de sa fécondité, et tu n'en tireras
« ta nourriture qu'avec beaucoup de travail. Elle te
« produira des épines et des ronces. Il te faudra l'ar-

« roser de tes sueurs et lui arracher avec peine le pain
« qui doit le nourrir. Puis, pour dernier châtiment,
« viendra la mort, et ton corps, dévoré par la pourri-
« ture et les vers redeviendra ce même limon dont je
« l'ai formé. »

Oh ! qu'elle fut lamentable, qu'elle fut terrible la
chute de nos premiers parents !... Qu'elle fut large et
profonde la blessure qu'ils se firent à eux-mêmes, à
leur postérité, *à la nature entière !*

Vous savez, cher Léon, si la sentence prononcée
contre Adam a eu son accomplissement : que de sueurs,
que de fatigues pour cultiver une terre souvent ingrate
et stérile, que dis-je ?... une terre maudite!... Que de
fois l'humidité, la sécheresse, la grêle et d'autres fléaux
viendront enlever à l'homme le fruit de ses travaux!
Alors, apparaissent, en effet, des accidents et des maladies qui hâtent la destruction des individus, et qui
même quelquefois altèrent la vigueur des espèces. Et
puis, elles n'ont aucun moyen de fuir et d'éviter les
dangers qui les menacent.

— Mais j'aime à croire que les végétaux n'ont pas
d'ennemis. Qui donc aurait le courage de leur faire du
mal?

Les guerres font de ce monde, cher Léon, un théâtre
perpétuel de destruction et de carnage ; dans cette mêlée
générale, les végétaux ne sont pas plus épargnés que
n'importe qui. Sans parler des coups de pierres, des

coups de haches, des coups de feu et autres blessures
profondes ou légères que les végétaux reçoivent par la
main de l'homme, ne voyez-vous pas ces myriades de
champignons, de lichens, d'hépatiques, particulièrement
les mousses, la fugamine, l'oïdium, le meunier, parasites insatiables, qui s'attachent sur leurs feuilles, leurs
tiges, leurs rameaux et leurs racines? Véritables rongeurs, ils les dévorent impunément et les épuisent tout
à leur aise. D'autres parasites plus vigoureuses et plus
affamées encore, causent des accidents plus prompts,
plus apparents; tels sont : 1° le *gui* qui détériore profondément la santé des pommiers, des saules, de l'aubépine, des tilleuls, des peupliers et même des pins; le
chêne ne sait pas toujours s'en défendre; mais dans la
famille de ce roi des forêts les victimes sont plus rares;
2° la *cuscute* qui, par ses baisers de Judas, donne la
mort aux *graminées,* aux luzernes, à la bruyère, aux
genêts et au lin, etc.; 3° les *orobanches,* qui attaquent
la racine des légumineux ; toutefois le sainfoin, la
luzerne, l'armoise des champs, le genêt à balais, le serpolet et le panicant en supportent aisément le voisinage;
mais les pois et les fèves en meurent; 4° les *rhyzoctomes*
qui empoisonnent sans remède les safrans, la luzerne,
le trèfle, les asperges, la garance, l'yèble, la pomme de
terre, la carotte, etc.; 5° le *bissus* ou *blanc des racines,*
cause très promptement la mort des arbres sur les racines et radicelles desquels il se développe. Cela arrive

fréquemment aux pêchers, aux pommiers, aux rosiers et à beaucoup d'autres arbres et arbustes. Chez les uns et les autres, c'est toujours une maladie incurable.

— En assistant à cette revue des ennemis et des maladies du paisible et inoffensif végétal, on comprend vite qu'il y a dû avoir un jour de malédiction pour l'univers.

— Ne vous étonnez pas sitôt, cher Léon; la série des adversaires du monde végétal a d'autres ramifications nombreuses, dans tous les ordres de la création. Le sol, le climat, l'air eux-mêmes viendront à leur tour, lui jeter leur pierre. On dirait une conjuration générale.

— On comprend l'harmonie de la plante dans le grand tout du monde physique, surtout quand elle nourrit l'animal sans contagion pernicieuse ni affaiblissement funeste par sa nature, et qu'elle sert aux besoins, aux plaisirs et à l'industrie de l'homme; mais ses maladies causées par une action purement nuisible, ou par un élément fatalement pernicieux, sont des phénomènes seulement explicables, par la malédiction originelle.

— Il est assez difficile, en effet, de saisir l'utilité de cette multitude d'insectes qui vivent au grand détriment de certains végétaux. Les *hannetons* s'attachent de préférence aux érables, aux maronniers d'Inde, aux charmilles; mais leurs larves, connues sous le nom de *taons*, se nourrissent indifféremment de toutes espèces de racines. Les *cantharides* dépouillent en peu de jours les

frênes de toutes leurs feuilles. « Les ormes et les saules,
sur lesquels la phalène, appelée *cossus*, a déposé ses
œufs, dit Ventenat, sont, pour ainsi dire, dès cet instant
voués à la mort. Les *chenilles* qui sortent de ces œufs,
vivent deux ans avant de se changer en papillon. Durant
cet espace de temps, elles rongent, avec leurs mandibules
dures et cornées, tout le bois imparfait, l'écorce se détache du tronc par grandes plaques, et l'arbre périt
bientôt. » Le *cerf-volant* est un insecte innocent, mais
sa larve, qui est plus grosse que celle du hanneton, vit
dans le tissu ligneux du bois, y creuse de vastes galeries
tortueuses et laisse derrière elle un détritus qui ressemble
à de la sciure. Ces insectes attaquent les vieux chênes,
les arbres fruitiers, où ils passent plusieurs années avant
de se métamorphoser. *Bruches*, espèce de charançons
rongeurs de grains. Sa femelle choisit le moment de la
floraison ou peu de temps après, pour déposer un œuf
dans les ovules fécondées, en perçant avec sa tarière
abdominale les parois de l'ovaire ; l'œuf éclot, la larve
se met à ronger les cotylédons de la jeune plante en
voie de développement, *sans toucher à la tigelle.* Arrivée
au moment de se transformer en nymphe, elle a soin
de cerner, sans la détacher entièrement, l'enveloppe de
graine (*testa*) pour se ménager une issue facile après sa
transformation en insecte parfait. Il lui suffit alors de
pousser la membrane circulaire qui ferme la cavité
qu'elle a creusée dans la graine, pour former cette

espèce de porte et s'échapper. Le *charançon satiné*. Il
pique le pétiole des feuilles, puis s'attaque au limbe de
la feuille, le roule en une sorte de cornet où il dépose
ses œufs, qui y trouvent un abri contre les injures de
l'air. Le *scolyte destructeur*. Il vit, ainsi que sa larve,
sous l'écorce de l'orme ; leur nombre est parfois si considérable qu'il fait périr les arbres. Le *scolyte typographe*,
plus vorace que le précédent, vit dans les forêts de pins,
il creuse sous l'écorce un sillon plus ordinairement ver-
tical, puis d'autres un peu plus étroits, horizontaux,
parallèles, terminés en cul-de-sac; la figure qui résulte
de ces galeries est assez singulière et fixe toujours l'attention des personnes qui la voient pour la première
fois. La maladie de l'arbre atteint de la morsure de cet
insecte est si grave que, jusqu'à ce jour, on ne connait
pas d'autre précaution à prendre que d'abattre les
arbres et de les enlever immédiatement pour les livrer
au feu. Les *capricornes,* dont la larve creuse de profondes
galeries dans le tronc des arbres. Ils choisissent leurs
victimes parmi les chênes. La *saperde des blés,* vers le
mois de juin, lorsque les blés sont en fleur, la femelle
de cet insecte perce un petit trou dans le chaume du
froment, au-dessous de l'épi, et y dépose un œuf qui
éclôt une quinzaine de jours après. La larve qui en
provient ronge l'intérieur du chaume et descend à mesure qu'elle prend du développement. Arrivée à la base,
elle se convertit en nymphe et attend à l'année suivante

pour sortir de sa retraite. Les *bupresles*. Parmi les plus
malfaisants, on en distingue trois espèces : 1° le *noir*,
il ravage les jardins des bords de la Méditerranée; particulièrement il ronge le bois des pruniers, des cerisiers,
des abricotiers et des cognassiers; 2° le *bril ant*, sa larve
s'attache de préférence aux peupliers; 3° le petit *bupreste*
rutilant, il se jette parfois sur les ormes et les tilleuls
plantés sur les routes et en fait périr par centaines.
L'*allise* ou *puce de terre* : on rencontre cet insecte sur
les jeunes plans, et principalement sur ceux qui appartiennent à la famille des crucifères, comme le chou, le
colza, etc. Il les attaque à l'époque de la germination,
ronge les cotylédons, en sorte que la plumule, quand
elle a été épargnée, meurt par défaut de nourriture. S'il
attaque les feuilles quand elles sont entièremennt dé-
veloppées, il les perce de part en part et leur donne
l'apparence d'un crible. Sa larve, qui le précède près d'un
mois, est aussi nuisible que lui. L'*eumolpe de la vigne*.
Cet insecte est connu, suivant les localités, sous le nom
de *gribouri, berdin, pique-brocs, vendangeur, coupe-bour-*
geons et *écrivain*. Noms qui indiquent que la connaissance de ce monsieur est peu à rechercher. Il se montre
à l'époque de l'évolution des feuilles, il les ronge, coupe
les jeunes branches, la rafle, etc., on peut regarder tout
ce qu'il touche comme perdu. La larve n'épargne pas
même les raisins; elle s'y enferme au moment de la
maturité, et ravit ainsi jusqu'à la dernière espérance

du vigneron. C'est plus qu'une maladie pour la vigne,
c'est un fléau dans un pays vignoble; on ne connait aucun remède pour parer à ses désastres. Au plus léger
contact, l'eumolpe se détache des feuilles, tombe, fait
le mort, et rien ne révèle plus son existence que les
nouveaux dégâts qu'il commet. Le *doriphore* ou plutôt le
chrysomèle, est originaire des montagnes rocheuses, aux
États-Unis, où il vit sur une plante du genre *solanum*.
C'est l'ennemi spécial et acharné de la pomme de terre;
il la poursuit partout où elle se trouve; rien ne l'arrête,
ni les fleuves, ni les grands lacs. ni les montagnes ne
sont des barrières infranchissables pour lui. Jusqu'alors
il a exercé ses ravages en Amérique sur les contrées les
plus anciennement colonisées; mais il est arrivé jusqu'aux rivages de l'Atlantique, n'attendant qu'une occasion pour pénétrer en Europe, à l'aide d'un chargement
de pommes de terre qui contiendra quelques-uns de
ses œufs. Les parasites d'origine exotique ne sont pas
les moins à redouter, nous en savons quelque chose par
l'oïdium et le phyloxéra.

Tous ces animaux nuisibles dont nous venons de parler
passent, pour la plupart leur vie, à l'instar des parasites,
sur les plantes qui les nourrissent et les abritent, et
forment en grande partie le premier ordre dit : des
Coléoptères. Nous disons en *partie*; car il y a quelques
coléoptères essentiellement carnassiers dont nous ne
parlons pas. Avant de passer plus loin, nous allons vous

faire à grands traits le signalement de ce redoutable
ennemi du végétal et de l'agriculture. Tous ces insectes
ont des mâchoires: quatre ailes, les supérieures dures,
nommées élytres, et deux inférieures, membraneuses,
réticulées. Ils subissent des métamorphoses complètes, passant successivement par les états de larves
et de nymphe avant d'arriver à l'état d'insecte parfait.

— Je n'aime pas ces insectes; ils me font l'effet d'être
purement et simplement des agents de malédiction : ne
ne sont-ils pas visiblement nuisibles aux plantes? leur
utilité pour l'homme me paraît douteuse et considérablement problématique.

— Doucement, cher Léon, nous ne connaissons pas
suffisamment l'enchaînement, la raison des choses et
des créatures, dont l'univers est composé, pour juger
adéquatement de la valeur des phénomènes qui nous
passent sous les yeux.

— Mais le nombre de ces destructeurs égale presque
celui des espèces végétales : ils s'appellent légions;
avec cela, souvent, sinon toujours, ils agissent dans
l'ombre; sous l'écorce, au fond de la fleur, dans le cœur
même du bois, hors des atteintes du vigneron, du jardinier, du cultivateur et de toute vigilance humaine.

— Gardez-vous, cher Léon, de vous monter la tête,
ceux que vous trouvez nombreux ne forment que le
premier ordre des insectes; et il y en a comme cela

huit ! [1] que faire devant cette grosse avalanche? vous résigner. Toutefois, je veux vous rassurer sans retard : en cherchant des yeux, des oreilles, des pieds et des mains, vous trouverez vite et partout le remède à cette apparente difformité dans l'œuvre de Dieu. Voilà, en effet, l'armée des oiseaux insectivores qui arrive. Quel carnage dans les rangs de tous ces mangeurs de feuilles, de fleurs, de fruits et de bois !...

Vous le voyez; d'un coup de baguette Dieu rétablit l'ordre, fait de l'harmonie, opère des merveilles, alors que tout semble perdu à notre petite conception.

Ce n'est pas ici le lieu de vous mettre en rapport avec tous ces jolis insectivores, nous avons autre chose à faire. Il nous reste à continuer notre revue des bestioles qui les nourrisent; mais avant de mourir, elles ont inoculé un virus souvent morbide à la plante hospitalière, et de cette manière elles nous aident à rentrer dans le sujet de notre chapitre : Les *maladies des végétaux*.

L'énumération des causes du dépérissement de la plante nous ramène aux insectes.

DEUXIÈME ORDRE. — Orthoptères.

Forficule ou perce-oreilles. — Cet insecte est très-dissimulé; pendant le jour il se cache, et tout peut lui convenir pour se réfugier, il se promène à la faveur des

---

1. Ces huit ordres renferment 98 familles et 557 genres (par Latreille).

ténèbres de la nuit, mange dans l'ombre, laisse volontiers les légumes en repos, quand il trouve des fruits qu'il ronge en s'établissant confortablement à leur intérieur.

Sauterelles. — Insectes herbivores peu dangereux. On a injustement inscrit à leur compte les ravages causés par les *criquets.*

Criquets voyayeurs. — Malheur aux endroits où il s'abat : tout ce qui est plante et verdure disparaît. Le midi de la France, la Provence surtout en a été plus d'une fois victime. Originaire de la Tartarie, de l'Arabie et de l'Algérie, il dirige surtout ses émigrations vers le le Levant, où on en voit parfois arriver des nuées.

Courtillière commune. — Ne voyez-vous pas dans les jardins, en vous promenant, des plantes d'une belle venue, d'un beau vert, qui subitement se fanent, pâlissent, meurent? Ce sont des victimes de la courtillière. Quand on les arrache, on trouve leurs racines sciées, déchirées, tronquées, c'est la courtillière qui les a ainsi mutilées avec ses pattes de devant, en courant après les vers dont elle se nourrit. Quand elles sont nombreuses dans une prairie, c'est un véritable fléau.

TROISIÈME ORDRE. — Névroptères.

Termite lucifuge. — Cet ennemi est d'autant plus redoutable qu'on ne le voit pas. Il dévore l'intérieur des bois de construction, des poutres et boiserie des maisons. Cet insecte ne détruit pas seulement les bois morts, il s'attaque aussi aux arbres vivants. M. de Quatrefages a vu à La Rochelle un peuplier miné jusqu'aux branches.

Le termite lucifuge affectionne surtout les arbres à sucs gommeux : tels que les amandiers, abricotiers, pêchers, pruniers, etc. Il s'établit d'abord dans le tronc et descend ensuite dans les racines. Sa présence est annoncée par la flétrissure des feuilles et par la dessication des fruits. Dans cet état, l'arbre n'est bon à rien, il faut l'abattre et le brûler.

PHYSIONOMIE. — Ils sont munis de quatre ailes nues, membraneuses, homogènes, réticulées ; leur bouche est pourvue de fortes mâchoires dont ils se servent pour broyer des substances végétales, et aussi d'autres insectes. Leurs larves vivent dans l'eau, dans le sable, et un très-petit nombre à l'air libre. L'espèce que nous avons en France a été importée il y a une quarantaine d'années du tropique dans le département de la Charente-Inférieure.

QUATRIÈME ORDRE. — Hyminoptères.

PHYSIONOMIE. — Chez tous, bouche propre à diviser des matières organiques, quatre ailes membraneuses, de consistance égale et marquées de nervures longitudinales. La partie postérieure abdominale des femelles est armée d'une tarière dont elles se servent pour déposer leurs œufs dans un endroit convenable.

Céphus pygmée. — Cet insecte dépose son œuf à une époque encore inconnue, entre le collet et le premier nœud du blé : il en naît une larve qui monte jusqu'au sommet du chaume, en rongeant les nœuds les uns après les autres, et en laissant après elle un détritus sans consistance et sous forme de poussière. Arrivée au dessous de l'épi, la larve paraît avoir atteint son développement ; elle redescend alors à son point de départ, s'enveloppe dans un petit cocon brillant, se métamorphose en nymphe et attend les beaux jours de l'année suivante pour se dégager de sa prison à l'état d'insecte parfait.

Guêpe commune. — Elle ne fait du tort qu'aux fruits, elle se jette sur les plus mûrs et de la meilleure qualité, gourmande également de chair fraîche et de viande corrompue, elle est accusée à juste titre de propager la pustule maligne.

La *Fourmi noire* établit son nid dans les champs, les jardins, sur le bord des chemins. Pour y parvenir, elle creuse sous la terre des galeries étendues qui passent sous les racines, c'est à ces travaux souterrains qu'il faut attribuer la mort des plantes et celle de quelques arbres.

Galles, ce sont des excroissances produites par divers insectes des genres *cinys diploptère, cécidonné* taulhrède, etc., leur existence est due, selon toutes apparences, non-seulement à la présence des œufs, à la lésion physique produite par leur introduction, mais encore à un liquide particulier, irritant, que les insectes déposent, en même temps que leurs œufs, et surtout à l'irritation continuelle que causent les larves quand elles sont écloses. Les galles se dessèchent après la sortie des insectes. N'est-ce pas une preuve suffisante de la nécessité de leur présence pour le développement de ces verrues végétales ?

Leur nature ressemble ordinairement au tissu dans lequel les œufs ont été déposés ; ainsi les voit-on ligneuses dans le chêne et le pin, semi-ligneuses sur les saules, et molles sur les ormes, les érables, les pistachiers etc. Leur surface est lisse ou variqueuse, et quelquefois couverte de longs poils ; ces dernières se voient sur les rosiers et on les nomme *bédéguars*. La couleur rouge décore souvent les galles molles.

On appelle vraies galles celles qui sont fermées de toutes parts et qui renferment un ou plusieurs insectes ; quand, au contraire, le tissu de la plante est seulement boursouflé et percé du dehors au dedans, on ne trouve là qu'une fausse galle. Parmi les premières, les plus importantes à connaître sont : la galle du rosier, ou bédéguar, qui acquiert quelquefois le volume d'une pomme. Fille du *diplolepsis rosæ*, sa surface est recouverte de longs poils rougeâtres passant au brun. — La galle des feuilles du chêne est verte et de la grosseur d'une cerise, on trouve dans son intérieur le diplolèpe des feuilles. — La galle du chêne toza, très commune dans le midi de la France, les Landes et les Pyrénées ressemble à une grosse nèfle ; elle se forme à l'extrémité des jeunes rameaux. La galle du commerce ou noix de galle, originaire de l'Asie-Mineure, se montre sur une espèce de chêne, le *quercus infectoria.*

Parmi les plantes herbacées qui paient un tribut à la galle, on trouve tout particulièrement le chardon hémorroïdal et le lierre terrestre. Tournefort rapporte que l'on confie, à Scio, la galle du *salvia pomifera,* avec du miel, et qu'elle fournit, ainsi préparée, une espèce de confiture assez agréable.

On appelle fausses galles des vessies soufflées, plus ou moins volumineuses et charnues, que l'on rencontre sur les tiges, les rameaux, les feuilles des arbres ou des plantes herbacées. Quelquefois, elles ne renferment qu'un insecte, mais le plus souvent elles en renferment un grand nombre ; elles nuisent aux plantes sur lesquelles elles croissent en empêchant leur végétation.

Depuis l'origine du monde jusqu'à nos jours, les insectes qui produisent la noix de galle ont su déjouer les ruses et l'astuce de l'homme ; ils échappent à la vigilance des inventeurs du téléphone avec une facilité qui n'a d'égale que l'impuissance du génie humain.

CINQUIÈME ORDRE. — Hémiptères.

PHYSIONOMIE. — Dans un grand nombre de ces insectes, la partie antérieure des ailes est d'inégale consistance ; c'est-à-dire, cornée à la base et membraneuse au
sommet ; elles sont homogènes, elles manquent même,
dans quelques-unes, comme la punaise des lits.
De là vient le nom d'hémiptères. Tous ces insectes ont
quatre ailes, rarement deux ; bouche remplacée par
un bec ou suçoir ; deux antennes, quelquefois si
courtes qu'il est difficile de les voir. Ils passent leur vie
dans les endroits qui les ont vu naître. Ils sucent les
sucs et le sang des plantes et des animaux, leurs pères
et mères.

Pentatome des potagers. Quand ils sont nombreux dans
un jardin, ce qui arrive dans certaines années, ils
sucent tellement les fleurs, les légumes et les jeunes
plantes qu'elles s'en trouvent épuisées et frappées à
mort.

Les *pucerons* qualifiés du nom de vaches des fourmis,
nuisent de trois manières aux plantes qu'ils attaquent :
1° par leurs piqûres ; 2° par les déformations qu'ils
occasionnent sur les feuilles et sur les rameaux ; 3° par
leur exsudation, qui recouvre la surface des feuilles sur
lesquelles se collent la poussière et les corpuscules
répandus dans l'air, et qui sert enfin de support à la
fugamine.

Cette grande perte de sève occasionnée par la succion des pucerons amène pour les plantes des résultats déplorables et très-fâcheux. Le puceron qui habite sur le rosier détermine la dessication des feuilles et la mort des jeunes rameaux. Celui que l'on trouve sur les feuilles de sureau altère leur chlorophylle ; elles deviennent blanches et presque transparentes. Qui ne connaît le puceron noir des fèves ? Sur l'orme, le peuplier, le pistachier, etc, ils produisent des vésicules, ou fausses galles, dans lesquelles ils sont renfermés en nombre prodigieux. L'intérieur de ces vésicules renferme en outre une liqueur sucrée parfaitement claire.

Miellat. C'est l'accumulation du suc que les pucerons excrètent par les deux mamelles qu'elles portent à la partie postérieure de leur abdomen. Cette matière visqueuse et sucrée recouvre le plus ordinairement la face supérieure des feuilles, et leur donne un aspect brillant et vernissé. On le remarque surtout au milieu du printemps et en été, sur le tilleul, l'érable faux-platane, le saule-marsault, les orangers, les citronniers, et sur un grand nombre de plantes herbacées.

Les pucerons secrètent cette humeur sous forme de gouttelettes ; elles s'étendent uniformément sous l'influence d'une pluie légère, de la rosée, ou des arrosements ; alors, et par leur viscosité, elles retiennent la poussière et les corpuscules qui flottent dans l'air, et servent d'habitation à un grand nombre de champignons microscopiques, qui donnent aux feuilles une couleur noire.

Phylloxéra de la vigne. — Voilà l'ennemi le plus redoutable de la vigne. Il continue ses ravages, étendant chaque année le cercle de ses dévastations. En France, il occupe un vaste triangle, qui s'étend de Montpellier à Draguignan, et dont la pointe monte au nord jusqu'au-delà de Tournon, sur le Rhône. Il continue à se propager par places isolées dans le Lyonnais jusqu'aux portes de Mâcon. Le Bordelais et la Charente commencent aussi à souffrir de ses atteintes. Il est également signalé en Suisse et en Autriche.

Les pertes que le phylloxéra a déjà infligées à nos vignobles s'évaluent par dizaines de millions, et il est impossible de prévoir où le mal s'arrêtera.

Psylle des sapins ou *faux pucerons.* — La femelle de cet insecte dépose ses œufs à l'extrémité des rameaux et produit ce qu'on appelle la squamation : c'est une tumeur qui représente un cône de pin, mais beaucoup plus petit. Les écailles sont formées par les feuilles, qui paraissent avoir entièrement changé de nature. Si on les enlève, on trouve à leur base de petites cellules dans lesquelles sont renfermés des œufs, ou de jeunes psylles privés d'ailes, mais qui en acquerront plus tard, lorsqu'ils abandonneront leur berceau.

Cochenille ou *gallinsecte.* — Celle du Mexique est très

recherchée, ainsi que celle de Pologne et de Russie, à
cause de la belle couleur pourpre ou écarlate que l'on
en obtient. Les espèces nuisibles sont celles dites :
cochenille des orangers, du *figuier* et du *pêcher*. Quand
elle est réunie en grande quantité, elle épuise les
feuilles, les fait tomber et tue même les arbres.

SIXIÈME ORDRE. — Lépidoptères.

PHYSIONOMIE GÉNÉRALE. — Bouche dépourvue de
machoires et munie d'une langue roulée sur elle-même
entre deux palpes ; quatre ailes membraneuses, recouvertes de petites écailles qui s'attachent aux doigts sous
forme de poussière. Leurs larves portent le nom de
chenilles ; elles ont six pattes placées près de la tête et
plusieurs fausses pattes sur les anneaux du corps. Ces
insectes, à l'état parfait, sont innocents. Ils ne vivent que
de liquide, qu'ils sucent avec leur langue : Les chenilles
seules sont nuisibles, et les dégâts qu'elles commettent
tous les ans sont plus considérables qu'on ne pense.

Picride des choux. — Les feuilles de choux dans nos
jardins sont entièrement rongées et perforées par la
larve de ce papillon. La larve de la picride de la rave et
du navet n'est pas moins funeste ; elle attaque le centre
des feuilles ; on la nomme pour cela *ver de cœur*. On ne
s'aperçoit de ses ravages que quand on divise les choux.
Ces chenilles sortent la nuit pour se nourrir ; le jour
elles se cachent en terre. Cette ruse fait qu'elles sont

difficiles à détruire. Pourtant les oiseaux, quand ils ont des petits, et les crapauds, leur font une terrible guerre; mais à cause du nombre, leur destruction devient impossible.

Hépiale du houblon. — C'est un papillon dont la femelle dépose au pied du houblon des masses d'œufs de couleur noire. Sous les chaudes effluves de la chaleur de juin, il en sort des chenilles qui s'enfoncent dans les racines, les rongent et font périr instantanément la plante. Que de houblonnières sont ravagées par l'invasion de cet ennemi !

Gât cossus du bois. — La larve de ce papillon nocturne est de la longueur et de la grosseur du doigt ; elle ressemble à un ver rougeâtre, marquée de lignes transversales d'un rouge de sang ; elle exhale une odeur désagréable. Son corps est muni de seize pattes, et sa bouche de fortes machoires. On le trouve au printemps dans le corps des peupliers, des saules, des chênes et particulièrement des ormes. Elle ronge d'abord l'écorce, puis elle se creuse dans le bois des galeries profondes et tortueuses. Quand il y en a en grand nombre, et qu'elles se succèdent d'année en année, elles causent un tort considérable ; les arbres languissent et finissent par mourir ; mais ce n'est jamais qu'après un temps assez long. Ces chenilles ont la faculté de sécréter par la bouche une liqueur âcre et fétide ; on pense qu'elles s'en servent pour ramollir le bois, afin de le broyer plus facilement avec leurs mandibules.

Livrée. — Celte chenille emprunte son nom aux couleurs variées qu'elle porte sur le dos et sur les côtés. La femelle dépose ses œufs sur les branches, et les arrange en forme de spirale ou d'anneau. Il faut bruler ces nids avant l'éclosion printanière.

Processionnaire du chêne. — Voilà la plus redoutable chenille de nos climats. Elle n'est pas moins dangereuse pour l'homme et pour les animaux que pour les chênes de nos forêts. On ne la voit jamais qu'en troupes immenses et serrées, dont les individus marchent ou s'arrêtent tous ensemble, comme si des chefs en dirigeaient les mouvements. De là le nom significatif sur lequel on la connait.

Quand la processionnaire se montre d ns nos forêts, elle abonde tellement qu'elle dévore parfois des arbres entiers de la base du tronc au sommet des branches, les enveloppant d'une sorte de manchon sans discontinuité. C'est la mort à bref délai, et si l'homme vient à l'inquiéter, elle coupe, avec ses mandibules, les poils de son corps qui se répandent en nuage dans l'air. De là de très graves inflammations des voies respiratoires pour l'homme ou l'animal qui traverserait cette atmosphère empoisonnée.

Une autre espèce du même genre que la précédente attaque les arbres résineux ; aussi l'appelle-t-on : *processionnaire du pin.* Elle est moins dangereuse que celle du chêne.

Écaille à queue d'or. — Cette chenille vit sur tous les arbres, elle les dépouille quelquefois entièrement de toutes leurs feuilles; c'est la plus commune de toutes. Il est facile de la reconnaître, c'est elle qui forme ces gros paquets blancs et soyeux que l'on voit collés aux branches. Elles vivent au nombre de cinq à six cents dans des chambres closes, sortant le matin pour manger, se promener, et rentrant le soir ou quand il fait mauvais temps. Elles vivent en commun.

Pyrales de la vigne. — La chenille de cette espèce roule les feuilles de la vigne, qui lui servent de nourriture et d'abri; vivant le plus ordinairement le jour dans la retraite, elle n'en sort que pour dévorer ce qui l'environne, tout lui convient : les jeunes tiges, les fleurs, les grappes; elle agglomère tout en paquets qui se sèchent et pourrissent. C'est sous cette forme que la pyrale détermine une des plus dangereuses maladies de la vigne.

Pyrale des pommes. — La chenille de celle-ci vit dans les pommes et les poires. Quand on dit qu'un de ces fruits est véreux, c'est à elle qu'on doit le plus souvent l'attribuer. Dès le printemps, la femelle de ce papillon a déposé son œuf dans le fruit à peine noué; et bientôt l'œuf s'est changé en chenille. Pendant son séjour dans le fruit, elle ronge les pépins, creuse des galeries, et finit par en sortir vers le commencement d'août pour aller se cacher sous les écorces ou dans la terre, enfermée dans une petite coque de soie. Au printemps suivant, elle reparaîtra sous la forme d'un papillon pour déposer de nouveaux œufs sur de nouveaux fruits.

L'*alucite* ou *papillon du blé*. — Cette espèce de teigne est le fléau du blé, dans celles de nos provinces qui sont situées au sud de la Loire : la Touraine, le Berry, le Nivernais et l'Angoumois, où elle a causé de terribles ravages au siècle dernier et dans plusieurs années de celui-ci. La chenille auteur de tout le mal, vit à l'intérieur du grain, le vide complètement, ne lui laissant que la pellicule ; elle y subit des métamorphoses et elle n'en sort qu'à l'état d'insecte parfait.

OEcophore olivielle. — C'est encore une espèce de teigne qui cause de grands ravages dans les champs de froment, de seigle et d'orge.

SEPTIÈME ORDRE. — *Diptères*.

PHYSIONOMIE GÉNÉRALE. — Insectes suceurs à deux ailes membraneuses. Les femelles déposent leurs œufs dans les jeunes fruits, dans les lieux humides, et assez généralement dans les matières animales en putréfaction. Leurs larves, à l'exception de quelques-unes, sont sans pattes et sans yeux. Les nymphes représentent le plus ordinairement une coque membraneuse, ovale et lisse, d'où l'insecte sort à l'état parfait.

Dacus de l'olivier. — Sa larve seule est dangereuse. Sous le nom de *chiron* elle détruit beaucoup d'olives.

Elle se nourrit d'abord des jeunes feuilles, puis s'introduit dans le fruit et le ronge entièrement.

Cécidomye destructive. — En Amérique, où elle cause de grands dégâts au blé, on l'appelle : *mouches de hesse.* Sa larve ronge le chaume au moment de son éclosion, et le fait périr. C'est vers la racine et au point où naissent les feuilles, qu'elle attaque la plante qui lui a servi d'abri pendant l'hiver.

HUITIÈME ORDRE. — Aptères.

PHYSIONOMIE GÉNÉRALE. — Un caractère remarquable qui rend ces insectes faciles à reconnaître, c'est qu'ils n'ont jamais d'ailes. Les uns s'attachent aux hommes, aux animaux, aux oiseaux, comme les poux, les puces, les teignes, les ormithomyes ; d'autres aux végétaux vivants et aux matières animales ou végétales en décomposition. Ce sont les *mites* (acarus). Lorsqu'ils vivent sur les feuilles d'un arbre et qu'ils sont en grand nombre, elles pâlissent, semblent diminuer d'épaisseur, et se sèchent plus promptement que les autres; mais si l'on remarque des excroissances en forme de petites cornes, sur les feuilles des hêtres, des saules, c'est un signe qu'ils ont déposé leurs œufs dans le tissu. Les tilleuls des promenades de Paris sont infestés d'acarus depuis déjà longtemps. Ce qui explique que, souvent, dès le milieu de l'été, on voit des arbres entièrement dépouillés de feuilles.

— Combien d'hommes, pendant près d'un siècle, circulent en tous sens dans les profondeurs et sur les aspérités du monde végétal, sans se douter de l'existence de ces armées d'insectes que vous venez de décrire. — On connaît la vigilante fourmi et la gracieuse abeille ; mais qu'est-ce en comparaison du nombre véritable?

— Oui, cher Léon, tous ces suceurs, ces rongeurs, ces fouisseurs forment la trame d'un vaste réseau de vies, qui étend partout ses mailles inperceptibles. Non, pas une parcelle vivante ou morte qui ne cache un nid d'insectes!...

— Pour moi, je me sens particulièrement frappé d'une idée : soit que je considère le nid de la fourmi, ou la ruche de l'abeille; soit que je m'arrête devant la coque du *vers à soie*, ou en face d'un banc de *sauterelles*, ou bien encore à l'entrée des galeries du *termite lucifuge*, c'est toujours et toujours le même spectacle de la vie que je rencontre; mais d'une vie qui se démène dans la guerre; d'une vie tourmentée, éprouvée, traversée de mille manières par des contrariétés et des ennuis sans cesse renaissants.

Pensez-y bien, cher Léon; car il n'y a pas à l'oublier un seul instant : c'est la malédiction venue sur la terre par le péché de notre premier père, qui ne permet à aucun être vivant d'en perdre la mémoire dans la durée des siècles.

Avez-vous remarqué quel expressif et patent symbole de la résurrection de nos corps, nous trouvons à chaque pas, dans tout ce monde des insectes? Dites-moi, est-ce que la coque et la chrysalide ne sont pas des tombeaux réels, vivants et tranquilles du repos, du réveil, de la résurrection et de la vie qui ne s'étend nulle part entièrement? Quand la dernière des chenilles aura opéré vingt, trente, quarante et soixante fois sa résurrection sous les yeux grand ouverts de l'homme, pourrait-il douter qu'il lui soit réservé, à lui image intelligente et libre de Dieu, de ressusciter un jour? Non, en vérité, il ne saurait craindre encore l'anéantissement de la brute. Son immortalité concorde admirablement avec tous les actes de la nature, comme aussi avec l'enseignement du fils de Dieu descendu sur la terre pour rassurer les hommes et les guider, à travers les ombres de la foi, et les incertitudes de la raison. Mais d'ailleurs, il est bien consolant de voir que la foi, la raison, l'expérience, tous les peuples et tous les êtres de la création se groupent pour nous enseigner que la vie se perpétue dans l'homme après son passage ici-bas.

La terre a été appelée, à juste titre, une vallée de larmes : la maladie est partout ; on y vit dans tous les règnes que pour s'entre manger. Aussi l'avons-nous dit : la vie, c'est la guerre ; mais hâtons-nous d'ajouter : cette guerre, par un bienfait miraculeux de Dieu, c'est l'harmonie, l'équilibre, le bon ordre, la plénitude sans

exubérance. Sans ce moyen d'écoulement et de destruction des individus, que deviendrions-nous?... Une
simple larve pondant jusqu'à quatorze cents œufs par
an!!... Dieu, dans sa sagesse, a voulu que cette semence
soit une nourriture. Les oiseaux insectivores comptent
dessus, et aussi les insectivores-insectes eux-mêmes.

Vous le voyez, cher Léon, les productions exubérantes, ici-bas, ont des voies de décharge et de régularisation. C'est ainsi que la chaleur centrale de la terre
trouve des soupapes de sûreté dans les cratères des
volcans, dont notre globe est hérissé de distance en
distance. Tout est poids et mesures, ordre et harmonie
dans l'œuvre de Dieu.

Les insectes ne sont pas les seuls destructeurs de la
santé des végétaux. En hiver, les lièvres et les lapins,
après avoir brouté les dernières plantes herbacées,
creusent la terre sous la-neige, et attaquent l'écorce
succulente des racines. Au printemps et tout l'été, les
limaces et les escargots rongent les arbustes, l'herbe des
prairies et des champs.

Les plantes sont comme les hommes, trop ou trop
peu de nourriture leur est également nuisible. Placées
dans un sol aride et sec, souvent elles périssent d'inani-
tion; placées dans une terre trop grasse ou trop humide,
elles sont exposées à périr par une trop grande quantité
de sucs. Une chaleur excessive les dessèche par l'excès
de transpiration: les grandes pluies s'opposent, au con-

traire, à la sortie des fluides surabondants, et déter-
minent la chute des feuilles. L'absence de l'air et de la
lumière nuit à la transpiration et aux sécrétions; le végétal périt, ou bien n'a qu'une végétation faible et lan-
guissante. Les grands froids congèlent les sucs, occasionnent le déchirement et le désorganisation du tissu.
L'eau des pluies, séjournant dans le creux des arbres,
fait tomber le bois en pourriture. La grêle détruit les
feuilles et blesse les jeunes rameaux. Les brouillards et
les coups de soleil font périr subitement les végétaux les
plus vigoureux comme les plus faibles. Une sève due à des
fluides pernicieux ou mal digérés fermente et cause des
abcès, des ulcères et une sorte de carie. Les blessures
qui touchent le liber font naître des loupes et des exos-
toses, formées d'un bois noueux, dont les tubes se
contournent dans tous les sens. Une sève trop forte
produit une prodigieuse quantité de feuilles, et l'arbre
épuisé ne donne ni fleurs ni fruits. Les pluies qui sur-
viennent au temps de la fécondation entrainent la poussière fécondante, et font avorter les pistils.

Enfin, en résumé de ce que nous venons d'exposer
sur la pathologie des végétaux, on peut fondre en six
groupes les maladies auxquelles ils sont exposés :

1° Excès de force végétative générale ou partielle;

2° Affaiblissement de la force végétative générale ou
partielle ;

3° Maladies organiques ou spéciales;

4° Lésions physiques ;

5° Antophytes ;

6° Parasites végétaux ou animaux.

Ce petit tableau renferme toutes les causes morbides de l'état sanitaire des plantes, telles que nous les avons énumérées plus haut.

§ II. — LA MORT

La vieillesse est l'ennemie de toute machine qui s'use par le mouvement. — La longévité des plantes varie d'une espèce à l'autre. — Baobab, âgé de 5150 ans. — Dans les espèces, la durée de la vie diffère peu d'un individu à l'autre. — La vie est une succession continuelle de phénomènes différents ; quel contraste dans les extrêmes ! — L'accroissement et le dépérissement de l'individu avant la vieillesse dépendent de la nutrition. — Mécanisme de la nutrition et ses effets physiologiques. — Les signes avant-coureurs de la mort. — Lenteur de l'agonie dans les grands arbres. — Le *cambium* est la liqueur de progression du végétal. — Le végétal n'a réellement de force et de puissance vitales qu'à sa superficie. — Mort subite chez les végétaux. — La mort naturelle. — En confiant à la terre son *noyau suprême*, il est assuré de revenir un jour à la vie. — « Je sais... que je *ressusciterai au dernier jour et que je verrai Dieu dans ma chair.* (Job.) »

Tous les êtres vivants, animaux ou végétaux, ont un ennemi commun, inévitable, c'est la vieillesse. Par cela même qu'un individu entretient son existence par le jeu d'une organisation, il devient nécessairement, dans ses parties matérielles, une machine qui s'use par le mouvement.

— Y a-t-il une mesure de temps déterminée pour altérer l'organisation et anéantir la puissance vitale chez les végétaux ?

— Non, cela varie d'une espèce à l'autre ; mais entre

les individus d'une même espèce, c'est à peu de chose près la même longévité : ainsi les mousses sur les pierres, les saules sur le bord des rivières, les sapins sur la cîme des montagnes, les chênes dans les forêts, le blé dans les champs, le rosier dans les jardins ont une longueur d'existence très inégale entre eux. Mais il en est tout autrement quand on la considère dans les individus de la même espèce.

— Oui, nous avons déjà vu qu'un grand nombre de champignons nés le matin périssent de vieillesse le soir, tandis que le baobab végète plusieurs milliers d'années.

— C'est vrai; les baobabs qu'Adanson vit en 1749 aux îles de la Madeleine, près du Cap-Vert, avec des inscriptions de noms hollandais et français, dont les unes dataient du XIVe, et les autres du XVe siècle, avaient deux mètres de diamètre; et d'après la croissance connue de ces arbres, ils devaient avoir environ deux cent dix ans; d'où l'on peut conclure qu'un baobab de trente pieds de diamètre a environ cinq mille cent cinquante ans. Ces différences dans la longueur de la vie dépendent absolument de l'organisation.

La mobilité des fluides de l'être organisé est telle qu'il n'est pas deux instants parfaitement semblable à lui-même. Sa vie est une succession continuelle de phénomènes différents, liés entre eux par des nuances insensibles. Rapprochez les extrêmes; supprimez les nuances intermédiaires; voyez l'individu à sa naissance et à sa

fin, quel contraste!!...Ici, faible enfant, roseau flexible,
à la fois souple et fier devant l'ouragan : là, vieillard dé-
bile, dont les membres usés tremblent chaque jour
davantage sous le vent. L'un se plaît à exercer ses forces
naissantes, en surmontant les résistances; l'autre craint
de compromettre ses forces expirantes; le premier vit
dans l'avenir, le second ne vit plus que dans le passé;
tous deux sont faibles, l'un, parce qu'il sort du néant,
et l'autre, parce qu'il va rentrer en poussière; dans
l'un, de nouvelles facultés se développent successivement, et la vie, de plus en plus active, semble faire de
nouvelles conquêtes; la plante se couvre de feuilles, de
fleurs, de fruits; dans l'autre, les facultés s'éteignent,
et la vie se dissipe; enfin, le premier sort de l'enfance,
acquiert toute la vigueur de l'adolescence; il fleurit et
devient végétal parfait au moyen de la reproduction de
son espèce dans la graine qu'il porte, comme un témoi-
gnage de son perfectionnement, et l'autre perd le peu
de forces qui lui restaient; le froid et l'immobilité de la
mort succèdent à la chaleur et aux mouvements vitaux;
la sève glacée s'arrête dans les tubes et dans les vaisseaux; les membranes et les cellules se raidissent, la
pâleur s'étend sur tout le tronc et les branches; déjà,
il n'y a plus qu'un cadavre insensible, et bientôt on ne
trouvera plus qu'un peu de poussière, où ne se trouvera
aucune trace de l'ancienne organisation : l'enfance et la
vieillesse de tous les êtres organisés, et par conséquent

soumis à la mort, présentent un contraste non moins frappant.

L'accroissement et le dépérissement, la santé et la maladie, la beauté et la laideur, la vie et la mort de toutes les parties organiques des plantes dépendent de la régularité ou de la défectuosité de leur nutrition. C'est cette dernière qui conduit l'individu à la perfection ou à la mort avant la veillesse, et la vieillesse elle-même n'apparaît et ne grandit qu'en raison de l'interruption des fonctions régulières de la nutrition.

— Quel est donc le mécanisme de ce... phénomène ? j'allais dire mystère...

— Le voici, autant, toutefois, que l'observation l'a fait connaître. La première cellule du végétal, d'abord très petite, se dilate en tous sens, et se développe par la juxtaposition d'autres cellules. A ce tissu spongieux, rudimentaire, vient se joindre celui des tubes et des vaisseaux, plus ferme et plus compacte; il prend son accroissement, non pas en tous sens, comme le premier, mais presque exclusivement en longueur; sur la largeur, il ne vise qu'à la densité et au rétrécissement. Les membranes dont ce double tissu est composé se fortifient et se raidissent sous l'action bienfaisante des sucs nutritifs qu'elles reçoivent sans interruption, à tous instants. La cause de l'accroissement des membranes est là, et aussi la preuve de leur organisation; quand on pousse, on est doué d'organes; mais, hélas! les vais-

seaux capillaires, imperceptibles, dont le tissu membraneux est rempli, viennent-ils à s'obstruer? alors les
molécules nutritives ne circulent plus, le végétal s'étiole,
cesse de prendre de l'extension, il est malade; il va
mourir; à moins qu'un effort de la nature ne parvienne
à rendre libres les canaux du tissu membraneux pour
le passage facile des fluides vitaux On se tromperait si
l'on supposait le siège de la nutrition dans les tubes et
les cellules mêmes, et non dans leurs membranes, car,
s'il en était ainsi, il n'y aurait pas de raison pour que
les herbes périssent à la fin de l'année, puisque leur
tissu, observé au microscope, est alors presque aussi
lâche qu'à l'époque où la plumule sort de terre; mais
ce qui est évident, c'est que leurs membranes sont plus
fermes, plus sèches, moins transparentes dans leur
vieillesse que dans les premiers temps de leur vie : d'où
l'on peut conclure qu'il y a obstruction des vaisseaux
imperceptibles, dont la réunion compose les membranes.
Une fois ces vaisseaux obstrués, il ne peut plus y avoir
de croissance, le mouvement vital s'arrête, et la plante,
devenue incapable d'opposer aucune force interne aux
causes de destruction qui l'attaquent sans relâche, ne
tarde pas à se décomposer.

Dans les végétaux qui n'ont qu'une année à vivre,
le dernier degré de maturité de leur fruit est le signal
de la mort; elle arrive aux approches de l'hiver. En
quelques semaines, ils passent de la vigueur de l'âge

mûr à la caducité de l'extrême vieillesse. Les tiges et les branches se raidissent, les feuilles jaunissent et toutes les parties se dessèchent ; l'humidité, le froid, la neige, les aquilons et mille autres causes accidentelles effacent quelquefois jusqu'au moindre vestige de ces plantes dont le tissu faible n'oppose aucune résistance.

— Les grands arbres ne laissent-ils pas une empreinte plus durable de leur existence en ce bas monde ?

— Dans les plantes ligneuses, la vie ne s'arrête que lorsque la couche annuelle cesse de reproduire un nouveau cambium, et leur agonie est parfois d'une lenteur extrême. La vie localisée dans chaque organe s'éteint par degrés ; elle quitte d'abord la tête, puis descend de branche en branche, persiste quelque temps dans le tronc, se réfugie enfin dans les racines..., puis c'est tout, et la pâle étincelle s'envole. alors que des dernières cellules engorgées, inertes et mourantes s'est lentement évaporée la dernière goutte du fluide vital élaborée par la plante dans la terre et l'air.

— Mais les grands arbres n'ont-ils pas une curieuse progression de croissance et de dépérissement, l'une et l'autre amenées par les années ?

— La sève élaborée, appelée *cambium*, voilà la liqueur de véritable progression du végétal. Elle est

chargée de la composition du liber et des couches
con entriques qui donnent annuellement aux plantes
ligneuses leur grosseur et leur longueur. La première
année de l'existence d'un arbre, cette substance orga-
nisatrice est produite en grande abondance ; il en est
de même de la seconde, de la troisième, de la quatrième,
de la cinquième année, quelquefois de la centième, de la millième. Malgré cela, n'allez pas croire
que cette puissance reproductive soit sans bornes ;
elle s'affaiblit lorsque l'arbre est parvenu à son plus
grand développement. Arrivé à cet apogée de sa puissance et de sa fécondité, elle s'y arrête, et bientôt elle
va en décroissant jusqu'à ce qu'enfin elle s'arrête tout-
à-fait. La première couche formée cesse de croître après
un ou deux ans d'existence ; il en est de même de la
seconde, de la troisième, de la centième, de la millième. L'arbre est donc un être complexe formé d'une
suite de végétaux emboîtés les uns dans les autres,
et d'autant plus remarquable à cet égard, qu'il n'a réellement de force et de puissance vitales qu'à la superficie, toutes les parties internes étant inertes et mortes.
Mais la quantité de cambium produite chaque année
n'est pas proportionnelle à l'accroissement des surfaces ;
un jeune arbre sain et vigoureux en produit plus, proportion gardée, qu'un arbre vieux qui touche à sa fin.
Dans le premier, les tissus ont plus d'élasticité pour
se laisser imprégner par les fluides de la terre et de

l'air; les tubes des vaisseaux sont plus nets, leurs ressorts
plus puissants pour l'absorption, la circulation et
l'excrétion des liquides de toutes sortes qui se promènent dans le corps d'un arbre. C'est au point que
l'on voit quelquefois certaines parties qui, n'ayant plus
assez de vie pour se développer, en conservent encore
suffisamment pour digérer et modifier favorablement
les éléments nutritifs. Le tissu, au contraire, dans la
plante chargée d'années, est serré, coriace, peu disposé
à recevoir le fluide vital en quantité raisonnable;
puis il digère mal, et comme la surface à nourrir
est très grande, il s'ensuit que la couche de cambium qu'il donne est très mince, cet appauvrissement est le signal de la décadence. Aussi les années
suivantes, les productions sont faibles et peu nombreuses. Les fluides absorbés ne suffisent plus pour
la formation du cambium, et l'arbre périt enfin dans
toutes ses parties.

— La mort chez le végétal peut-elle être instantanée
et subite?

— Oui, une insolation, un empoisonnement peuvent
tuer une plante en quelques heures; mais en dehors
de ces accidents et quelques autres causes du même
ordre, la mort des géants de nos forêts s'annonce de
loin. Cela tient à ce que dans les plantes la vie n'est
point localisée : elle est dans chaque organe du sujet
principal et elle en peut sortir sans inconvénient

notable pour les parties voisines. Que peut faire dans
la ruche une abeille de moins? Et de même dans
cette grande confédération de jeunes pousses, sous
la protection de tant de vieilles branches, un scion
de moins ne marque qu'un point imperceptible.
Néanmoins c'est une morsure du temps qui indique
que la caducité est commencée et que la mort va réclamer son tribut. L'année suivante, cette branche qui
n'a donné que des boutons sans fleurs et sans fruits
restera stérile, raide, desséchée. Elle sera comme une
tache parmi les compagnes de ses beaux jours d'autrefois. Le tour d'une autre ne se fera pas beaucoup
attendre et ainsi de deux, de dix, de cent ; enfin, après
quelques années, toutes les branches et le tronc cesse-
ront de végéter. Alors les causes extérieures agiront sur
l'arbre mort; ses branches se détacheront successivement; son tronc sans abri, exposé tour-à-tour à toutes
les intempéries des saisons, tombera en pourriture et
se réduira en poussière.

Mais avant d'envoyer dans l'atmosphère sa dernière
étincelle de vie, ce végétal n'a pas manqué de confier
à la terre sa dernière graine, son *noyau suprême*, espoir
de l'avenir et symbole vivant de la résurrection de
l'homme.

Qu'il attende et qu'il dorme en rêvant de sa pro-
chaine vie! Dieu seul, science infinie, sait quand
viendra le réveil. Il a tellement multiplié les destinées

des graines que l'homme n'en saurait rien prédire avec exactitude. Produites, nous l'avons expliqué plus haut, en nombre incalculable, les unes, semées au hasard, meurent ou sont détruites, c'est le plus grand nombre, tandis que d'autres, au contraire, sont soigneusement préservées de toute chaleur et de toute humidité. Mais l'hiver arrive : pluies froides, vents glacés, brumes, neige, frimas, gelées font rage, le soleil n'ose plus se montrer : une température sibérienne étend sur la campagne désolée son règne silencieux et détesté.

Là, sous la glace et la neige, dormez en paix, petites graines, filles de la terre, de l'air et de la grande futaie, graines puissantes, graines fécondes. Vous paraissez mortes, comme le chrétien sous la terre et l'herbe du cimetière; mais la vie est en vous. Qu'importe le sommeil à l'étincelle! Ne sait-elle pas qu'elle est fille de Dieu, flamme vivante? Par delà les rigueurs de l'hiver, reviendront les rayons chauds, les brises tièdes, la vivifiante lumière, et le ciel bleu. Soyez sans crainte, prenez patience, dormez tranquilles, vous revivrez!

Et cette résurrection de la plante que mon expérience et ma raison me démontrent comme absolument certaine et véritable, me rappelle cette parole du saint homme Job : « Le ciel m'est témoin que quand même « Dieu m'ôterait la vie, j'espérerais en lui. Je sais que « mon Rédempteur est vivant, que je *ressusciterai au* « *dernier jour et que je verrai Dieu dans ma chair.* »

12

TABLE DES MATIÈRES

TABLE DES MATIÈRES

PRÉFACE.

Conception de cet ouvrage. — Rollin. — Parvuli petierunt panem. — Famine scientifique sur la jeunesse. — Contes de fées. — Ne soyons pas étonnés de notre appauvrissement intellectuel et moral. — La bibliographie contemporaine. — Ignorance quasi générale de la manière de naître, de vivre et de mourir des plantes. — Au séminaire et au lycée même ignorance de la botanique. — Science redoutée. — La botanique est une *intelligente contemplation des œuvres de Dieu.* — Seule après la théologie sacrée elle met l'esprit de l'homme en possession de la certitude. — Elle marque sa démonstration du sceau de la vérité éternelle. — Théologie des plantes. — La botanique est l'échelle visible par où l'homme monte vers l'invisible Créateur de l'univers. — La curiosité, grand moyen. — Pourquoi ces balivernes à propos d'une fleur ? — Avantages de la botanique; il faut la vulgariser. — Les savants l'ont rendue inabordable, redoutable par les hiéroglyphes d'une langue incompréhensible. — Terminologie. — Nomenclature. — Dédicaces. — Noms patronimyques effrayants. — Mnémonique des végétaux chez les anciens. — — Rome. — Athènes. — Pline. — Les modernes. — Linné : sa philosophie botanique. — Brevets d'immortalité. — Une avalanche désastreuse. — Dans vingt ans. — Faut il supprimer la nomenclature? — Nomina si nescis perit et cognitio rerum. — Nomenclature personnelle. — Platon : la science est l'amie de tous. — Épuration. — Le jeune collégien. — Reminiscences virgiliennes. — Le séminariste ; souvenirs de philosophie et de théologie sacrée. — Théologie auxiliatrice de la raison dans

Avec l'oxygène commence la vie au-dehors. — Sagacité des plantes pour échapper aux supercheries des savants. — Expérience sur la nécessité absolue de l'oxygène pour la germination des végétaux. — La force germinatrice des graines est presque miraculeuse. — Graines de seigle après cent quarante ans. — M. Desmoulins, germination de graines d'héliotrope trouvées dans des tombeaux romains. — Mille faits de ce genre. — Cette vie presque indéfinie que Dieu donne à la plante fait penser à l'immortalité promise à l'homme. — Immortalité de l'âme. — Apparition de la première *cellule*. — C'est la parcelle-mère, le fondement de toute naissance minérale, végétale et animale. — Elle devient invisible, introuvable. — Mousses, rochers, forêts, bœufs, moutons, hommes; utricules que tout cela! — On croit rêver. — Quarante-sept milliards en une nuit, fabriqués par un seul champignon. C'est un mystère. — Contradiction des savants. Reproduction *intra utriculaire*. — Une lueur de révélation divine ne ferait pas mal ici. — Toute vérité est en Dieu et vient de Dieu. — Laissons les hypothèses. — La radicule, la tigelle, les éclosions se font par milliers, en haut, en bas, à droite et à gauche. — La plantule et ses nourrices. — Retournons sur nos pas 55

CHAPITRE VI. — La Feuille.

CHAPITRE X. — Floraison.

Le reflet de tout ce qui est empourpré de roses printanières, de jeunesse et de vie. — L'idéal végétal — Les physiologistes disent à leur
aise; feuilles que tout cela. — Un miracle d'organisation. — Gœthe,
Joachim Jungius, Gaspard-Frédéric Wolff. — Métamorphose *ascendante*,
métamorphose *descendante*; *morphologie*. — La feuille et la fleur sont
filles de la même mère. — Pourquoi recourir à des métamorphoses aussi
compliquées? — Supposition lumineuse de M. Grimard. — Inflorescence :
axe floral, verticille, calice; corolle, androcées ou *étamines, gynécée*
ou pistil.   Tableau des physionomies variées des agglomérations florales
sur la même plante. **229**

CHAPITRE XI. — Les Bractées.

Avant-garde de la fleur. — Organes de transition, travestissements,
métamorphoses. *feuilles florales.* — Le tilleul nous offre un type parfait.
— *Involucre, bractéoles, Calycules, Cupules, Spathes, Glumes* .   **237**

CHAPITRE XII. — Le Calice.

Un second déguisement : feuille, bractée, calice, tous trois se confondent. — Nomenclature descriptive des formes multiples et biscornues
du calice — Ne vous fiez pas à ce brouillon sans logique et sans suite
dans les idées. — Oh ! le mauvais caractère ! — C'est un révolutionnaire
dans le monde végétal — Conspirateur éhonté dans beaucoup de plantes,
il cherche à se substituer à la corolle. — Le corps législatif de la botanique a décidé que toute enveloppe florale unique serait appelée
calice. **241**

CHAPITRE XIII. — La Corolle.

On dirait un astre tombé du ciel. — L'homme peut à peine dénombrer
la physionomie multiple de toutes ces beautés. — Sur ce monument se
montre le style de l'*artiste divin* qui a décoré l'univers. — Description
de toutes ces merveilles. — La morphologie est une science qui n'est sûre
de rien. — Décadence philosophique : *transformisme, sélection, l'homme*
et le singe. — La théorie du *transformisme et de la puissance pro-*
gressive de la vie est très captieuse, soyons en garde. — Pline, *Co-*
rona; Linné, *Lit nuptial*; les pétales. — La corolle, organe fantaisiste,
est la copie ou la parodie d'une foule d'objets. — Tableau descriptif des
nombreuses modifications de la corolle. — La compagnie de la corolle

CHAPITRE XVIII. — Les maladies et la mort des végétaux.

§ I. *Les Maladies.* — A cause de toi la *terre sera maudite,* elle perdra une partie de sa fécondité. — Les guerres sont funestes au végétal comme à l'homme. — Tableau descriptif des plantes : parasites et insectes :

Rennes. — Alph. Le Roy fils, imprimeur breveté.

Lightning Source UK Ltd.
Milton Keynes UK
UKHW020834270121
377761UK00006B/584